21世纪高等院校教材

微生物学实验

（第三版）

蔡信之　黄君红　主编

科学出版社

北京

内 容 简 介

本书系统介绍了微生物学实验的基本技术，适当增加了部分在生产、科研中常用的新技术。

全书共70个常用实验，分为三部分：基础实验、综合实验和应用实验。基础实验突出微生物学实验的特点，系统地介绍了微生物学实验的基本技术——无菌操作技术、显微镜技术、制片染色技术、纯培养技术、消毒灭菌技术、微生物的生理生化实验技术、细菌血清学技术及分子微生物学基本技术等；综合实验介绍了常用的综合实验技术——抗生素效价及酶活力的测定、诱变育种、细胞融合、应用微生物的分离与鉴定、噬菌体的分离纯化与效价测定及动物病毒的鸡胚培养等技术；应用实验结合生产和科研的实际，介绍了常用的应用实验技术——菌种保藏、食品饮料中微生物的检测、环境中微生物的检测、致癌剂的微生物法检测、固定化活细胞的制备及其发酵试验、发酵培养基配方试验、发酵条件的优选试验、发酵罐的构造与操作等。

本书可供生命科学相关专业实验教学使用，还可供相关专业的研究生和科研人员、生产技术人员参考。

图书在版编目(CIP)数据

微生物学实验/蔡信之，黄君红主编. —3版. —北京：科学出版社，2010.1
(21世纪高等院校教材)
ISBN 978-7-03-026599-9

Ⅰ.微… Ⅱ.①蔡…②黄… Ⅲ.①微生物学-实验-高等学校-教材
Ⅳ.①Q93-33

中国版本图书馆CIP数据核字(2010)第017454号

责任编辑：单冉东 / 责任校对：陈玉凤
责任印制：徐晓晨 / 封面设计：耕者设计工作室

科学出版社出版
北京东黄城根北街16号
邮政编码：100717
http://www.sciencep.com
北京建宏印刷有限公司 印刷
科学出版社发行 各地新华书店经销
*
2002年10月第 二 版 高等教育出版社
2010年1月第 三 版 开本：787×1092 1/16
2017年5月第三次印刷 印张：14 1/2
字数：344 000

定价：35.00元

(如有印装质量问题，我社负责调换)

《微生物学实验》编委名单

主　审　沈　萍

主　编　蔡信之　黄君红

副主编　陈旭健　陈　龙　刘汉文

编　委　（按姓氏汉语拼音排序）

蔡信之　陈　龙　陈旭健　黄君红　刘汉文

罗　青　缪　静　魏淑珍　张琪林

实 验 安 排

周次	实验内容	备注记录

实 验 须 知

微生物学实验课的目的是：训练学生牢固地建立无菌的观念；准确地掌握微生物学基本的操作技能；深入学习微生物学的基础知识；加深理解微生物学的基本理论。同时，通过实验培养学生观察、分析、解决问题的能力；实事求是、严肃认真的科学态度；独立思考、勇于创新的开拓精神以及认真负责、团结协作、勤俭节约、爱护公物的优良作风。

为了上好微生物学实验课，并确保安全，必须注意下列事项：

1. 每次实验前必须充分预习实验教材，明确实验的目的、原理和方法，做到心中有数，思路清楚。

2. 实验室内应保持整洁，非实验必需品请勿带入实验室；进入实验室要穿干净的白色工作服；尽量避免在实验室内走动，防止尘土飞扬；切勿高声谈话，以免唾沫四溅，保持实验室内安静。实验室内严禁吸烟，不准吃东西，不准用嘴湿润铅笔、标签等物品，切勿以手指或其他物体接触面部，以防感染。每次实验前要用湿布擦净台面，洗净双手，地面洒水，以减少杂菌污染。

3. 实验要认真操作，仔细观察，及时做好记录。要牢记无菌概念，严格无菌操作，防止杂菌污染。实验操作中要关闭门窗，防止空气对流。接种时尽量不要讲话和走动。

4. 要严格遵守操作规程，注意安全。严禁用嘴吸取菌液和试剂。万一有意外事故发生，应及时报告指导老师，妥善处理，切勿隐瞒。

5. 进行高压蒸汽灭菌的人员必须认真负责，中途不准离开实验室。电炉、电热板、乙醇灯、煤气灯等用后立即关灭。实验中，切勿使乙醇、乙醚或丙酮等易燃物品接近火源。

6. 爱护国家财产。使用显微镜等贵重仪器应细心操作，倍加爱护，切勿擅自拆卸；对药品及消耗材料要节约使用，用毕放回原处，严禁药匙交叉使用。

7. 每次实验结束后，必须把所有仪器擦净、放妥，将实验室收拾整齐、打扫干净。如有菌液污染桌面或其他地方，应立即用5%石炭酸液覆盖其上，半小时后擦去。

凡带菌器具如吸管、涂布棒、试管、三角瓶等洗涤前应在3%来苏尔液中浸泡20 min消毒，含培养物的器皿应先煮沸10 min灭菌后再清洗，以免污染环境。

工作衣、帽如沾有可传染的材料，应立即脱下浸于5%石炭酸等消毒液中过夜或高压蒸汽消毒后再清洗。

8. 用于实验培养的材料要贴好标签，放在指定地点培养。实验室中的菌种和物品未经教师许可，不得带出实验室。

9. 每次实验后必须如实编写实验报告，内容力求简明、准确，及时交给教师批阅。

10. 离开实验室前，应洗净双手，关闭门、窗、水、灯、火、煤气等。

前　言

微生物学是生命科学的重要组成部分，处于生命科学研究的前沿，许多重要的生命活动规律都是在研究微生物中发现的。它既是研究生命科学基础理论的主要学科，也是应用非常广泛的重要学科。微生物学的实验技术和方法已广泛应用于生命科学各个研究领域和农业、工业、医药、环保等许多经济部门。

微生物学实验教学是培养学生独立工作能力的重要环节。各高校都加强了微生物学实验教学，纷纷增加课时、开放实验室，许多高校已单设微生物学实验课程。为了适应这一迅速发展的形势，我们将已使用多年的《微生物学》(第二版)中的"微生物学实验"在这次修订时单独编写为《微生物学实验》，参考了国内许多兄弟院校的有关教材和国外的相关资料，适当增加了部分新技术，充实了许多新内容。全书30余万字，共70个常用实验，分为三部分：基础实验、综合实验和应用实验。基础实验突出微生物学实验的特点，系统介绍微生物学实验的基本技术——无菌操作技术、显微镜技术、制片染色技术、纯培养技术、消毒灭菌技术及分子微生物学基本技术等。综合实验介绍常用的综合实验技术——抗生素效价及酶活力的测定、诱变育种、细胞融合、应用微生物的分离与鉴定、动物病毒的鸡胚培养等技术。应用实验结合生产和科研的实际，介绍常用的应用实验技术——菌种保藏、环境及食品饮料中微生物的检测、固定化活细胞的制备及其发酵试验、发酵培养基配方试验、发酵条件的优选试验、发酵罐的构造与操作等。

本书的编写努力体现以下特点：

1. 突出基础性和系统性，注重微生物学实验基本操作技术的系统训练。不仅使学生准确掌握微生物学实验的基本技术，而且帮助学生加深理解微生物学的理论知识。

2. 注重综合性和应用性。第二部分和第三部分分别安排了适量有代表性的综合实验和应用实验，可以提高学生综合应用微生物学实验技术、解决实际问题的工作能力。

3. 实验内容的选用特别注意先进性和可操作性。适当增加了应用较广的新技术和新方法，并在重点部分作详细介绍，还配置很多图表及光盘，以便于理解和操作。

4. 注重科学性和严肃性。邀请了多位长期在高校从事微生物学教学和科研工作的教师参加本书的编写和审校工作；印发了编写大纲和讨论稿，进行深入的讨论和反复的修改；讨论稿经反复修改后于2009年在部分院校试用，大多数实验都已在编者的实验室实际操作过；根据试用结果反复修改、多方查证、仔细审校后定稿。

本书编写得到许多单位的大力支持，武汉大学沈萍教授、彭珍荣教授对编写大纲和讨论稿提出了很多重要的指导意见，并仔细审阅了全稿。复旦大学周德庆教授、南京师范大学教授戴传超博士、南京农业大学副教授费荣梅博士、扬州大学副教授李国才博士和李红菊副教授等对编写大纲和讨论稿也提出了许多宝贵的修改意见。在此一并表示诚挚的谢意。特别感谢科学出版社的领导和编辑同志们的热情支持和辛勤劳动。

限于编者的水平和时间，不当之处在所难免，恳请微生物学同行和广大读者指正。

编 者

2009 年 10 月

目　录

前言
实验安排 …… v
实验须知 …… vi

第一部分　微生物学基础实验

第一单元　无菌概念和无菌操作技术

实验 1-1　环境及人体表面微生物的检测 …… 1
实验 1-2　无菌操作技术 …… 2

第二单元　显微镜技术

实验 1-3　显微镜的使用及细菌形态的观察 …… 5

第三单元　微生物制片及染色技术

实验 1-4　细菌的单染色法 …… 22
实验 1-5　革兰氏染色法 …… 23
实验 1-6　细菌的抗酸性染色法 …… 24
实验 1-7　细菌芽孢染色法 …… 26
实验 1-8　鞭毛染色法及活细菌运动性的观察 …… 27
实验 1-9　荚膜染色法 …… 29
实验 1-10　微生物拟核的体内和体外染色观察 …… 30
实验 1-11　细菌细胞壁的染色和质壁分离的观察 …… 32
实验 1-12　放线菌形态的观察 …… 34
实验 1-13　酵母菌形态及其子囊孢子的观察 …… 35
实验 1-14　霉菌形态的观察 …… 37

第四单元　微生物纯培养技术

实验 1-15　培养基的制备 …… 40
实验 1-16　消毒与灭菌 …… 43
实验 1-17　微生物接种技术 …… 48
实验 1-18　微生物培养特征的观察与识别 …… 51
实验 1-19　厌氧微生物的培养 …… 56
实验 1-20　从土壤中分离与纯化微生物 …… 60

第五单元　微生物的生长

实验 1-21　微生物大小的测定 …… 63
实验 1-22　显微镜直接计数法 …… 65
实验 1-23　平板菌落计数法 …… 68
实验 1-24　光电比浊计数法 …… 70
实验 1-25　大肠杆菌生长曲线的测定 …… 71
实验 1-26　物理因素对微生物生长的影响 …… 73
实验 1-27　化学因素对微生物生长的影响 …… 75
实验 1-28　生物因素对微生物生长的影响 …… 77
实验 1-29　用生长谱法测定微生物的营养要求 …… 79

第六单元　微生物的生化反应

实验 1-30　细菌鉴定中常用的生化反应 …… 81

第七单元　分子微生物学基本技术

实验 1-31　细菌质粒 DNA 的小量制备 …… 86
实验 1-32　质粒 DNA 的转化 …… 89
实验 1-33　细菌总 DNA 的制备 …… 91
实验 1-34　SDS-聚丙烯酰胺凝胶电泳法测定啤酒酵母菌胞外蛋白质相对分子质量 …… 92
实验 1-35　微生物 DNA 的体外重组 …… 95
实验 1-36　聚合酶链式反应(PCR)技术 …… 97

第八单元　免疫学技术

实验 1-37　免疫血清的制备 …… 99
实验 1-38　凝集反应 …… 103
实验 1-39　环状沉淀反应 …… 105
实验 1-40　双向免疫扩散试验 …… 107

第二部分　微生物学综合实验

实验 2-1　抗生素效价的测定 …… 109
实验 2-2　产蛋白酶和淀粉酶芽孢杆菌的分离及酶活力检测 …… 111
实验 2-3　微生物的诱变育种 …… 113
实验 2-4　微生物抗药性突变株的分离 …… 115
实验 2-5　营养缺陷型的筛选与鉴定 …… 116
实验 2-6　微生物原生质体融合 …… 118
实验 2-7　噬菌体的分离、纯化及其效价的测定 …… 121
实验 2-8　动物病毒的鸡胚培养 …… 125
实验 2-9　芽孢杆菌属(*Bacillus*)种的鉴定 …… 128
实验 2-10　利用 Biolog 系统鉴定微生物 …… 138

第三部分　微生物学应用实验

实验 3-1　菌种保藏 …… 141
实验 3-2　水的细菌学检查 …… 145
实验 3-3　牛乳中细菌的检查 …… 149
实验 3-4　食品中细菌总数及大肠菌群的检测 …… 152
实验 3-5　空气中微生物的检测 …… 155
实验 3-6　从病死虫体内分离杀虫微生物 …… 158
实验 3-7　真菌的单孢子分离方法 …… 159
实验 3-8　抗生素抗菌谱及抗生菌抗药性的测定 …… 161
实验 3-9　固定化活细胞的制备及其发酵试验 …… 163
实验 3-10　微生物发酵培养基配方的正交试验 …… 166
实验 3-11　微生物摇瓶发酵条件的筛选 …… 171
实验 3-12　台式自控发酵罐的构造与操作 …… 175
实验 3-13　酸奶的制作 …… 180
实验 3-14　用埃姆斯实验(Ames test)检测诱变剂和致癌剂 …… 182
实验 3-15　五日生化需氧量(BOD_5)的测定 …… 189
实验 3-16　微生物传感器法测定 BOD 值 …… 191
实验 3-17　极端嗜盐菌甘油二醚类衍生物的测定 …… 192
实验 3-18　细菌 DNA 中(G+C)mol%值的测定 …… 194
实验 3-19　食用菌菌种的分离与选育 …… 198
实验 3-20　嗜盐细菌的分离与鉴定 …… 200

主要参考文献 …… 201

附录 …… 202

附录一　染色液的配制 …… 202
附录二　培养基的配制 …… 203
附录三　常用试剂及溶液的配制 …… 209
附录四　常用消毒剂的配制 …… 213
附录五　洗涤液的配制及玻璃器皿的洗涤 … 214
附录六　酚的重蒸馏与饱和 …… 215
附录七　实验室意外事故的处理 …… 216
附录八　细菌鉴定及检索 …… 217

第一部分　微生物学基础实验

第一单元　无菌概念和无菌操作技术

实验 1-1　环境及人体表面微生物的检测

【目的要求】

1. 证实环境中普遍存在微生物；确立无菌概念，体会无菌操作技术的重要性。

2. 观察不同类群微生物的菌落形态特征。

【基本原理】

微生物多种多样，无处不在。它们很小，肉眼看不见。将它们接种到适当的固体培养基上，在适宜温度培养，少量分散的菌体或孢子就可以在培养基上形成肉眼可见的细胞群体——菌落（colony）。不同种的微生物可形成大小、形态、颜色等特征各异的菌落。因此，可以通过平板培养检查环境中微生物的类型和数量。

【实验器材】

牛肉膏蛋白胨琼脂平板培养基，马铃薯葡萄糖琼脂平板培养基，无菌水，无菌棉签，试管架，乙醇灯，记号笔，培养箱等。

【操作步骤】

1. 标记　在 1 套牛肉膏蛋白胨琼脂平板培养基的底部划出 8 个等分的小区，并分别标注姓名、日期及代表不同样品的字母。在另外两套马铃薯葡萄糖琼脂平板培养基的底部分别标注空气 1、空气 2 及姓名、日期。

2. 检测　环境及人体表面的微生物多种多样，检测方法各不相同。

（1）空气　将标有空气 1 的平板培养基打开皿盖，放于实验台上，使培养基表面完全暴露在空气中；将标有空气 2 的平板培养基打开皿盖，放于已灭菌的超净工作台上或接种箱（室）内，1 h 后盖上各皿盖。

（2）人体表面及其他物体微生物

① 手指　在乙醇灯火焰旁，半开皿盖，用未洗的手指在平板培养基的 A 区内轻轻按一下，迅速盖上皿盖。然后用肥皂洗净双手，自然干燥后在平板培养基的 B 区轻轻按一下，迅速盖上皿盖。

② 头发　将你的 1～2 根头发轻轻放在平板培养基的 C 区，迅速盖上皿盖。

③ 鼻腔　按无菌操作，从试管中取无菌湿棉签在自己鼻腔内滚动数次，立即在平板培养基的 D 区轻轻划线接种，迅速盖上皿盖。将用过的棉签放入另一试管。

④ 桌面　按无菌操作，从试管中取无菌湿棉签擦抹实验台面约 2 cm^2，将棉签从皿盖开启处伸至培养基表面，在 E 区划线接种，立即盖上皿盖。放回棉签。

⑤ 水体　按无菌操作，从试管中取无菌干棉签，分别蘸取少量无菌水、自来水，将棉签从皿盖开启处伸至培养基表面，分别在 F 区和 G 区轻轻划线接种。

⑥ 地面　按无菌操作，从试管中取无菌湿棉签，擦抹实验室地面约 2 cm^2，将棉签从皿盖开启处伸至培养基表面，在 H 区轻轻划线接种。

3. 培养　将牛肉膏蛋白胨琼脂平板培养基倒置于 37℃培养箱中，将马铃薯葡萄糖琼脂平板培养基倒置于 28℃培养箱中，培养 3 d。

4. 观察　若有时间，可从 24 h 起连续观察数次，仔细观察各培养基上不同类型菌落出现的顺序及菌落大小、外形、颜色等的变化。

【实验报告】

1. 实验结果　将观察结果记录在表 1-1.1 中。

表 1-1.1　环境中微生物的检测结果记录表

样　品	A	B	C	D	E	F	G	H	空气 1	空气 2
菌落数量										
菌落类型										
简要说明										

菌落数量可用＋和－符号表示，从多到少依次为：＋＋＋＋，＋＋＋，＋＋，＋，－。

2. 思考题

(1) 比较不同来源的样品，哪种样品平板菌落数量和类型最多？为什么？

(2) 比较洗手前后及空气处理前后菌落的变化，体会严格无菌操作的意义。

【注意事项】

1. 标记一定要记在皿底，记在皿盖易张冠李戴。各样品不能记错。
2. 接种要严格无菌操作，在乙醇灯火焰旁进行，动作要迅速，不能划破培养基。

（蔡信之）

实验 1-2　无菌操作技术

【目的要求】

准确掌握实验室微生物挑菌、接种的无菌操作技术；认真体会无菌操作要领。

【基本原理】

微生物学实验中，无菌操作技术是指为防止杂菌污染纯培养物而采取的一系列预防措施后的挑菌、接种操作。接种前应地面洒水，清理台面，移走不必要的物品，用湿布拭净灰尘，消毒台面，洗净双手。菌种管和待接种管都插在试管架上，放在取放方便的位置。接种应在灯火焰旁严格按无菌操作规程(图 1-2.1)进行。高温对微生物有致死效应。切忌边接种边聊天和随意走动，以防止杂菌污染。

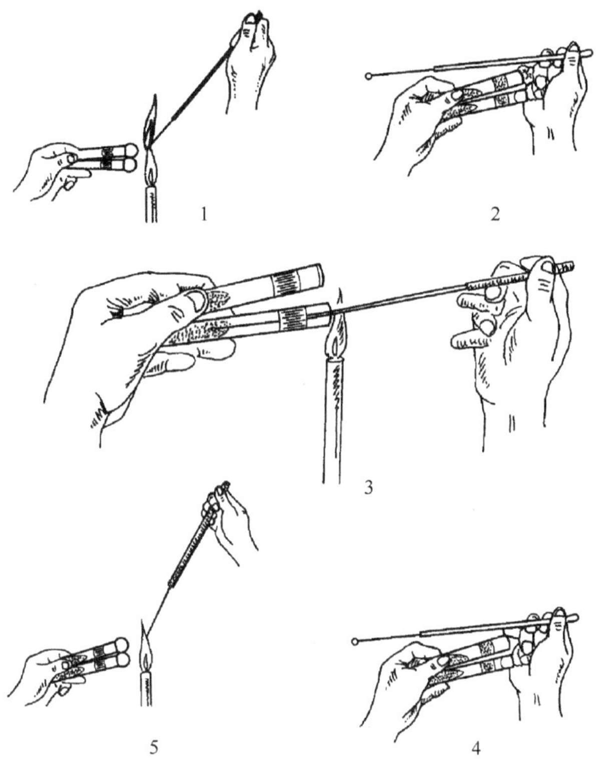

图 1-2.1　无菌操作过程

1. 烧环；2. 拔塞；3. 接种；4. 加塞；5. 烧环

【实验器材】

大肠杆菌（*Escherichia coli*），肉汤蛋白胨斜面培养基，乙醇灯，接种环，试管架，记号笔等。

【操作步骤】

1. 标记　用记号笔在斜面前方距管口 2～3 cm 处，分别标记 3 支肉汤蛋白胨琼脂斜面培养基为 A（接菌）、B（接无菌水）、C（非无菌操作接无菌水）。

2. 灭菌　左手持大肠杆菌菌种和待接种的斜面培养基试管，右手持接种环，按图 1-2.1 中 1 及图 1-2.2 的方法将接种环在火焰的氧化焰彻底灼烧灭菌（烧红并持续一段时间），再在火焰旁打开斜面菌种和待接种斜面试管的棉塞（图 1-2.1 之 2）（棉塞不能放在桌上，应夹在右手指间并朝外），在火焰上灼烧管口。

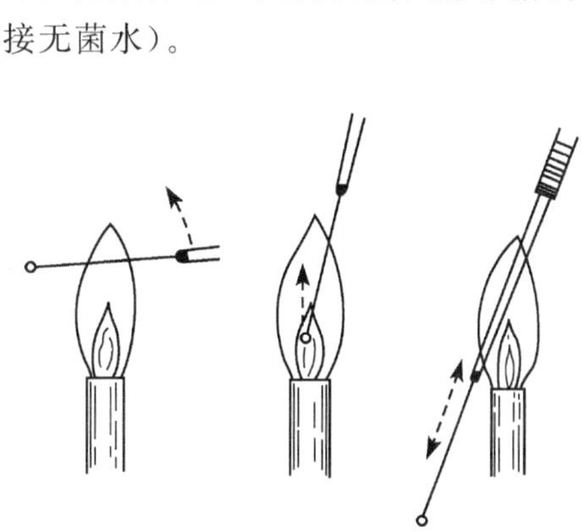

图 1-2.2　接种环（或针）灭菌

3. 挑菌　在火焰旁将接种环插入菌种培养基上部空白处冷却 5 s 以上，挑取少许菌苔，将接种环退出菌种管。

4. 接种　将已挑菌的接种环迅速伸入 A 管斜面底部(环不要碰试管口和壁),从底部开始向上作蛇形密集划线接种(图 1-2.1 之 3)。划线完毕后灼烧管口,塞上棉塞。将接种环彻底灼烧后放回原处(图 1-2.1 之 4、5)。

5. 接水　同样接种无菌水于 B 管。

6. 对照　以非无菌操作为对照:在无乙醇灯或煤气灯的条件下,用未经灭菌的接种环从另一盛有无菌水的试管中挑取一环无菌水划线接种到 C 管中。

7. 培养　将 A、B、C 3 支肉汤蛋白胨琼脂斜面培养基于 37℃直立培养 24 h。

8. 观察　仔细观察 A、B、C 斜面培养基表面有无纯培养的菌苔生长。

【实验报告】

1. 实验结果　分别描述试管 A、B、C 斜面培养基表面菌苔生长情况。

2. 思考题

(1) 斜面试管 A、B、C 各起什么作用? 从中体会到什么?

(2) 你的实验结果正确吗? 试解释之。

(3) 接种时开塞后试管口或三角瓶口可否朝上? 能否远离火焰? 为什么?

【注意事项】

1. 无菌操作的试管或三角瓶在开塞后及回塞前,其口部均应通过火焰 2～3 次,以烧去可能附着于口部的微生物。开塞后的管口及瓶口应尽量靠近火焰,平放,切忌口部向上及长时间暴露在空气中,以防止污染。

2. 接种环(或针)每次使用前、后,均应在火焰外焰彻底灼烧灭菌。

3. 挑菌前,必须待接种环(或针)充分冷却后才能使用,以免烫死微生物。

（蔡信之）

第二单元　显微镜技术

实验 1-3　显微镜的使用及细菌形态的观察

熟悉显微镜并掌握其使用技术是研究微生物必不可少的重要手段。

显微镜可分为光学显微镜和非光学显微镜两大类。光学显微镜有普通光学显微镜、相差显微镜、暗视野显微镜、微分干涉相差显微镜、紫外光显微镜、偏光显微镜和荧光显微镜等不同类型。非光学显微镜主要是电子显微镜。

一、普通光学显微镜

【目的要求】

1. 熟悉普通光学显微镜各部分的结构和性能。
2. 掌握油镜的基本原理和使用方法。
3. 观察细菌的基本形态。

【基本原理】

1. 显微镜的结构　光学显微镜分机械装置和光学系统两大部分(图 1-3.1)。

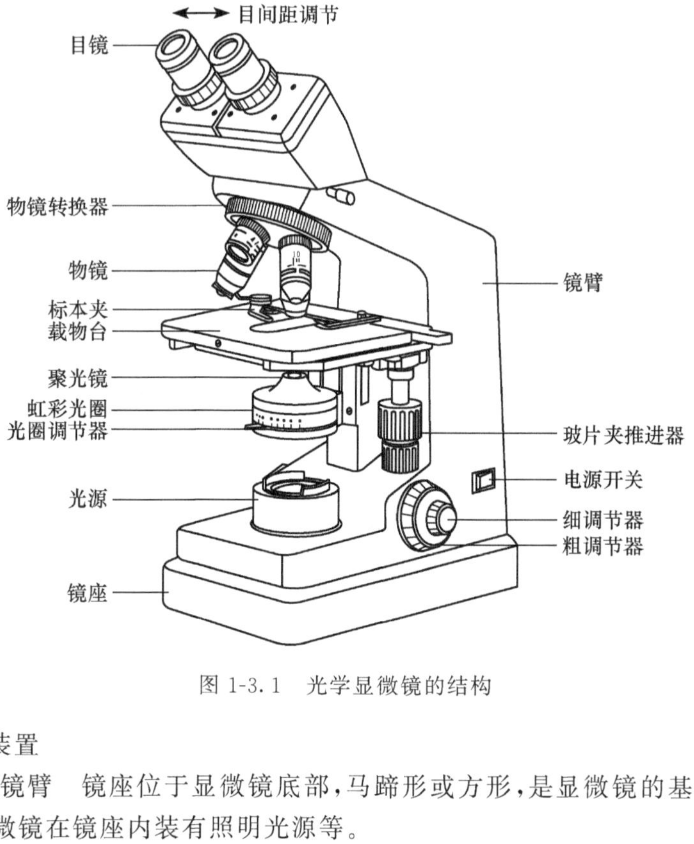

图 1-3.1　光学显微镜的结构

(1) 机械装置

① 镜座和镜臂　镜座位于显微镜底部,马蹄形或方形,是显微镜的基座。由它支撑全镜。有的显微镜在镜座内装有照明光源等。

镜臂是显微镜的脊梁，支撑镜筒。直筒显微镜镜臂与镜座间有一倾斜关节，可使显微镜倾斜一定角度，便于观察。

② 镜筒　系一金属圆筒，上接目镜，下接转换器，镜筒长通常是 160 mm。有些显微镜镜筒长度是可调的。根据镜筒数量，光学显微镜分单筒式和双筒式。

③ 物镜转换器　系一安装物镜的圆盘，其上可装 3～4 个物镜，可使每个物镜通过镜筒与目镜构成一个放大系统。转换物镜时必须用手按住圆盘旋转。

④ 载物台　又称镜台，用于安放玻片标本。中心有一个通光孔。载物台上装有一副金属的标本夹或标本移动器。调节移动器上的螺旋可使标本前后、左右移动。有些移动器上还有刻度，可确定标本的位置，便于重复观察。

⑤ 调焦装置　它是调节物镜和标本间距离的机件，有粗调节器和细调节器，可使镜筒或镜台上下移动。当物体在物镜的焦点上时，可得到清晰的图像。

(2) 光学系统

① 目镜　目镜装于镜筒上端，作用是把物镜放大的物像再次放大，但不提高分辨率。它由两片透镜组成，在两块透镜中间或下方有一视野光阑。在进行显微测量时要将目镜测微尺放在视野光阑上。不同的目镜上面一般标有 5×、10×、16×等放大倍数，不同放大倍数的目镜其口径是统一的，可以互换使用。

② 物镜　物镜是显微镜最重要的部件，由多块透镜组成。它决定成像质量和分辨能力。因靠近被观察的物体，又称接物镜。作用是将物体作第一次放大。

各物镜都刻有放大倍数(低倍镜为 10×；高倍镜为 40～65×；油镜为 95～100×)、数值孔径(简写为 NA)、镜筒长度及所要求的盖玻片厚度等参数(图 1-3.2)。

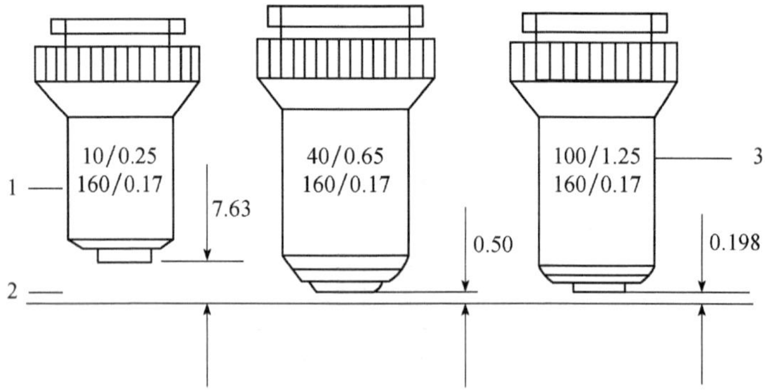

图 1-3.2　显微镜的主要参数

1. 镜筒长度及盖片厚度；2. 工作距离；3. 放大倍数及数值孔径

③ 聚光器　聚光器由聚光镜和可变光阑组成，装在镜台下，可上下升降。边框上刻有数值孔径。作用是将平行的光线聚集到标本上，增强照明度。用低倍镜时聚光器应下降，用油镜时则要升到最高位置。在聚光器的下方装有可变光阑(光圈)，由十几张金属薄片组成，可放大或缩小，以调节光强度和数值孔径的大小。

④ 反光镜　是一个有平凹两面的双面镜，装在聚光器下的镜座上，可在水平与垂直两个方向任意旋转。作用是采集光线并将光线射向聚光器。光源充足或用低倍和高倍镜观察时用平面镜；光线较弱或用油镜观察时应用凹面镜。带电光源的显微镜通过调节电

源电压调节光线强弱。

2. 油镜的基本原理　油镜常标有“OI”或“HI”字样，有的用一圈红线或白线标记。用不同放大倍数的目镜可使被检物体放大 1000～2000 倍。使用时油镜与其他物镜不同的是盖玻片和物镜之间隔的不是一层空气而是一层油质，称油浸系。常用香柏油，因其折射率为 1.515，与玻璃折射率(按成分不同 n 为 1.5～1.9，一般为 1.52)相近。也可用液体石蜡($n=1.52$)。其效果是：

(1) 增强视野的照明度　光线通过盖玻片后可直接经香柏油进入物镜而不发生折射。若盖玻片与物镜间的介质为空气则称干燥系，光线通过盖玻片后发生折射，进入物镜的光线减少，降低了视野的照明度(图 1-3.3)。

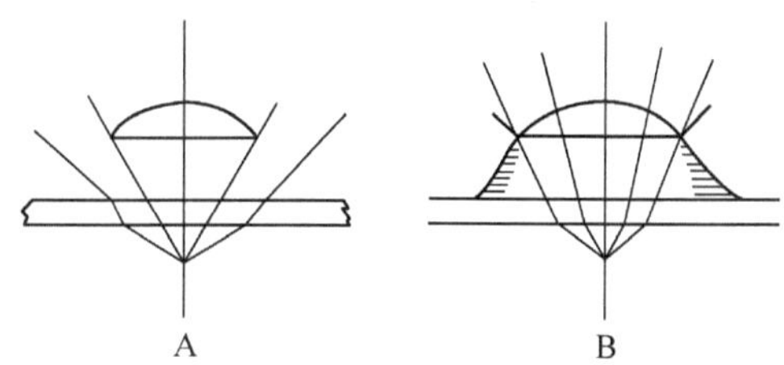

图 1-3.3　干燥系(A)与油浸系(B)的光线通路

(2) 提高显微镜的分辨力　利用油镜不但能增加照明度，更重要的是可以提高显微镜的分辨率(resolution)。

显微镜的优劣主要决定于分辨率的大小。所谓分辨率就是显微镜工作时能分辨出物体两点间最小距离(D)的能力。如果显微镜只能放大，没有相应的高分辨率，则放大的物像也是模糊的。D 值越小，表明分辨率越高，可用下列公式表示：

$$D=\frac{\lambda}{2\mathrm{NA}}$$

式中：λ 为光波波长，NA 为数值孔径(numerical aperture，简写为 NA)。

由上式可见，要提高分辨率必须缩短光的波长和增大物镜的数值孔径。由于光学显微镜所用的照明光源是可见光(波长范围是 0.4～0.7 μm，平均为 0.55 μm)，故必须靠增大物镜的数值孔径来提高显微镜的分辨率。

显微镜的放大效能由其数值孔径决定。数值孔径是介质的折射率与镜口角 1/2 正弦的乘积，可用公式 $\mathrm{NA}=n\cdot\sin\frac{\alpha}{2}$ 表示。

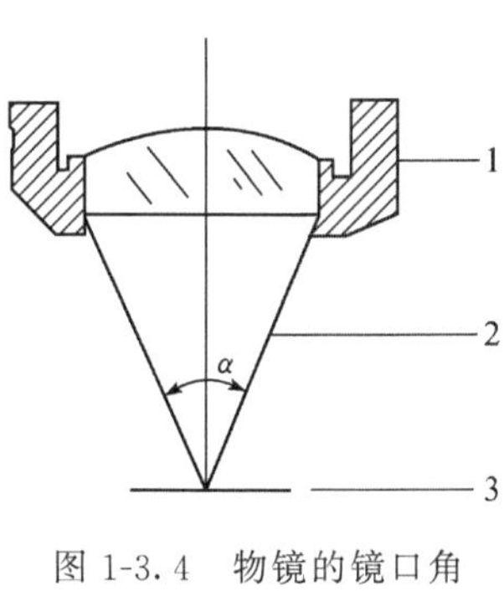

图 1-3.4　物镜的镜口角
1. 物镜；2. 镜口角；3. 标本

式中：n 为物镜与标本间介质的折射率；α 为镜口角(物镜光轴上的物点发出的光线投射到物镜前透镜边缘所形成的最大夹角，图 1-3.4)。影响物镜数值孔径的因素，一是镜口角 α，光投射到物镜的角度越大，显微镜的效能就越好，该角度决定于物镜的直径和焦距，是显微镜光学质量的关键。进入透镜的光线与光轴不可能成 90°角，所以 $\sin\frac{\alpha}{2}$ 的最大值小于 1。实际上目前所用的油镜镜口角最大只能达到 140°，即 $\sin\frac{\alpha}{2}=\sin70°=0.94$。影响数值孔径的另一因素是介质的折射率。不同介质的折射率不同，空气为 1.0，水为 1.33，香柏油为 1.515。因此，以空气为介质的数值孔径为 0.94，以香柏油作介质就可使数值孔径增大到 1.2～1.4。用数值孔径为 1.25 的油镜能分辨直径在 0.2 μm 以上的物体。大多数细菌直径在 0.5 μm 左右，在油镜下能看清细菌的形态及某些结构。

显微镜的总放大率是物镜放大率和目镜放大率的乘积。物镜和目镜搭配不同，其分辨率也不同。如用40倍的物镜（NA=0.65）和24倍的目镜，总放大率虽有960倍，但其分辨率只有0.42 μm。若用放大率为90倍的油镜（NA=1.25）和10倍的目镜，虽然总放大率仅为900倍，却能分辨0.22 μm的物体。

【实验器材】

金黄色葡萄球菌（*Staphylococcus aureus*）和枯草芽孢杆菌（*Bacillus subtilis*）染色玻片标本，普通光学显微镜，显微镜灯，香柏油，二甲苯，擦镜纸。

【操作步骤】

1. 调节光源 对光时应避免直射光源。因直射光源太强，影响物像的清晰，并损坏光源装置和镜头。阴暗天气可用日光灯照明。

调节光源时，先将光圈完全打开，上升聚光器至载物台同高，否则使用油镜时光线较暗。然后转下低倍镜，观察光源强弱。调节反光镜，光线较强的天然光源宜用平面镜；光线较弱的天然光源或人工光源宜用凹面镜。对光时要使全视野内达到均匀的最明亮的程度。观察染色标本时光线应强，观察未染色标本时光线宜弱。可通过放大或缩小光圈、升降聚光器或旋转反光镜等调节光线。提高聚光器高度可增强视野的照明度，使用时一般都是将聚光器调到最高位置。

2. 调节聚光器数值孔径 取下一目镜，从镜筒边观察视野，边缩放光圈，使光圈的边缘与物镜视野恰好一样大。目的是使入射光展开的角度正好符合镜口角的角度，以充分发挥物镜的分辨率，并将超过物镜所能接受的多余光挡掉，否则会发生干扰，影响清晰度。各物镜的数值孔径不同，每次转换物镜都应这样调节。

实际操作中也可根据对视野亮度和标本明暗对比度调节光圈大小，不考虑聚光器数值孔径与物镜一致。只要能达到较好的效果，可根据情况灵活运用。

3. 低倍镜观察 低倍镜视野大，易发现目标和确定检查位置，所以观察标本要先用低倍镜观察。

将金黄色葡萄球菌或枯草杆菌的染色玻片标本置于镜台上，用标本夹夹住，移动推动器使观察对象处于物镜正下方，然后从侧面注视，转动粗调节器降下低倍镜至距标本约0.5 cm处，由目镜观察，转动粗调节器使镜筒逐渐上升到看见物像，再转动细调节器使物像清晰。然后移动标本找到合适的目的物并将其移至视野中心，准备用高倍镜观察。

4. 高倍镜观察 一般物镜都是同焦的。轻轻转动转换器，将高倍镜转至正下方，由目镜观察，仔细调节光圈，使光线的明亮度适宜。再用细调节器调节至物像清晰，找到适宜的观察部位并将其移至视野中心，准备用油镜观察。

5. 油镜观察

(1) 用粗调节器提高镜筒约0.5 cm，轻轻转动转换器将高倍镜转离工作位置。

(2) 在玻片标本的镜检部位加1滴香柏油。

(3) 将油镜转至正下方，从侧面观察，转动粗调节器，徐徐下降镜筒，使油镜浸入香柏油中并接近玻片，切忌压及玻片，以防压碎玻片、损坏镜头。将聚光器升至最高并开足光圈。若所用聚光器的数值孔径超过 1.0，还应在聚光器与载玻片之间滴加香柏油，确保达到最大效能。

用目镜观察，进一步调节光线使视野的亮度合适，转动粗调节器缓慢地提升油镜或下降载物台至物像出现，再用细调节器调节至物像清晰。如果油镜已离开油面仍未找到物像，则有两种可能：一是油镜下降还未到位；二是油镜上升过快。必须再从侧面观察，将油镜降下，重复上述操作。应特别注意不要在下降镜头时用力过猛，或边在目镜观察，边转动粗调节器下降镜头，以免损坏玻片及镜头。

6. 显微镜用毕后处理

(1) 观察完毕，上升镜筒。先用擦镜纸擦去镜头上的香柏油，再用擦镜纸蘸少许二甲苯擦去镜头上残留的香柏油，最后用干净的擦镜纸擦去残留的二甲苯。用液体石蜡作镜油时，只用擦镜纸即可擦净。擦镜头时要顺着镜头直径向一个方向擦，不能来回或沿圆周方向擦。最后用绸布擦净显微镜的金属部件。

(2) 清洁后，将物镜转成“八”字，再向下旋到最低处。将聚光器降到最低位置。反光镜垂直于镜座。

(3) 染色玻片标本上香柏油先轻轻擦去大部，再加 1 滴二甲苯使残留的香柏油溶解，用毛边纸轻轻压在涂片上，吸掉二甲苯和香柏油，以免损坏涂片。

【实验报告】

1. 实验结果　绘出观察到的细菌形态，并注明物镜放大倍数和总放大倍数。

2. 思考题

(1) 用油镜时为何要在盖片上加香柏油？加油时盖片上可否有水？为什么？

(2) 使用油镜时应注意哪些问题？

【注意事项】

1. 搬动显微镜时应右手握住镜臂。左手托住底座，使镜身保持直立，并靠近身体。切忌单手拎提，以防目镜脱落。

2. 各个镜面切忌用手或非擦镜纸涂抹，以免污染或损伤镜面。

3. 在更换标本或转换镜头时，必须将载物台略向下调低或将镜筒向上提升，以免损坏标本或镜头。转换物镜时应轻轻转动物镜转换器，切忌直接扳动镜头。

4. 用油镜应特别小心，切忌采用眼睛在目镜边观察边下降镜筒的错误操作。

5. 用二甲苯擦镜头量要少，且不宜久抹，以防黏合透镜的树脂溶解。显微镜金属油漆部件和塑料部件如有污垢用软布沾中性洗涤剂擦拭，勿用有机溶剂。

二、相差显微镜

【目的要求】

学习相差显微镜的构造、原理和用法。

【基本原理】

相差显微镜不仅能观察活细胞的形态，还能看到细胞内部结构及细胞分裂的连续过程。相差显微镜的形状及成像原理和普通显微镜相似。不同的是相差显微镜有专用的相差聚光镜(内有环状光阑)和相差物镜(内装相板)及合轴调整望远镜,并使用滤光片(图 1-3.5)。

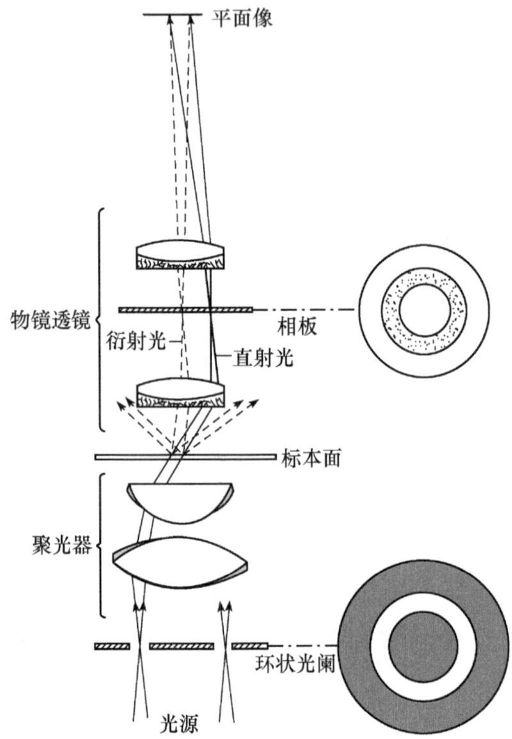

图 1-3.5 相差显微镜成像图

相差聚光镜和普通聚光镜不同的是装有一个转盘,内有宽狭不同的环状光阑,边上刻有 0、10、20、40、100 等字样,"0"表示没有环状光阑,相当于普通聚光镜,其他数字表示环状光阑的不同宽狭,要和 10×、20×、40×、100×相应的相差物镜配合使用。环状光阑是一透明的亮环,光线通过环状光阑形成一个圆筒状光柱,通过聚光镜斜射在载玻片的标本上后产生两部分光:直射光和衍射光。

相差物镜是相差显微镜的主要装置,其上刻有"PC"或"PH"或一个红圈。相差物镜和普通物镜相似,不同的是在物镜的后焦平面上装有一个相板,相板上有一层金属物质及一个暗环,不同放大倍数的相差物镜其暗环的宽狭不同。环面(共轭面)上涂有吸光物质,直射光从这部分通过,并吸收了约 80%左右的直射光。衍射光分布在整个相板上,环面内外(补偿面)涂有减速物质,使衍射光的相位发生改变,两者结合可分别改变直射光和衍射光的振幅和相位。

在被检物体(菌体)的折射率大于介质的情况下,光线经环状光阑照射到被检标本后产生的衍射光透过共轭面时被吸收约 80%,亮度变暗,产生的衍射光在透过被检标本后其相位已推迟 1/4 波长,再透过相板的补偿面时,相位又推迟 1/4 波长。这两束光线的相位不同(相差 1/2 波长),其合成波的振幅为两者之差,所以光线就更暗。而标本的介质只有直射光,形成明亮的背景和黑暗的标本,称为正相差或暗相差。透明标本内部各构造的折射率不同，因此正相差显微镜特别适用于活细胞的荚膜、细胞壁、细胞核等内部细微结构的观察。相反，如果相板的共轭面涂的是减速物质，推迟直射光相位 1/4，补偿面涂的是吸光物质，结果直射光与衍射光的相位相同（衍射光通过物体时相位推迟了 1/4 波长），其合成波的振幅为两者之和，结果物体明亮而背景黑暗，称为负相差或明相差。

合轴调整望远镜是一种特制的工作距离长的低倍（4～5 倍）望远镜。用以调节环状光阑与相板环的重合。

为获得良好的相差，最好用单色光照明，一般用绿色光。因为相差物镜多属消色差物镜，只纠正黄、绿光的球差，而未纠正红、蓝光的球差，用绿色滤光片效果最好；绿色滤光片有吸热作用（吸收红色光和蓝色光），活体观察时有利。

【实验器材】

酿酒酵母水浸片，枯草杆菌水浸片，相差显微镜，载玻片，盖玻片，擦镜纸等。

【操作步骤】

1. 将显微镜聚光器和物镜换成相差聚光器和相差物镜，光路加绿色滤光片。
2. 转动聚光器下环状光阑转盘至“0”，光圈开到最大，使视野光亮均匀。
3. 将酿酒酵母水浸片置载物台上，夹好。通过普通目镜和低倍相差物镜（如 10×）调节焦距，看清标本。
4. 将环状光阑转盘转至 10，使之与所用的 10×物镜相符，开足光圈。
5. 取下目镜，换上合轴调节望远镜，转动望远镜内筒使其升降，对焦使聚光镜中的亮环和物镜中的暗环清晰（图 1-3.5）。
6. 转动聚光镜左右两侧的调中螺旋，移动亮环，使两环完全重合（图 1-3.5）。
7. 取下望远镜换上目镜即可进行观察。每更换标本或换用不同倍数的相差物镜时，都必须依上法重新合轴调节。
8. 换上枯草芽孢杆菌的水浸片进行观察（必须先进行合轴调节）。

【实验报告】

1. 实验结果　绘出用相差显微镜观察到的酿酒酵母和枯草杆菌形态结构。
2. 思考题　为什么说相差显微镜适合观察活细胞的细微结构？

【注意事项】

1. 光源不要太强，且不太热。
2. 载玻片厚 1 mm，盖玻片厚 0.16～0.17 mm。载玻片过厚则环状光阑的亮环变大，过薄则亮环变小，盖玻片过厚或过薄都会使成像差、色差增加，影响观察。
3. 使用油浸系相差物镜时要使聚光器浸油。
4. 精确的合轴调节是取得良好观察效果的关键。

三、暗视野显微镜

【目的要求】

掌握暗视野显微镜的构造、原理和使用方法。

【基本原理】

暗视野显微镜与明视野显微镜的区别是其光线照射方法不同。暗视野显微镜中用的是暗视野聚光器，其底部中央有一块遮光板，使进入反光镜的中央光柱不能直接射入物镜，仅允许光线从聚光器的边缘斜射到标本上，经物体反射或衍射的光线才能进入物镜成像。可在暗视野中见到明亮的物像。

暗视野显微镜主要用于观察活细菌及其运动性。在暗视野中即使所观察的微粒小于显微镜的分辨率，仍可通过它们散射的光观察到。对于观察菌体细小的梅毒密螺旋体(*Treponema pallidum*)等微生物及细菌鞭毛的运动特别有用。有些活细胞外表比死细胞明亮，可用来区分死活细胞。暗视野法的不足之处是难以区分物体的内部结构。因为，在显微镜下看到的是物体的散射光，只能呈现物体的轮廓而且比实物要大。

暗视野聚光镜有两种主要类型：一类是折射型，只要在普通聚光镜放置滤光片的地方放一中心有光挡的小铁环(图 1-3.6)就成一个暗视野聚光镜，甚至在一圆玻璃片中央贴一块圆黑纸也可获得暗视野效果。另一类是反射型，常用的有抛物型和同心球面型等不同型式，前者顶部是平滑的，后者反射部分呈心型(图 1-3.7)。

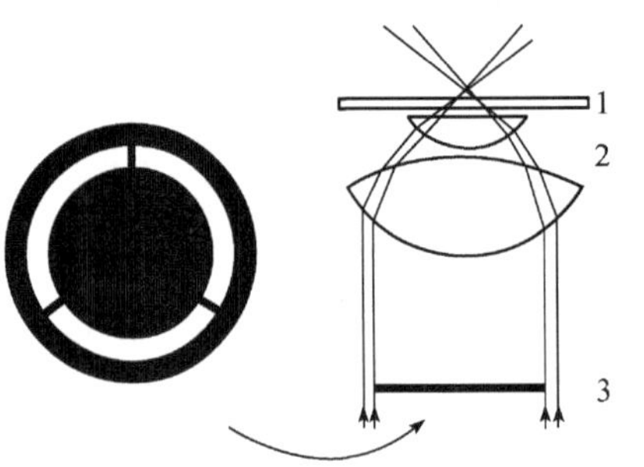

图 1-3.6　折射型暗视野聚光镜

1. 载玻片；2. 透镜；3. 遮光板

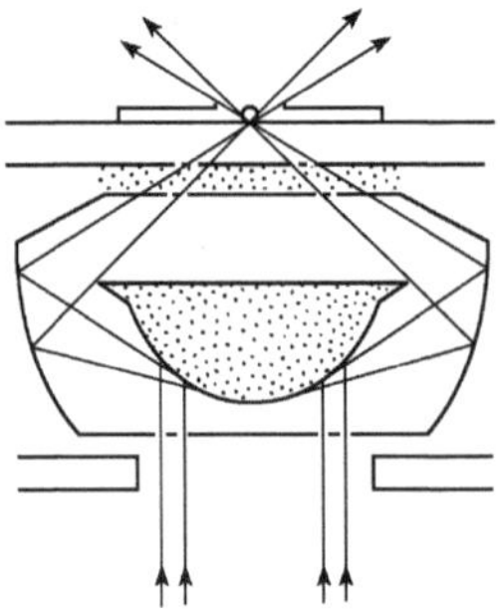

图 1-3.7　反射型暗视野聚光镜光路

【实验器材】

酿酒酵母(*Saccharomyces cerevisiae*)，暗视野显微镜，载玻片，盖玻片，无菌水，擦镜纸。

【操作步骤】

1. 选厚 1.0～1.2 mm 的干净载玻片，滴上酿酒酵母悬液，加盖玻片(勿产生气泡)。
2. 将聚光镜光圈调至 1.4。
3. 将光源的光圈孔调至最大。
4. 在聚光器上放 1 滴香柏油，将标本置于载物台上，升高聚光器接触载玻片。
5. 用低倍镜观察，调节聚光器光圈大小，在视野中看到光环的轮廓，再调节聚光器高度使光环变为一亮的光点，光点愈小愈好。光点不在视野中央则调节聚光器外侧的两个调中螺杆使光点位于视野中央。
6. 换上所需目镜和高倍镜，缓慢上升物镜调焦至视野中心出现发光的菌体。

7. 油镜观察　在盖玻片上滴 1 滴香柏油，将油镜转至工作位置，调节反光镜及聚光器的焦点和中心使暗视野照明最佳，仔细调节粗、细螺旋，使菌体清晰。

【实验报告】

1. 实验结果　描述在暗视野中酿酒酵母的形态。

2. 思考题

(1) 观察活细胞个体形态，用显微镜的明视野好，还是暗视野好？为什么？

(2) 你观察到的酿酒酵母在暗视野中能否区分死、活细胞？

(3) 暗视野观察对载玻片、盖玻片有何要求？为什么？

【注意事项】

1. 暗视野观察时聚光镜与载片间滴加的香柏油要充满，否则照明光线于聚光镜表面全部被反射，达不到被检物体，不能形成暗视野照明。且应用强光照明，否则物像不清晰。

2. 暗视野观察标本前，一定要进行聚光镜的中心调节和焦点调节，使焦点对准被检物体。这是暗视野观察的关键，否则被检物体不能形成亮点。

3. 暗视野聚光镜的数值孔径都较大（NA＝1.2～1.4），焦点较浅。过厚的被检物体无法调在聚光镜焦点处，载玻片厚应为 1.0 mm 左右，盖玻片厚应在 0.16 mm 以下。载玻片、盖玻片都要清洁，无油脂及划痕，否则都会严重扰乱所形成的物像。

四、荧光显微镜的使用

【目的要求】

学习荧光显微镜的构造、原理和使用方法。

【基本原理】

荧光显微镜是利用紫外光或蓝紫光（不可见光）使标本内荧光物质激发产生不同颜色的荧光（可见光），通过物镜和目镜放大，观察标本内某物体及位置。

荧光显微镜和普通光学显微镜的基本结构是相同的，主要区别在于光源和滤光片不同，具体的是（图 1-3.8、图 1-3.9）：

第一，荧光显微镜必须有一个紫外光发生装置，通常采用弧光灯或高压汞灯作为发生强烈紫外光的光源。

第二，荧光显微镜必须有吸热装置，因为弧光灯或高压汞灯在发生紫外光时放出很多热量，应使光线通过吸热水槽（通常装 10%$CuSO_4$ 水溶液）使之散热。

第三，荧光显微镜必须有一个激发荧光滤光片放在聚光镜与光源之间，使波长不同的可见光被吸收，产生单色光源。激发荧光滤光片分两种，一种只让 325～500 nm 波段的蓝～紫外光（其国际代号为 BG）通过；另一种只让 275～400 nm 波段的光通过，其中最大透光度为 365 nm，通过的主要是紫外光。

第四，要有一套保护眼睛的屏障滤光片（阻断反差滤光片）装在物镜上方或目镜下方。屏障滤光片透光波段范围是 410～650 nm，代号有 OG（橙黄色）、GG（淡绿黄色）或 41～65 等。透过激发荧光滤光片的紫外线经过集光器射到被检测物体上使之发生荧光，该荧光可用普通光学显微镜观察。荧光显微镜光路图解见图 1-3.10。

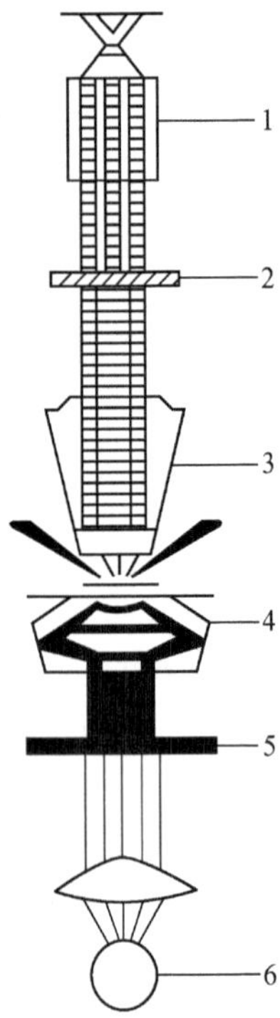

图 1-3.8　透射荧光显微镜结构示意图
1. 目镜;2. 滤片;3. 物镜;4. 暗视野聚光镜;5. 激发滤片;6. 光源

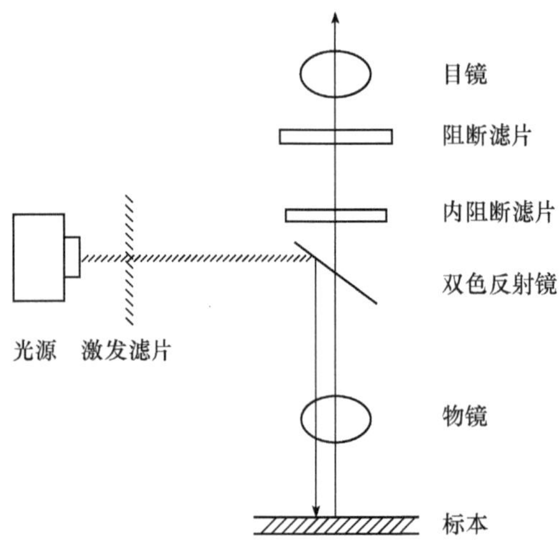

图 1-3.9　落射式荧光显微镜原理示意图

荧光显微镜镜检时,如用暗视野聚光镜使视野保持黑暗,则暗视野中的荧光物像更加明显,还可能发现明视野显微镜分辨不出的细微颗粒。

根据荧光光源位置的不同,荧光显微镜分为透射式和落射式两种。

透射式荧光显微镜激发光来自被检物体下方,聚光器为暗场聚光器,使激发光不进入物镜,使荧光进入物镜。新型的荧光显微镜多数为落射式,在光路中有分光镜,光源来自被检物体上方,所以对透明和非透明的被检物体都适用。使用高倍物镜时,数值孔径增大,荧光较透射式照明强,明显优于透射式。

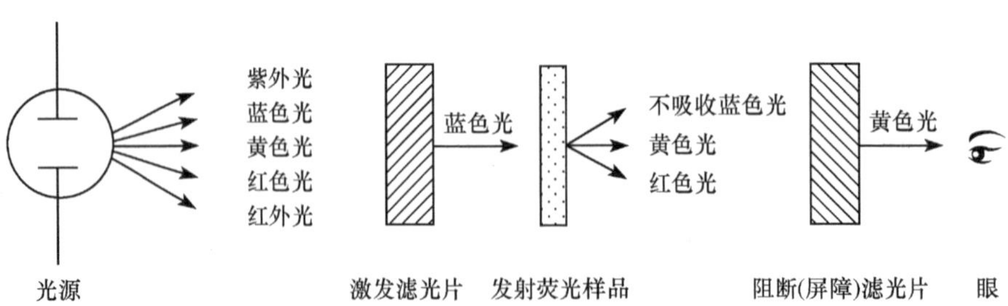

图 1-3.10　荧光显微镜的光路图解(示意:蓝色光激发,发出黄色光)

荧光显微镜灵敏度高,约为可见光显微镜的 100 倍,暗视野中低浓度的荧光染色即可检出样品。已广泛用于微生物检验及免疫学研究,还可用来在显微镜下区分死、活细胞及水质的细菌计数等，特别适用于抗酸细菌观察。

在荧光显微检验中，常用的荧光染料有金胺（auramine）、中性红、品红、硫代黄素（thioflavine）、樱草素（primuline）等。有些荧光染料对某些微生物有选择性，如用金胺可检测抗酸细菌；有些荧光染料对微生物细胞的不同结构具有不同的亲和力，如用硫酸黄连素可使细胞质染成深黄色，核被染成黄色，中性红可使细胞质染成黄绿色、液泡染成黄色、异染颗粒染成暗红色。自水母的绿色荧光蛋白（green fluorescent protein，GFP）在大肠杆菌中表达成功后，这类生物发光蛋白不需要染色即可在荧光显微镜下观察到荧光。

【实验器材】

草分枝杆菌（*Mycobacterium phlei*），石炭酸复红，次甲基蓝，3%盐酸乙醇溶液，香柏油，二甲苯，擦镜纸，滤纸，荧光显微镜，乙醇灯，接种针，载玻片等。

【操作步骤】

1. 涂片、干燥、固定后，用 ziehl 氏石炭酸复红溶液加温染色 5～8 min，不断补充染色液，冷却后水洗，用 3%盐酸乙醇脱至无色，水洗，然后用 Loffler 氏次甲基蓝染色 30 s，水洗，干燥，加 1 滴香柏油，在荧光显微镜下镜检。

2. 接通电源，打开显微镜高压电源开关，按下激发按钮（IGNITION）数秒，点燃汞灯，待灯室发光后释放按钮。预热 5 min。

3. 关闭紫外线光阑，将制备的玻片染色标本用玻片夹固定。

4. 打开显微镜底座上方的普通照明电源开关，调节目镜间距，在明视场下选用合适放大倍数的物镜聚焦，观察标本。

5. 关闭普通照明光源。通过显微镜上方的选择开关（G 或 B），获得合适的激发紫外光，G 代表绿光（green）激发，B 代表蓝光（blue）激发。

6. 打开紫外光阑，标本被激发光照亮，从目镜观察荧光。

7. 调节紫外光阑，控制激发紫外光的强度。

8. 用毕后清洁镜头和载物台，待灯室冷却后套上显微镜防尘罩。

结果：抗酸性细菌呈红色，非抗酸性细菌呈蓝色。

【实验报告】

1. 实验结果　描述在荧光视野中草分枝杆菌的形态。

2. 思考题

(1) 荧光显微镜有哪些应用？

(2) 使用荧光显微镜应注意哪些问题？

【注意事项】

1. 透射式荧光显微镜若使用暗视野聚光器，应特别注意光轴中心的调整。

2. 荧光镜检应在暗室观察。

3. 高压汞灯启动后需等 15 min 左右才能达到稳定，亮度达到最大，此时方可使用。高压汞灯不要频繁开启，否则，会使汞灯寿命大大缩短。

4. 在观察与镜检合适物像时，宜先用普通明视野观察，当准确检查到物像时，再转换荧光镜检。这样可减轻荧光消退现象。

5. 观察与摄影应尽量争取在短时间内完成。可采用感光度较高的底片摄影。

6. 研究者应根据被检标本荧光的色调，选择恰当的滤光片(参见表 1-3.1)。

7. 紫外线易伤害人的眼睛，必须避免直视激发光。

8. 光源附近不可放置易燃品。

9. 使用油镜观察荧光时，应用无荧光的特殊镜油。

10. 镜检完毕，应在显微镜做好清洁工作后，方可离开工作室。

表 1-3.1 奥林巴斯(Olympus)BH 系列 BH-RFL 落射荧光装置滤光片组合表

激发光范围	光谱范围	滤光片组合		
		激发滤片	分色镜(二向色镜)	阻挡滤片
紫外	广 狭	UG-1 UG-1(2 片)	U(DM-400+L-410)	L-420
紫	广 狭	BG-3+UG-5 BG-3+IF-405	V(DM-455+Y-455)	Y-475
蓝	广 狭	BG-12(2 片) Op+onIF490(2 片)	B(DM-500+0-515)	O-530
绿	狭	IF-545+Bb-36	G(DM-580+0-590)	R-610

五、电子显微镜样品的制备

【目的要求】

学习并掌握制备微生物及核酸电镜样品的基本方法。

【基本原理】

显微镜分辨率与所用光的波长密切相关，电子显微镜与光学显微镜的主要区别在于电子显微镜的顶端装有由钨丝制成的电子枪，高压电流通过钨丝，发生高热，放出电子流，用波长比可见光短得多的电子束作光源，使其分辨率较光学显微镜大大提高，电压越高，电子流速度越快，其分辨能力越强。它也决定了电子显微镜与光学显微镜的一系列差别(表 1-3.2)。

表 1-3.2 电子显微镜与光学显微镜的主要区别

类 别	分辨率	光 源	透 镜	真 空
光学显微镜	200 nm 100 nm	可见光(波长 300～700 nm) 紫外光(波长约 200 nm)	玻璃透镜	不要求真空
电子显微镜	接近 0.1 nm	电子束(波长 0.01～0.9 nm)	电磁透镜	1.33×10^{-5}～ 1.33×10^{-3} Pa

根据电子束作用于样品方式的不同及成像原理的差异，现代电子显微镜已有许多种类型，目前最常用的是透射电子显微镜(transmission electron microscope，TEM)(图 1-3.11)和扫描电子显微镜(scanning electron microscope，SEM)。前者加速电压为 50～100 kV，分辨率在 0.1～0.2 nm，总放大倍数可在 1000～1 000 000 倍间变化；后者分辨率小于 6 nm，总放大倍数可在 20～300 000 倍间连续调节。

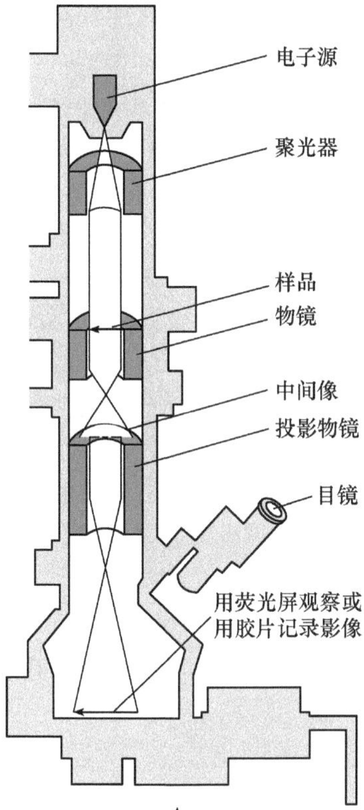

A

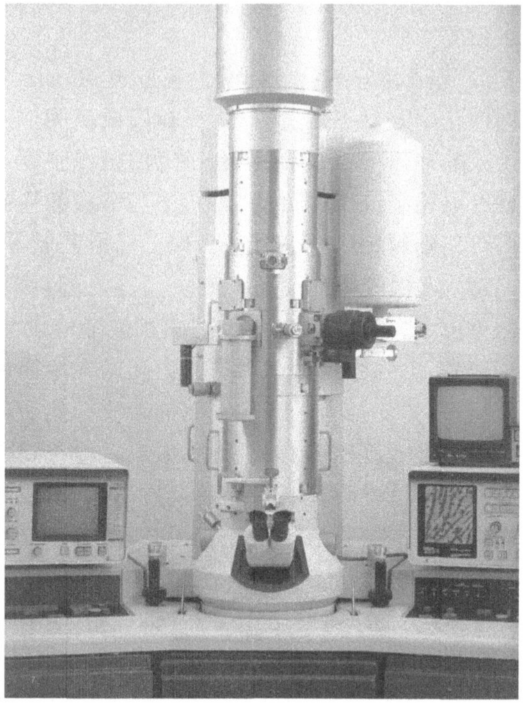

B

图 1-3.11　透射电子显微镜

A. 透射电子显微镜结构示意图;B. 透射电子显微镜实物照片

【实验器材】

大肠杆菌(*E. coli*)斜面,醋酸戊酯,浓硫酸,无水乙醇,无菌水,2%磷钨酸钠(pH 6.5~8.0)水溶液,0.3%聚乙烯甲醛(溶于三氯甲烷)溶液,细胞色素c,醋酸铵,质粒 pBR322,普通光学显微镜,铜网,瓷漏斗,烧杯,平皿,无菌滴管,无菌镊子,大头针,载玻片,细菌计数板,真空镀膜机,临界点干燥仪。

【操作步骤】

(一) 透射电镜的样品制备及观察

1. 金属网的处理　在透射电镜中,因电子流的穿透能力很弱,不能穿透玻璃,只能采用网状材料作样品的载物,称为载网。载网因材料及形状的不同可分为不同的规格,其中最常用的是 200~400 目(孔数)的铜网(图 1-3.12)。铜网在使用前要处理,除去其上的污物,否则会影响支持膜的质量及标本照片的清晰度。本实验选用 400 目的铜网,可作如下处理:先用醋酸戊酯浸漂几小时,再用蒸馏水冲洗数次,最后将铜网浸漂在无水乙醇中脱水。如果铜网经过以上处理仍不干净,可用稀释的浓

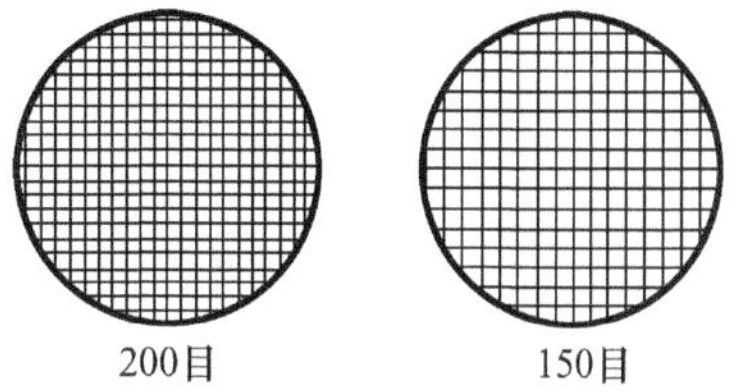

图 1-3.12　铜网类型

硫酸(1∶1)浸1～2 min,或在1%NaOH溶液中煮沸数分钟,再用蒸馏水冲洗数次,放入无水乙醇中脱水备用。

2. 支持膜的制备 载网上还应覆盖一层无结构、均匀的薄膜,否则细小的样品会从载网的孔中漏出去,这薄膜称支持膜或载膜。支持膜应对电子透明,厚度15 nm左右;在电子束的冲击下,该膜还应有一定的机械强度,能保持结构稳定,并有良好的导热性。支持膜在电镜下应无可见的结构,不与承载的样品发生化学反应,不干扰对样品的观察。支持膜可用塑料膜(如火棉胶膜,聚乙烯甲醛膜等),也可用碳膜或金属膜(如铍膜等)。

(1) 火棉胶膜的制备 在一干净容器(烧杯、平皿或下带止水夹的瓷漏斗)中放一定量的无菌水,用无菌滴管吸2%火棉胶醋酸戊酯溶液,滴1滴于水面中央,勿振动,待醋酸戊酯蒸发,火棉胶则由于水的张力随即在水面形成一层薄膜。用镊子将它除掉,再重复一次此操作,主要是为了清除水面的杂质。然后适量滴1滴火棉胶液于水面,火棉胶液滴量的多少与形成膜厚度有关,待膜形成后检查膜是否有皱褶,如有则除去,一直到膜制好。

所用溶液中不能有水分及杂质,否则形成的膜质量较差。待膜成型后,可从侧面对光检查所形成的膜是否平整、有无杂质。

(2) 聚乙烯甲醛(formvar)膜的制备

① 将洗干净的玻璃片插入0.3%聚乙烯甲醛溶液中静置片刻(时间视所要求的膜的厚度而定),然后取出稍稍晾干便会在玻璃片上形成一层薄膜;

② 用锋利的刀片或针头将膜刻一矩形;

③ 将玻片轻轻斜插进盛满无菌水的容器中,借助水的表面张力作用使膜与玻片分离并漂浮在水面上。

所用的玻片一定要干净,否则膜难以从上面脱落;漂浮膜时,动作要轻,手不能抖,否则膜将发皱;同时,操作时应注意防风避尘,环境要干燥,所用溶剂也必须有足够的纯度,否则都将对膜的质量产生不良影响。

3. 转移支持膜到载网上 可有多种方法,常用的有如下两种:

(1) 将洗净的铜网放入瓷漏斗中,漏斗下套上乳胶管,用止水夹控制水流,缓缓向漏斗内加入无菌水,其量高约1 cm;用无菌镊子尖轻轻排除铜网上的气泡,并将其均匀地摆在漏斗中心;按2所述方法在水面上制备支持膜,再松开止水夹使膜缓缓下沉紧紧贴在铜网上;将一清洁滤纸覆盖在漏斗上防尘,自然干燥或红外灯烤干。干燥后的膜用大头针尖在铜网周围划一下,用无菌镊子小心将铜网膜移到载玻片上,置光学显微镜下用低倍镜挑选完整无缺、厚薄均匀的铜网膜备用。

(2) 按2所述方法在平皿或烧杯里制备支持膜,成膜后将几片铜网放在膜上,再在上面放一张滤纸,浸透后用镊子将滤纸反转提出水面。将有膜及铜网的一面朝上放在干净平皿中,置于40℃烘箱中干燥。

4. 制片 透射电镜样品的制备方法很多,如超薄切片法、复型法、冰冻蚀刻法、滴液法等。其中滴液法或在滴液法基础上发展出来的类似方法如直接贴印法、喷雾法等主要用于观察病毒粒子、细菌的形态及生物大分子等。生物样品主要由碳、氢、氧、氮等元素组成,散射电子的能力很低,在电镜下反差小,所以在制备电镜的生物样品时通常还要用重金属盐染色或金属喷镀等方法增加样品反差,提高观察效果。如负染色法是用电子密度高本身不显示结构且与样品几乎不反应的物质（如磷钨酸钠或磷钨酸钾）对样品“染色”。由于这些重金属盐不被样品成分所吸附而是沉淀到样品周围，如果样品具有表面结构，这些物质还能穿透进表面上凹陷的部分，因而在样品四周有染液沉淀的地方，散射电子能力强，表现为暗区，在有样品的地方散射电子能力弱，表现为亮区。便能把样品的外形与表面结构清晰地衬托出来。负染色法操作简单，目前在透射电镜生物样品制片时较常用。本实验主要介绍采用滴液法结合负染色技术观察细菌及核酸分子的形态。

（1）细菌的电镜样品制备

① 将适量无菌水加入生长良好的细菌斜面试管内，用吸管轻轻拨动菌体制成菌悬液。用无菌滤纸过滤，并调整滤液中细胞浓度为 10^8～10^9 个/mL。

② 取等量的上述菌悬液与等量的 2%磷钨酸钠水溶液制成混合菌悬液。

③ 用无菌毛细吸管吸取混合菌悬液滴在铜网膜上。

④ 经 3～5 min 后用滤纸吸去余水，待样品干燥后置低倍显微镜下检查，挑选膜完整、菌体分布均匀的铜网。

为了保持菌体的原有形状，常用戊二醛、甲醛、锇酸蒸气等试剂小心固定后再染色。方法是将用无菌水制备好的菌悬液过滤，再向滤液中加几滴固定液（pH 7.2、0.15%的戊二醛磷酸缓冲溶液），稍加固定后离心，收集菌体，制成菌悬液，再加几滴新鲜的戊二醛在室温或 4℃冰箱内固定过夜。次日离心，收集菌体，再用无菌水制成菌悬液，并调整细胞浓度为 10^8～10^9 个/mL。然后按上述方法染色。

（2）核酸分子的电镜样品制备　核酸分子链一般较长，采用普通的滴液或喷雾法易使其结构破坏，目前多采用蛋白质单分子膜技术制备核酸分子样品。其原理是：很多球状蛋白均能在水溶液或盐溶液的表面形成不溶的变性薄膜，在适当条件下这一薄膜可以成为单分子层由伸展的肽链构成一个分子网。当核酸分子与该蛋白质单分子膜作用时，由于蛋白质的氨基酸碱性侧链基团的作用使核酸从三维空间结构的溶液构型吸附于肽链网而转化为二维空间的构型并从形态到结构均能保持一定程度的完整性。将吸附有核酸分子的蛋白质单分子膜转移到载膜上用负染等方法增加样品的反差后置电镜中观察。可用展开法、扩散法、一步稀释法等使核酸吸附到蛋白质单分子膜上，本实验用展开法（图 1-3.13）。

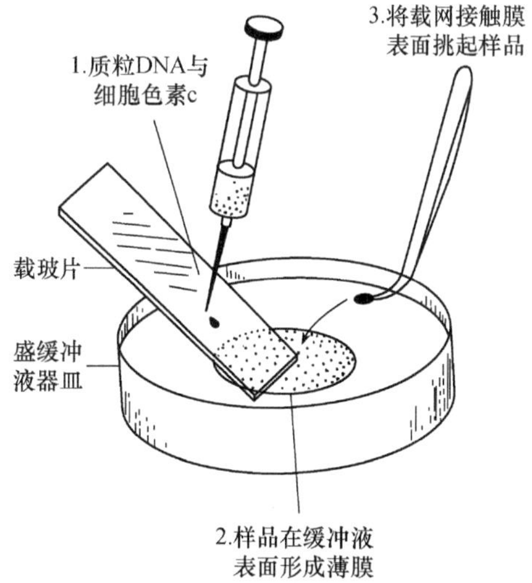

图 1-3.13　用展开法制备质粒 DNA 电镜样品示意图

① 将质粒 pBR322 与一碱性球状蛋白溶液（一般为细胞色素 c）混合，使溶液分别达到 0.5～2 mg/mL 和 0.1 mg/mL，并加入终浓度为 0.5～1 mol/L 的醋酸铵和 1 mmol/L 的乙二胺四乙酸二钠，成为展开溶液，pH 为 7.5。

② 在一干净平皿中注入一定量下相溶液（蒸馏水或 0.1～0.5 mol/L 醋酸铵溶液），在液面加少量滑石粉。将一干净载玻片斜放于平皿中，用微量注射器或移液枪吸取 50 μL 展开液

在距下相溶液表面约 1 cm 的载片上前后摆动，滴于载片表面，此时可看到滑石粉层后退，说明蛋白质分子膜逐渐形成，整个过程约需 2～3 min。载片倾斜角度决定展开液下滑至下相溶液的速度，并对单分子膜形成质量有影响，经验表明倾斜度 15°左右为宜。在蛋白形成单分子膜时溶液中的核酸分子也同时分布于蛋白质基膜中并略受蛋白肽链的包裹。理论计算及实验证明，当 1 mg 蛋白质展开形成良好的单分子膜时其面积约为 1 m^2，可根据最后形成的单分子膜面积估计其好坏程度。面积过小说明形成的膜并非单分子层核酸有局部或全部被膜包裹的危险，使整个核酸分子消失或反差变坏。

单分子膜形成时整个装置最好用玻璃罩盖住，以免操作人员呼吸和旁人走动等引起气流的影响及灰尘的污染。展开液中可适量加些与核酸相对分子质量不太悬殊的指示标本如烟草花叶病毒等以鉴定单分子膜展开及转移的好坏。

③ 单分子膜形成后，用电镜镊子取一覆有支持膜的载网，使支持膜朝下，放置于离单分子膜前沿 1 cm 或距载玻片 0.5 cm 膜表面上，并用镊子即刻捞起，单分子膜即吸附于支持膜上，多余的液体可用小片滤纸吸去。

④ 将载有单分子膜的载网于 10^{-5}～10^{-3} mol/L 醋酸铀乙醇溶液中染色 30 s（可在用乙醇脱水时同时进行），或用旋转投影法将金属喷镀于核酸样品表面，也可将两种方法结合，染色后再投影，其效果有时比单独用一种方法更好些。

5. 观察　将载有样品的铜网置于透射电镜中观察。

（二）扫描电镜微生物样品的制备及观察

扫描电镜观察时要求样品必须干燥，并且表面能够导电。因此，扫描电镜生物样品制备一般都需采用固定、脱水、干燥及表面镀金等处理步骤。

1. 固定及脱水　生物样品的精细结构易遭破坏，在制样和电镜观察前必须固定，最大限度地保持其生活时的形态。采用水溶性、低表面张力的有机溶液如乙醇等对样品梯度脱水，是为了在样品干燥时尽量减少由表面张力引起形态的变化。

将处理好的、干净的盖玻片，切割成 4～6 mm^2 的小块，将待检的较浓的大肠杆菌悬液滴加其上，或将菌苔直接涂上，也可用盖玻片小块粘贴菌落表面，自然干燥后置光学显微镜下镜检，以菌体较密又不成堆为宜；标记盖玻片小块有样品的一面；将上述样品置于 1%～2%戊二醛磷酸缓冲液（pH 7.2 左右），于 4℃冰箱中固定过夜。次日以 0.15%的同一缓冲溶液冲洗，用 40%、70%、90%和 100%的乙醇分别依次脱水，每次 15 min。脱水后再用醋酸戊酯置换乙醇。

2. 干燥　将上述制备的样品置于临界点干燥仪内，并浸泡于液态二氧化碳中，加热到临界点温度（31.4℃，7376.46 kPa）以上，使之气化进行干燥。

样品经脱水后，有机溶剂排挤了水分，占据了原来水的位置。水是脱掉了，但样品还浸润在溶剂中，必须在表面张力尽可能小的条件下将溶剂赶走，使样品真正干燥。目前采用最多、效果最好的是临界点干燥法。其原理是在一个装有溶液的密封容器中，随温度升高，蒸发速度加快，气相密度增加，液相密度下降。当温度增加到某一定值时，气、液二相密度相等，界面消失，表面张力就不存在了。此时温度及压力即称为临界点。将生物样品用临界点较低的物质置换出内部的脱水剂进行干燥，可消除表面张力对样品结构的破坏。目前用得最多的置换剂是二氧化碳。二氧化碳与乙醇的互溶性不好，样品经乙醇分级脱水后，还需用与这两种物质都能互溶的“媒介液”醋酸戊酯置换乙醇。

3. 喷镀及观察　将样品放在真空镀膜机内，把金喷镀到样品表面后，取出样品在扫描电镜中观察。

【实验报告】

1. 结果　描述你所制备的细菌和 pBR322 质粒 DNA 电镜制片在电子显微镜下所观察到的形态特点。

2. 思考题

(1) 用透射电子显微镜观察的样品为什么要放在以金属网作支架的火棉胶膜(或其他膜)上？而扫描电子显微镜则可以将样品固定在盖玻片上？

(2) 用负染色法制片时，磷钨酸钠或磷钨酸钾起什么作用？

【注意事项】

1. 制样前应活化所用菌株，并使用新鲜的培养物作材料，如培养 6～7 h 的菌液或培养 12 h 左右的菌苔，保证细胞形态均一。

2. 进行重金属负染时，应使滤纸轻轻接触铜网的侧下方，保证在多余的液体被吸掉的同时使样品能更好地铺满支持膜。

3. 用盖玻片小块制备扫描电镜样品时，加样后要在有样品的一面做好标记，保证观察时不会将加有样品的一面弄错。

（黄君红）

第三单元　微生物制片及染色技术

实验 1-4　细菌的单染色法

【目的要求】

1. 学习微生物涂片、染色的基本技术，掌握细菌单染色方法。

2. 巩固显微镜油镜的使用方法。

【基本原理】

染色是微生物学实验的基本技术。细菌体积小，比较透明，未经染色在光学显微镜下不易识别。染色使细菌着色，与背景对比鲜明，易于在显微镜下观察。

单染色法用单一染料对细菌染色，操作简便，适用于菌体一般形态的观察。

在中性、碱性或弱酸性溶液中细菌通常带负电，常用碱性染料染色。碱性染料不是碱，与其他染料一样是盐，电离时染料离子带正电，易与带负电的细菌结合而着色。常用的碱性染料有美蓝、结晶紫、碱性复红和番红(沙黄)等。

染色前必须固定细胞，杀死细菌并使之黏附在玻片上；增加其对染料的亲和力。常用的方法有加热和化学固定。固定时应尽量维持细胞原有形态，防止变形。

【实验器材】

金黄色葡萄球菌，枯草芽孢杆菌，大肠杆菌，吕氏碱性美蓝染色液，石炭酸复红染色液，显微镜，乙醇灯，载玻片，接种环，双层瓶，擦镜纸，生理盐水。

【操作步骤】

1. 涂片　取 3 片洁净载玻片，各加 1 滴生理盐水于载玻片中央，以无菌操作分别挑取金黄色葡萄球菌、枯草杆菌和大肠杆菌于载片水滴中，调匀并涂成薄膜。

2. 干燥　于室温下自然干燥。

3. 固定　涂片面向上，于灯火焰上通过 2～3 次，杀死菌体，使细胞质凝固，固定细菌的形态，并使其较牢固地附着在载玻片上，不易脱落，同时促进着色。

4. 染色　放平标本，加 1 滴染色液于菌膜上。染色时间随不同染色液而定。吕氏碱性美蓝染色液染 2～3 min，结晶紫和石炭酸复红染色液染 1～2 min。

5. 水洗　染色时间到后倾去染色液，用自来水轻轻冲洗至流下之水无色为止。注意冲洗水流不宜过急、过大，水由载玻片上端流下，避免直接冲在涂片处。

6. 干燥　将标本先用吸水纸轻轻吸干，再晾干或吹干。

7. 镜检　按实验 1-3 的操作步骤进行观察。

【实验报告】

1. 实验结果　绘出所观察到的经单染色的三种细菌形态，并注明放大倍数。

2. 思考题

(1) 涂片为什么要固定？固定时应注意什么问题？如果加热温度过高、时间过长，结果会如何？

(2) 涂片后菌膜的厚度对染色结果是否有影响？为什么？

(3) 你在涂片中曾碰到什么问题？试分析其中原因。

【注意事项】

1. 挑菌量宜少，涂片宜薄，过厚不易染色，不便观察。
2. 热固定温度不宜过高，以载玻片背面不烫手为宜，否则会破坏细胞形态。
3. 涂片必须完全干燥后才能用油镜观察。

（黄君红）

实验 1-5 革兰氏染色法

【目的要求】

了解革兰氏染色的原理；掌握革兰氏染色的方法。

【基本原理】

革兰氏染色法是细菌学中重要的鉴别染色法。先将细菌用初染液（草酸铵结晶紫）染色，加媒染剂（碘液，能与结晶紫结合形成较大的复合物，使染料较易保留在细胞内）媒染后，用脱色剂（乙醇或丙酮）脱色，再用复染液（番红）染色。根据革兰氏染色反应的结果可将所有细菌分为两大类：菌体呈蓝紫色的称革兰氏阳性细菌，用 G^+ 表示；呈红色的称革兰氏阴性细菌，用 G^- 表示。细菌对于革兰氏染色的不同反应，主要是由于它们细胞壁的成分和结构不同。革兰氏阳性细菌的细胞壁主要是由肽聚糖构成的网状结构，肽聚糖含量高，在染色中，用乙醇处理时由于脱水作用引起网状结构的孔径变小，通透性降低，使结晶紫-碘复合物被保留在细胞中不易脱色，因此呈现蓝紫色；革兰氏阴性细菌细胞壁中肽聚糖含量低，且交联度差，脂类物质含量高，乙醇处理时脂类物质溶解，细胞壁通透性增加，结晶紫-碘复合物易被乙醇抽出而脱色，后被染上复染液（番红）的颜色，因而呈现红色。

【实验器材】

大肠杆菌，苏云金杆菌（*Bacillus thuringiensis*）（或枯草杆菌），显微镜，载玻片，革兰氏染色液等。

【操作步骤】

（一）经典法

1. 涂片　挑取少许大肠杆菌和苏云金杆菌，在载玻片的两端分别涂成薄片。也可采用“三区”涂片法：在载玻片中央偏左和偏右方各加 1 滴无菌水，先挑取少量大肠杆菌、苏云金杆菌在左右各方分别涂片，再将左右方的菌液延伸于中间区，使大肠杆菌、苏云金杆菌在中间区相互混合，并涂匀。

2. 固定　按常规方法加热固定。

3. 染色

(1) 初染 加草酸铵结晶紫染色液1滴,染色1 min,水洗,吸干。

(2) 媒染 加卢氏碘液1滴,覆盖约1 min,水洗,吸干。

(3) 脱色 斜置载玻片于一烧杯上方,并在载玻片背面衬一白纸,滴加95%乙醇脱色,并轻轻摇动载玻片,直洗至流出的乙醇刚刚不出现紫色时即停止(约0.5 min)。立即用水洗净乙醇,并轻轻吸干。

(4) 复染 加番红液1滴,染色2 min,水洗。

4. 干燥 先用吸水纸轻轻吸干,再晾干。

5. 镜检 用油镜观察。革兰氏阴性菌呈红色,革兰氏阳性菌呈蓝紫色。以分散的细菌革兰氏染色反应为准,过于密集的细菌常由于脱色不完全而呈假阳性。

(二) 三步法

此法是我国学者黄元桐等建立的改良的革兰氏染色法,操作简便,结果可靠。

1. 制片 同方法(一)。

2. 染色和脱色

(1) 染色 在涂片上加草酸铵结晶紫染色液1滴,染2 min,水洗,吸干。

(2) 媒染 滴加碘液1滴,染1～2 min,水洗,吸尽水滴。

(3) 复染与脱色 加复红乙醇溶液1滴,保持1 min,水洗,轻轻吸干。

3. 镜检 同方法(一)。

【实验报告】

1. 实验结果 报告观察到的两种细菌革兰氏染色的结果并绘图。

2. 思考题

(1) 革兰氏染色涂片为什么不能过于浓厚?

(2) 革兰氏染色成败的关键在哪一步? 为什么? 应如何掌握?

(3) 三步法染色为何能将细菌分为G^+和G^-两大类?

【注意事项】

1. 革兰氏染色操作的关键在于严格掌握乙醇脱色程度。脱色过度则阳性菌被误染为阴性菌;脱色不够则阴性菌可被误染为阳性菌。要确证一个未知菌的革兰氏染色反应,应同时另做一张已知的革兰氏阳性菌和阴性菌的混合涂片作对照。

2. 在染色中不可使染色液干涸。

3. 选用适龄的培养物,一般以培养10～16 h为宜。菌龄过长,会因芽孢形成或菌体自溶影响染色效果。

(黄君红)

实验1-6 细菌的抗酸性染色法

【目的要求】

掌握细菌抗酸性染色的原理和方法。

【基本原理】

抗酸性染色是鉴别分枝杆菌属的染色法。分枝杆菌属（*Mycobacterium*）的细菌细胞壁含有丰富的分枝菌酸（蜡质），它可阻止染色液透入菌内着色，染料进入菌体也不易脱色。普通染色法染不上颜色，加热的条件下，在完整的细胞中它能与石炭酸和复红所形成的复合物牢固地结合，并能抵抗酸性乙醇的脱色，故被染成红色。经过这样染色的细胞即使用酸或碱处理也不脱色，具有这种性质的细菌称为抗酸细菌。非抗酸性细菌因不含分枝菌酸，故易脱色，并被复染剂染成蓝色。

【实验器材】

草分枝杆菌（*Mycobacterium phlei*），金黄色葡萄球菌（*Staphylococcus aureus*），无菌生理盐水，石炭酸复红液，3%盐酸乙醇液，吕氏美蓝液，显微镜，无菌研钵，水浴锅（电热），无菌培养皿（6 cm），无菌试管，其他同实验 1-4。

【操作步骤】

1. 菌液的制备

(1) 分散菌块　用经火焰灼烧灭菌的接种环从斜面上刮取少许菌苔，放入盛有 1～2 mL 生理盐水的试管中，制成菌悬液。

(2) 杀死细菌　将试管置于 80℃水浴中加热 1 h，待冷却后再加热，如此处理 3 次，以杀死菌体。

(3) 分散细胞　将菌液倾入无菌研钵中研磨，使细胞充分分散，并呈轻度乳浊。如菌液太浓可再加些无菌生理盐水。倒入无菌培养皿中，供染色用。

2. 涂片　制备草分枝杆菌及草分枝杆菌与金黄色葡萄球菌混合涂片，晾干。

3. 固定　同实验 1-4。

4. 染色

(1) 初染　滴加石炭酸复红液于涂片的菌膜，在微火上加温到染料冒蒸气（不可使染料沸腾和干涸，并应不断地补充染料），维持 7～8 min。倾去染料。如能在一块金属片上加温，则效果更佳。

(2) 脱色　用 3%盐酸乙醇液脱色，使流下的乙醇为淡红色或无色为止。

(3) 水洗　同实验 1-4。

(4) 复染　加吕氏美蓝液 1 滴，染 1 min。

(5) 干燥　水洗，吸干后自然干燥。

(6) 镜检　用油镜最好用荧光显微镜观察，结果草分枝杆菌呈红色，金黄色葡萄球菌呈蓝色。

【实验报告】

将观察结果记录于表 1-6.1 中。

表 1-6.1　抗酸性染色结果记录表

菌　名	菌体形态	菌体颜色	是否为抗酸性菌
草分枝杆菌			
金黄色葡萄球菌			

【注意事项】

菌液常成块，不易分散，要仔细研磨，否则不能得到好的涂片。

（黄君红）

实验 1-7 细菌芽孢染色法

【目的要求】

掌握细菌芽孢染色的原理和方法；观察芽孢杆菌的形态与特征。

【基本原理】

细菌芽孢（图 1-7.1）具有厚而致密的壁，透性低，着色、脱色都比营养细胞困难。芽孢染色法就是根据这一特点设计的：先用着色力强的染料，用微火加热，或延长染色时间，使菌体和芽孢同时着色后再水洗，菌体脱色而芽孢仍保留已着的颜色，再用另一种对比鲜明的染料使菌体着色，使菌体和芽孢呈现不同的颜色。

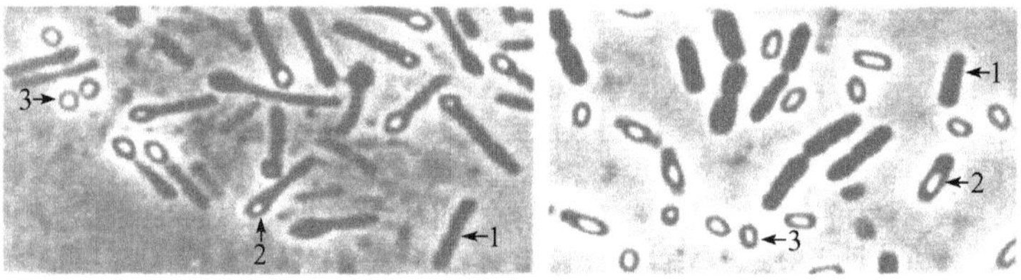

图 1-7.1 细菌芽孢

1. 营养体细胞；2. 菌体内的芽孢；3. 已释放的芽孢

【实验器材】

枯草芽孢杆菌（或苏云金杆菌），孔雀绿染色液，0.5%番红水溶液，显微镜；木夹，载玻片，乙醇灯等。

【操作步骤】

方法Ⅰ

1. 涂片 取培养 24 h 左右的枯草杆菌，涂片、干燥、固定。

2. 初染 加 3～5 滴孔雀绿染色液于已固定的涂片上，用木夹夹住载玻片，用微火加热至染色液冒蒸汽时开始计算时间，维持约 5～10 min。加热中应随时注意补加染色液，切勿使标本染色液干涸。

3. 水洗 待载玻片冷却后倾去染色液，水洗至不再褪色为止，用粗滤纸吸干。

4. 复染 加番红染色液 1 滴，染色 2 min，水洗，吸干后晾干。

5. 镜检 用油镜最好用相差显微镜观察，芽孢呈绿色，芽孢周围菌体呈红色。

方法Ⅱ

1. 制备菌液 加无菌水 2～3 滴于小试管中（0.75 cm × 10 cm），用接种环从斜面上挑取较多的菌苔于试管中，充分混匀，成较浓稠的菌液。

2. 初染　加5%孔雀绿液(约 0.3～0.4 mL)于小试管中，充分混匀，在沸水浴(小烧杯)中加热 15～20 min(注意：勿使水进入试管)。

3. 涂片　从试管中挑菌液于干净的载玻片上，涂成薄膜，烘干。

4. 固定　通过微火 3 次。

5. 脱色　水洗至无色，使菌体脱色，吸干。

6. 复染　加番红染色液 1 滴，染色 3 min，倾去染色液后直接用吸水纸吸干。

7. 干燥　室温自然干燥或烘干。

8. 镜检　用油镜观察，结果芽孢呈绿色，菌体呈红色。

【实验报告】

1. 实验结果　绘图表示枯草杆菌菌体与芽孢的形状、大小及其着生位置。

2. 思考题　芽孢染色为什么要加热或延长染色时间？

【注意事项】

1. 加热中勿使染色液沸腾、干涸，以免芽孢囊破裂。加热不够芽孢难着色。

2. 方法Ⅱ的效果较好，可优先选用。采用方法Ⅱ时，应注意制备浓稠的菌液，并在挑菌液时要先搅拌再挑取，否则，涂片时菌体太少。

（黄君红）

实验 1-8　鞭毛染色法及活细菌运动性的观察

【目的要求】

1. 掌握鞭毛染色法，观察细菌鞭毛的形态特征。

2. 学习用压滴法和悬滴法观察活细菌的运动性。

【基本原理】

细菌的鞭毛(图 1-8.1)极细，直径通常为 10～20 nm，只能用电子显微镜观察。要用普通光学显微镜观察细菌的鞭毛，必须用特殊的鞭毛染色法。其原理是在染色前先用媒染剂处理，使它沉积在鞭毛上，使其直径加粗，然后再进行染色。

在显微镜下观察活细菌的运动性，可以初步判断细菌是否有鞭毛。细菌运动性的观察可用不影响其细胞活性的压滴法和悬滴法。观察时，要适当减弱光线强度以增加反差，若光线太强，细菌和周围的液体难以区分。

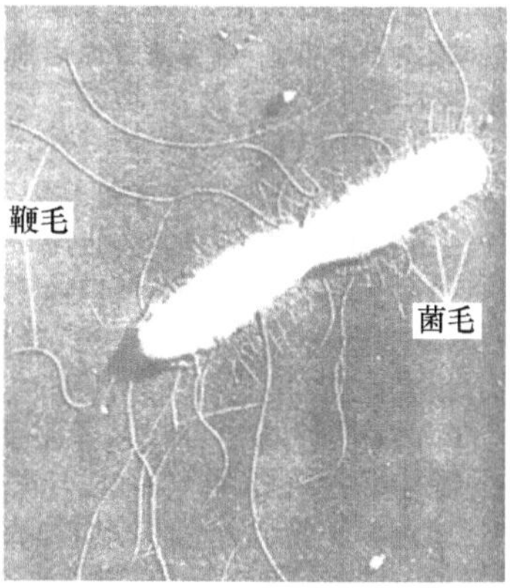

图 1-8.1　伤寒沙门氏菌的鞭毛

【实验器材】

苏云金杆菌，金黄色葡萄球菌，硝酸银鞭毛染色液，Leifson 鞭毛染色液，0.01%美蓝水溶液，载玻片，盖玻片，凹载玻片，无菌水，凡士林，显微镜，暗视野聚光器等。

【操作步骤】

（一）鞭毛染色

1. 硝酸银染色法

（1）菌种准备 老龄细菌鞭毛易脱落，要用对数期的菌体进行鞭毛染色和运动性的观察。冰箱保存的菌种要连续移种2～3次，取新配制的营养琼脂斜面接种，28～32℃培养10～14 h。挑取斜面与冷凝水交接处的培养物作染色观察的材料。

（2）载玻片准备 载玻片要求光滑，洁净，忌带油迹。将载玻片在含适量洗衣粉的水中煮沸约20 min，取出用清水充分洗净，沥干水后置95%乙醇中脱水，用时取出在火焰上烧去乙醇及可能残留的油迹，立即使用。

（3）菌液制备 取斜面或平板菌种培养物数环于盛有1～2 mL无菌水的试管中，制成轻度混浊的菌悬液。在最适温度下保温10 min，让幼龄菌的鞭毛松开。

（4）制片 取1滴菌液于载玻片的一端，然后将玻片倾斜，使菌液缓缓流向另一端，用吸水纸吸去玻片下端多余菌液，室温（或37℃温箱）自然干燥。

（5）染色 干后加1滴硝酸银染色A液覆盖3～5 min，用蒸馏水充分洗净A液。吸干后加B液1滴染色1 min，当涂面出现明显褐色时立即用蒸馏水冲洗。若加B液后显色较慢可用微火加热，直至显褐色时立即水洗。自然干燥。

（6）镜检 用油镜观察。菌体呈深褐色，鞭毛显褐色，通常呈波浪形。

2. 改良的Leifson氏染色法

（1）载玻片的准备、菌种材料的准备同硝酸银染色法。

（2）制片 用记号笔在载玻片反面将玻片分成3～4个等分区，在每一小区的一端放1小滴菌液。将玻片倾斜，让菌液流到小区的另一端，用滤纸吸去多余的菌液。室温或37℃温箱自然干燥。

（3）染色 加Leifson氏染色液1小滴覆盖第一区的涂面，隔数分钟后，加染液1小滴于第二区涂面，如此继续染第三、第四区。间隔时间自行议定，其目的是为了确定最佳染色时间。在染色过程中仔细观察，当整个玻片都出现铁锈色沉淀，染料表面现出金色膜时，即直接用水轻轻冲洗（不要先倾去染料再冲洗，否则背景不清）。染色时间大约10 min。自然干燥。

（4）镜检 干后用油镜观察。菌体和鞭毛均呈红色。

（二）运动性的观察

载玻片的准备、菌种材料的准备同鞭毛染色法。

1. 压滴法

（1）制片 在洁净载玻片上加1滴无菌水，挑1环菌液与水混合，再加1环0.01%的美蓝液混匀。用镊子取1洁净盖玻片使其一边与菌液边缘接触，将盖玻片慢慢放下盖在菌液上。观察专性好氧菌时可在加盖玻片时压入小气泡，以防止细菌因缺氧而停止运动。

（2）镜检 用低倍镜找到标本，再用高倍镜观察，也可用油镜。观察时，要用略暗点的光线。最好用暗视野显微镜观察。有鞭毛的细菌可作直线、波浪式或翻滚、颤动等方式的运动。

2. 悬滴法

(1) 涂凡士林　取洁净盖玻片，在其四周均匀地涂少许凡士林。

(2) 加菌液　在盖玻片中央滴 1 小滴菌液。菌液不能加得太多。

(3) 盖凹玻片　将凹玻片凹槽的中心对准盖玻片的菌液，轻轻盖在盖玻片上。轻压，使盖玻片与凹玻片黏合在一起，把滴液封闭在小室中。迅速翻转凹玻片，使菌液滴悬在盖玻片下并位于凹槽中央(图 1-8.2)。

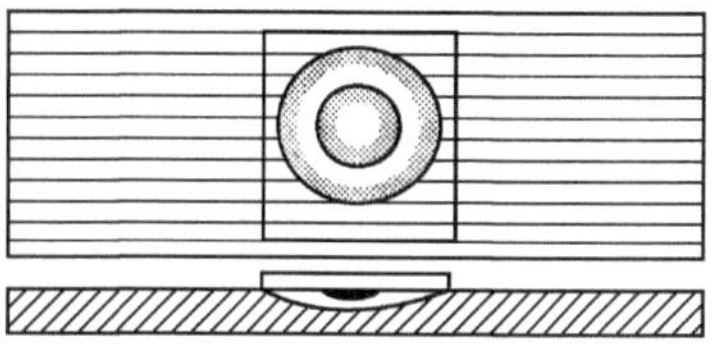

图 1-8.2　悬滴法制片

(4) 镜检　先用低倍镜找到标本，将液滴移至视野中央，再用高倍镜观察。最好用暗视野显微镜观察。油镜观察要十分细心，以免压碎盖玻片、损坏镜头。观察要用略暗点的光线。

【实验报告】

1. 实验结果　所观察的两种细菌是否都有鞭毛？是否都能运动？作何种方式的运动？绘图表示有鞭毛细菌的形态特征。

2. 思考题

(1) 用鞭毛染色法准确鉴定一株细菌是否具有鞭毛，要注意哪些环节？

(2) 悬滴法中，为什么要涂凡士林？为什么加的菌液不能太多？如果发现显微镜视野内大量细菌向一个方向流动，是什么原因造成的？

【注意事项】

1. 选用对数生长期的菌种作材料，老龄菌体鞭毛易脱落。
2. 载玻片必须清洁、光滑，否则菌液不能均匀散开，难以看清。
3. 制片条件要温和，不能剧烈振荡、搅动、加热，以免鞭毛脱落。
4. 准确确定最佳的染色时间。

(蔡信之)

实验 1-9　荚膜染色法

【目的要求】

掌握荚膜染色的基本方法。

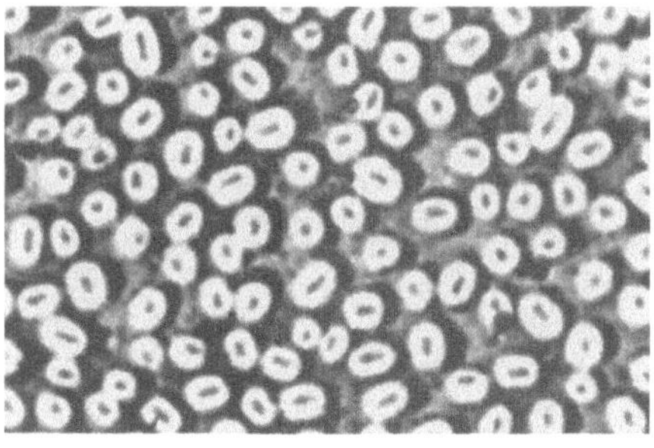

图 1-9.1　一种不动杆菌的荚膜

【基本原理】

荚膜(图 1-9.1)是包围在细菌细胞外面的一层黏液性物质，主要成分是水、多糖。染料与荚膜之间亲和力弱，不易着色；且可溶于水，易在水洗时被除去。故常采用负染色法，使菌体和背景着色，荚膜不着色，荚膜在菌体周围呈一透明圈。荚膜很薄，含水量又高(90%以上)，故染色时不能加热干燥、固定，以免荚膜皱缩变形。

【实验器材】

褐球固氮菌(*Azotobacter chroococcum*),6%葡萄糖溶液,荚膜染色液,甲醇,显微镜,载玻片。

【操作步骤】

(一) 湿墨水法

1. 制菌液　加1滴黑墨水于清洁的载玻片中央,再挑少量菌体与之充分混匀。
2. 加盖片　放一清洁盖片于混合液上,在盖片上盖一张滤纸,轻压吸去多余的菌液。
3. 镜检　用低倍镜、高倍镜观察。最好用相差显微镜观察。

结果:背景灰色,菌体较暗,在其周围有一明亮的透明圈即荚膜。

(二) 干墨水法

1. 制片　在载玻片一端加1滴6%葡萄糖溶液,取少许培养72 h的褐球固氮菌,在水滴中制成菌悬液,加1滴碳素绘图墨水与菌悬液充分混匀。另取一块载玻片作推片,将推片一边与菌液以30°角接触后顺势将菌液拉向前方,使其涂成一薄膜(图1-9.2),风干。

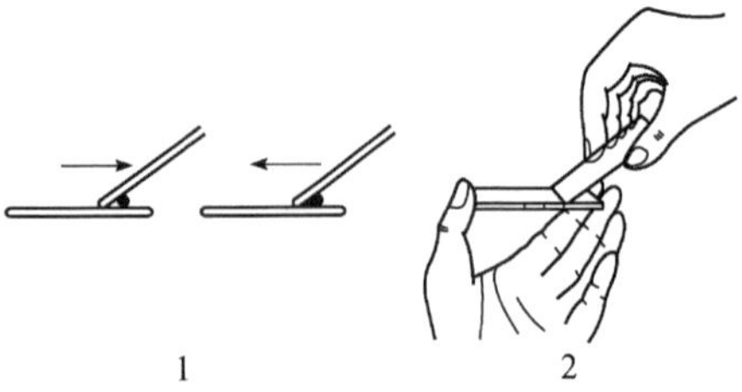

图1-9.2　推片法示意图

2. 固定　加1滴纯甲醇于涂片上,固定1 min,立即倾去甲醇,自然干燥。
3. 染色　加1滴1%甲基紫溶液,染色1～2 min,细水流适当冲洗,自然干燥。
4. 镜检　背景灰色,荚膜呈一清晰透明圈,菌体紫色。最好用相差显微镜观察。

【实验报告】

1. 实验结果　绘图表示褐球固氮菌菌体及荚膜的形状。
2. 思考题

(1) 为什么荚膜染色一般不用热固定,而必须用纯甲醇固定?

(2) 荚膜染色为什么用负染色法?

【注意事项】

1. 载玻片必须清洁,否则菌液不易均匀铺开。
2. 绘图墨水用量宜少,以免覆盖菌体与荚膜,影响观察。
3. 固定、干燥均不能加热,以免破坏荚膜形态。

(蔡信之)

实验1-10　微生物拟核的体内和体外染色观察

【目的要求】

1. 掌握用富尔根氏染色法体内观察微生物拟核的原理和方法。
2. 初步掌握提取细菌染色体DNA及其体外观察的方法。

【基本原理】

富尔根氏(Feulgen)染色法是根据席夫氏(Schiff)试剂进行的反应建立的微生物拟核染色法。席夫氏试剂含有碱性复红和亚硫酸,二者结合后失去醌式结构变为无色。当 DNA 经酸作用生成的醛化合物与席夫氏试剂结合后,使醌式结构恢复,合成一种带紫红色的碱性复红衍生物。此染色法对 DNA 具有特异性。微生物细胞用此法染色后,可在普通光学显微镜下原位观察到细胞内拟核的形态和位置。

富尔根氏染色法分两步:(a) 将细胞用 1 mol/L HCl 温和水解,使 DNA 的嘌呤碱与戊糖分开,放出戊糖的醛基;(b) 放出的戊糖醛基与席夫氏试剂作用后呈紫红色。

如果将微生物细胞裂解,提取其染色体 DNA,通过溴化乙锭(ethidium bromide,EB)染色并进行琼脂糖凝胶电泳,便可观察到释放到细胞外的染色体 DNA。EB 是一种扁平分子染料,可特异性地插入 DNA 碱基对之间,在紫外线照射下,使 DNA 呈现荧光,因而可观察到凝胶中的染色体 DNA。由于提取中大分子染色体 DNA 的随机断裂,所以经凝胶电泳后形成的是一条不整齐的浓的荧光带(图 1-10.1)。

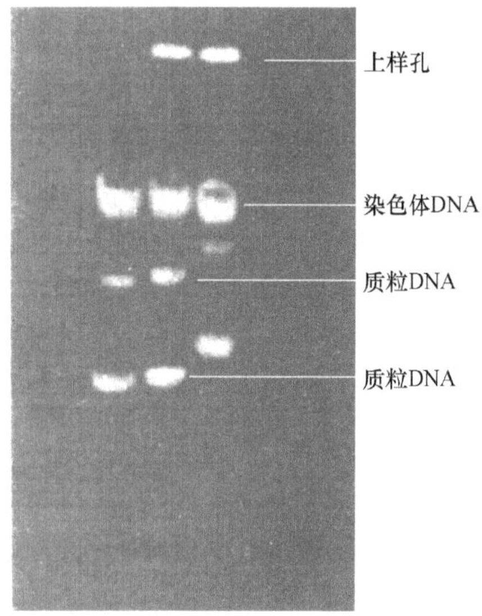

图 1-10.1　染色体 DNA 的凝胶电泳

【实验器材】

酿酒酵母(*S. cerevisiae*),大肠杆菌,1 mol/L HCl,2%锇酸,Schandiun 固定液,亚硫酸溶液,席夫氏试剂,TE 缓冲液,10% SDS,蛋白酶 K(20 mg/mL),5 mol/L NaCl,CTAB/NaCl,酚/氯仿/异戊醇(25∶24∶1),异丙醇,70%乙醇,溴酚蓝缓冲液,TAE 电泳缓冲液,台式高速离心机,5 mL 塑料离心管,真空干燥器,锇酸蒸气瓶,显微镜。

【操作步骤】

(一) 富尔根氏染色法

1. 取培养 8～10 h 的酿酒酵母,涂片,室温风干。

2. 将涂片于盛有 2%锇酸的蒸气瓶口上,用锇酸蒸气固定 5 min,再放入热至 60℃的 Schandiun 固定液中 10 min。

3. 用水冲洗固定后的标本,然后放在 60℃、1 mol/L HCl 中水解 8 min,水洗。

4. 用席夫氏试剂作用 30～40 min。

5. 再放在亚硫酸水溶液中洗 5 min。

6. 取出,水洗,干燥,用油镜观察。最好用相差显微镜观察。

(二) DNA 的提取和溴化乙锭染色

1. 取 4.5 mL 大肠杆菌过夜培养液于 5 mL 塑料离心管中,12 000 r/min 离心 1～2 min,弃上清。

2. 将细胞沉淀悬浮于 1.7 mL TE 缓冲液中，加入 10%SDS 90 μL 和 20 mg/mL 的蛋白酶 K 9 μL，混匀，37℃保温 1 h。

3. 加 5 mol/L NaCl 300 μL，充分混匀，再加入 240 μL CATB/NaCl，混匀，置 65℃水浴 10 min。

4. 加等体积的酚/氯仿/异戊醇(25∶24∶1)混匀，12 000 r/min 离心 5 min。

5. 将上清水相转入另一洁净塑料离心管中，加 0.6 倍体积的异丙醇使 DNA 沉淀。

6. 快速离心数秒钟，弃上清，用 70%乙醇淋洗 DNA 2 次，将 DNA 沉淀真空干燥后溶于 300 μL TE 缓冲液中。

用此法获得的染色体 DNA 可用于限制性酶切等分子生物学操作。

7. 取少量(约 3～5 μL)提取的 DNA 样品(其余置于－20℃保存)，加入 3 μL 溴酚蓝加样缓冲液，混匀后上样进行琼脂糖凝胶电泳 1～2 h。

琼脂糖中加有 EB，在电泳中 EB 将插入 DNA 分子中。

8. 戴上一次性塑料手套(EB 是强诱变剂)将凝胶取出置于紫外分析仪上观察染色体 DNA 荧光带。

【实验报告】

1. 实验结果

(1) 根据实验结果，绘图表示细胞拟核的形态和位置。

(2) 绘图表示观察到的琼脂糖凝胶中的染色体 DNA 带。

2. 思考题

(1) 凝胶上显现的染色体 DNA 带为什么是不整齐的?

(2) 大肠杆菌染色体是环形的还是线形的? 从凝胶上观察到的体外染色体 DNA 应是环形的还是线形的? 为什么?

【注意事项】

1. EB 是强诱变剂，用时要戴一次性塑料手套，用后妥善处理，切不可随意丢弃。

2. 在紫外分析仪上观察染色体 DNA 荧光带，必须戴防护眼镜，以免损伤眼睛。

(蔡信之)

实验 1-11　细菌细胞壁的染色和质壁分离的观察

【目的要求】

1. 学习细菌细胞壁的染色方法。

2. 通过质壁分离观察细菌的细胞壁和细胞质膜。

【基本原理】

细菌细胞壁的主要化学物质是肽聚糖。G^+ 菌和 G^- 菌的细胞壁的化学成分有明显的差别。G^+ 菌的细胞壁较厚，只有肽聚糖层，厚约 20～80 nm，由 40 层左右网状分子组成；G^-菌的细胞壁比G^+菌复杂，其外壁层由脂蛋白、脂多糖和磷脂组成，厚约18～20 nm，内壁层为1～2层肽聚糖网状分子，厚约2～3 nm。由于细菌细胞壁薄且着色能力差，通常所进行的细菌细胞染色都是经过细胞壁的渗透、扩散等作用，使染料进入细胞内，细胞质被着色，而细胞壁并未染色。为了能使细胞壁着色，需通过单宁酸或磷钼酸的媒染作用，使其与细胞壁形成可着色的复合物，再经过结晶紫或甲基绿染色，可使细胞壁着色，而细胞质不被着色。

细菌细胞在高渗透压的盐溶液中会发生质壁分离现象，经染色后在光学显微镜的油镜下可观察到细胞壁和细胞质（图 1-11.1）。

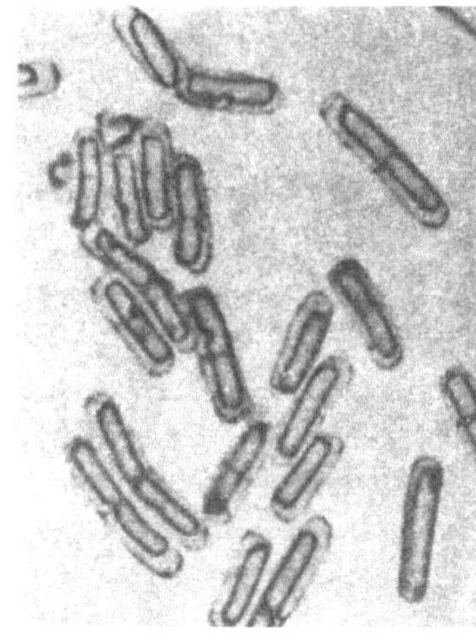

图 1-11.1 巨大芽孢杆菌的细胞壁

【实验材料】

巨大芽孢杆菌（*Bacillus megaterium*），枯草芽孢杆菌，0.2%结晶紫染色液，0.01%结晶紫染色液，5%单宁酸（鞣酸）水溶液，1%磷钼酸水溶液，25%NaCl溶液，1%甲基绿水溶液，载玻片，接种环，乙醇灯，玻片架，擦镜纸，滤纸，双层瓶，废液缸，光学显微镜等。

【操作步骤】

1. G^+菌细胞壁染色

(1) 单宁酸法

① 用接种环以无菌操作挑取培养16～18 h的巨大芽孢杆菌菌苔一环，涂片。

② 加1滴5%单宁酸水溶液媒染5 min，水洗，用滤纸吸干载玻片上的残留水。

③ 加1滴0.2%结晶紫染色液染色3～5 min，水洗，吸干残水。

④ 油镜下观察，细胞壁呈紫色，菌体呈淡紫色。

(2) 磷钼酸法

① 用接种环以无菌操作挑取培养16～18 h的巨大芽孢杆菌菌苔涂成浓厚的涂片。在涂片尚未干燥时，滴加1%磷钼酸水溶液，使它布满菌苔涂片，媒染3～5 min。

② 媒染后，将载玻片上的磷钼酸溶液倾入废液缸中。

③ 加1滴1%甲基绿水溶液染色3～5 min，水洗，吸干残水。

④ 油镜下观察，细胞壁呈绿色，菌体无色。

2. 质壁分离现象的观察

(1) 加1滴25%NaCl溶液于载玻片上，用接种环以无菌操作挑取培养6 h的枯草芽孢杆菌菌苔一环，均匀涂布在25%NaCl水滴中自然风干（切勿在火焰上烘烤）。

(2) 加1滴0.01%结晶紫染色，使其布满菌膜，染色30 s，水洗，吸干残水。

(3) 油镜下观察菌体的质壁分离现象。

【实验报告】

1. 实验结果 以文字和绘图的方式描述细胞壁的形态和质壁分离现象。

2. 思考题 根据所做试验的结果，你认为哪种细胞壁染色的效果更好？

（陈旭健）

实验 1-12 放线菌形态的观察

【目的要求】

掌握观察放线菌形态的常用方法；观察放线菌的形态特征。

【基本原理】

放线菌是有分枝菌丝体的一类革兰氏阳性原核微生物。菌丝体(图 1-12.1)的形态特征是放线菌分类鉴定的重要依据。常用以下方法观察放线菌自然生长状态的形态特征。

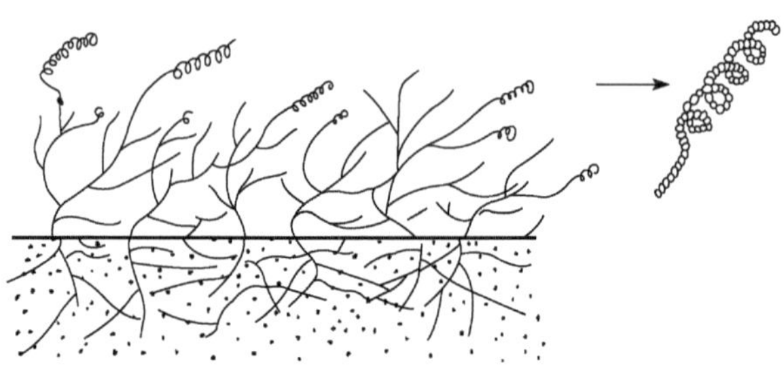

图 1-12.1 链霉菌属菌丝体的形态图

插片法 将放线菌接种在琼脂培养基平板上，插上无菌盖玻片后培养，使菌丝沿着培养基表面与盖玻片交接处生长而附着在盖玻上。观察时轻轻取出盖玻片置于载玻片上直接镜检。可观察到放线菌自然生长状态的特征，且便于观察不同生长期的形态。

玻璃纸法 玻璃纸是一种透明的半透膜，将无菌玻璃纸覆盖在琼脂培养基平板表面，接种放线菌于玻璃纸上，经培养放线菌在玻璃纸上生长形成菌苔。观察时揭下玻璃纸，固定在载玻片上直接镜检。既能保持放线菌的自然生长状态，也便于观察不同生长期的形态特征。

印片法 将要观察的放线菌的菌落或菌苔，先印在载玻片上，经染色后观察。主要观察孢子丝的形态、孢子的排列方式及其形状等。方法简便，但形态有所改变。

【实验器材】

细黄链霉菌(*Streptomyces microflavus*)或青色链霉菌(*S. glaucus*)，弗氏链霉菌(*S. fradiae*)，灭菌的高氏Ⅰ号琼脂培养基，石炭酸复红染色液，无菌培养皿，玻璃纸，盖玻片，玻璃涂棒，载玻片，接种环，接种铲，镊子，显微镜等。

【操作步骤】

1. 插片法

(1) 倒平板 取融化并冷至约 50℃的高氏Ⅰ号琼脂培养基约 20 mL 倒平板，凝固。

(2) 接种 用接种环挑取菌种斜面培养物(孢子)在琼脂培养基平板划密线接种。

(3) 插片 以无菌操作用镊子将无菌盖片以约 60°斜插在接种线上(图 1-12.2)。

(4) 培养　将平板倒置，28℃培养 2～3 d。

(5) 镜检　用镊子拔出盖玻片，擦去背面培养物，有菌丝的面朝上放在载玻片上直接镜检。

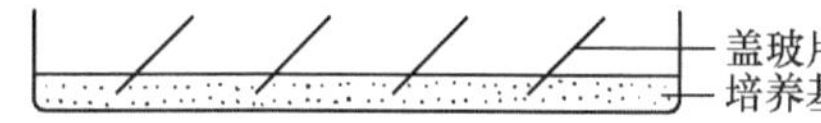

图 1-12.2　放线菌插片法示意图

2. 玻璃纸法

(1) 倒平板　同插片法。

(2) 铺玻璃纸　以无菌操作用镊子将无菌(155～160℃干热灭菌 2 h)、略小于平皿的玻璃纸铺在琼脂培养基表面，用无菌玻璃涂棒压平，使其紧贴在琼脂培养基表面。

(3) 接种　用接种环挑取菌种斜面培养物(孢子)在玻璃纸上划密线接种。

(4) 培养　将平板倒置，28℃培养 3 d。

(5) 镜检　在洁净载玻片上加 1 滴水，用镊子小心提起玻璃纸片，剪下一小块，菌面朝上放在载玻片的水滴上，使玻璃纸平贴在载玻片上，先用低倍镜观察，找到适当视野后换高倍镜观察。

3. 印片法

(1) 接种培养　用高氏Ⅰ号琼脂培养基平板，常规划线接种或点种，28℃培养 4～5 d。也可用上述两种方法的琼脂培养基平板上的培养物作为制片观察的材料。

(2) 印片　用接种铲将平板上的菌苔连同培养基切下一小块，菌面朝上放在载玻片上。另取一洁净载玻片置火焰上微热后盖在菌苔上，轻压，使培养物(气生菌丝、孢子丝及孢子)黏附(“印”)在后一块载玻片的中央。有印迹的一面朝上，通过火焰 2～3 次固定。印片时不要压碎琼脂块，也不要错动，以免改变放线菌的自然形态。

(3) 染色　加 1 滴石炭酸复红覆盖印迹，染色约 1 min 后水洗。

(4) 镜检　干燥后用油镜观察。

【实验报告】

1. 实验结果　绘图表示所观察到的放线菌的形态特征。

2. 思考题

(1) 试比较三种培养和观察放线菌方法的优缺点。

(2) 玻璃纸法是否可用于其他类群微生物的培养和观察？为什么？

(3) 镜检时，如何区分放线菌的基内菌丝和气生菌丝？

【注意事项】

1. 插片法和玻璃纸法划线要密，操作中勿碰撞有菌丝的表面，以免破坏菌丝形态。

2. 印片时用力要轻，且不要错动，染色水洗时水流要缓，以免破坏孢子丝形态。

(蔡信之)

实验 1-13　酵母菌形态及其子囊孢子的观察

【目的要求】

1. 观察酵母菌的细胞及子囊孢子形态与出芽生殖方式，区分酵母菌的死活细胞。

2. 掌握观察酵母菌及其子囊孢子的基本方法。

【基本原理】

酵母菌是不运动的单细胞真核微生物，比细菌大几倍至十几倍。大多数酵母以出芽方式进行无性繁殖，有的进行分裂繁殖；有性繁殖是通过接合产生子囊孢子。

本实验通过美蓝染色液水浸片和水-碘液水浸片观察酵母的形态和出芽生殖。

美蓝是对细胞毒性较低、又易与细胞结合的染料，它的氧化型呈蓝色，还原型无色。用美蓝对酵母的活细胞染色时，由于活细胞新陈代谢中的脱氢作用，细胞内具有较强的还原能力，能使美蓝接受氢后由蓝色的氧化型变为无色的还原型。因此，具有还原能力的酵母活细胞是无色的，死细胞或代谢作用微弱的衰老细胞则呈蓝色或淡蓝色，借此可对酵母菌的死细胞和活细胞进行鉴别。美蓝的浓度、作用时间对结果有影响，应加以注意。

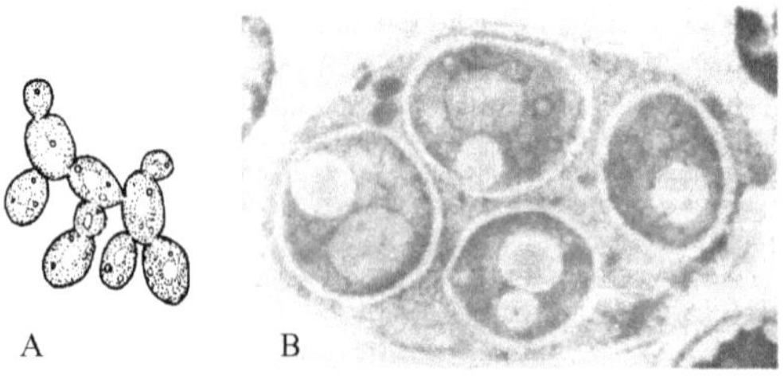

A　　B

图 1-13.1　酿酒酵母

A. 酿酒酵母的营养细胞；B. 酿酒酵母的子囊与子囊孢子

子囊孢子是子囊菌类真菌有性生殖产生的有性孢子。在酵母菌中，能否形成子囊孢子及其形态是酵母菌分类鉴定的重要依据之一。酵母菌形成子囊孢子需要一定的条件，所以对不同种属的酵母要选择适合形成子囊孢子的培养基。麦氏(McClary)培养基(葡萄糖-醋酸钠培养基)有利于酿酒酵母(*S. cerevisiae*)子囊孢子(图 1-13.1)的形成。

【实验器材】

酿酒酵母；麦芽汁琼脂斜面，麦氏琼脂斜面，0.05%、0.1%吕氏美蓝染色液，卢氏碘液，5%孔雀绿溶液，0.5%番红溶液，95%乙醇，显微镜，载玻片，盖玻片。

【操作步骤】

(一) 酵母菌形态观察

1. 美蓝水浸片

(1) 挑菌　在载片中央加 1 滴 0.1%吕氏美蓝溶液，按无菌操作挑取培养 48 h 的酿酒酵母少许于美蓝液中混匀。

(2) 加盖玻片　用镊子加一盖玻片于菌液上，避免产生气泡，染色 3 min。

(3) 镜检　先用低倍镜再换高倍镜观察酵母菌的形态和出芽情况。注意区分死、活和老的细胞。

染色 0.5 h 后再观察死、活和老细胞的数量是否有变化。

(4) 用 0.05%吕氏美蓝溶液重复上述实验。

2. 水-碘浸片　在载玻片中央加 1 滴卢氏碘液，再加 3 小滴清水，取酵母菌少许放在水-碘液中，使菌体与溶液混合均匀，加盖玻片，镜检。

(二) 酵母菌子囊孢子观察

1. 菌种活化　将酿酒酵母移至新鲜麦芽汁琼脂斜面，25℃培养 24 h，再转种 2 次。

2. 产孢培养　将活化的菌种转接到麦氏琼脂斜面上，25～28℃培养约 1 w。

3. 制片　取经产孢培养的酵母斜面培养物，在洁净载玻片上涂片、干燥、固定。

4. 染色　滴加孔雀绿染色液染色 1 min。

5. 脱色　用 95%乙醇脱色 30 s，水洗。

6. 复染　用番红染色液复染 30 s，水洗，用吸水纸吸干。

7. 镜检　干燥后用油镜观察，子囊孢子呈绿色，菌体和子囊呈粉红色。

【实验报告】

1. 实验结果

(1) 绘图表示观察到的酵母菌及其子囊、子囊孢子的形态特征。

(2) 说明观察到的吕氏美蓝溶液浓度和作用时间对死、活细胞数的影响及原因。

2. 思考题

(1) 如何根据吕氏美蓝溶液对酵母菌细胞的染色结果判断该细胞的发育阶段？

(2) 如何区别酵母菌的营养细胞和释放于子囊外的子囊孢子？

【注意事项】

1. 染色液不宜过多或过少，否则加盖玻片时染色液过多会溢出，过少会产生气泡。

2. 加盖玻片要倾斜缓慢复盖，以免产生气泡。

3. 活化酵母菌的麦芽汁培养基要新鲜，培养基表面要湿润以利酵母菌良好生长。

4. 酵母菌在麦芽汁培养基上活化后，加量接到产孢培养基上可提高子囊形成率。

（陈　龙）

实验 1-14　霉菌形态的观察

【目的要求】

观察霉菌的形态特征；掌握观察霉菌形态的基本方法。

【基本原理】

霉菌菌丝体较粗大，细胞容易收缩变形，且孢子容易飞散，观察时不宜用水浸片。常用乳酸石炭酸棉蓝染色液制片，该法的特点是：细胞不易干燥，不易变形，防止孢子飞散，有染色作用，并有杀菌防腐的作用，使标本能保持较长时间。

为了得到清晰、完整和保持自然状态的霉菌形态，还可用插片法和玻璃纸透析培养法观察。后者是利用玻璃纸的半透膜特性及透光性，将霉菌培养在覆盖玻璃纸的培养基上，然后将长菌的玻璃纸揭下并剪取小片，贴在载玻片上用显微镜观察。

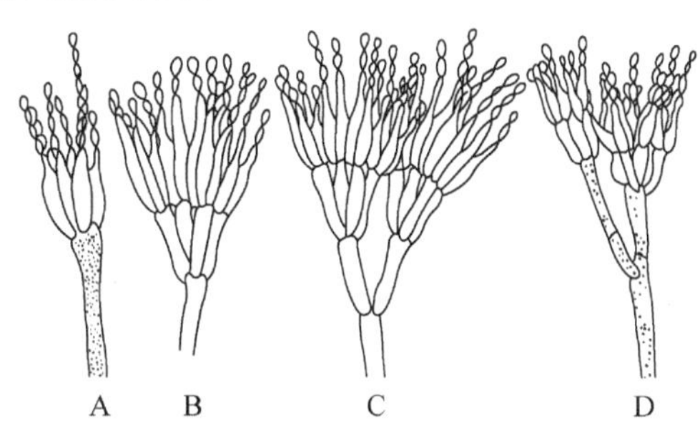

图 1-14.1　青霉

A. 单轮生；B. 对称二轮生；C. 多轮生；D. 不对称生青霉

【实验器材】

青霉（图 1-14.1），曲霉（图 1-14.2），根霉（图 1-14.3），毛霉（图 1-14.4），查氏平板培养基，乳酸石炭酸棉蓝染色液，50%乙醇，无菌吸管，无菌玻璃纸，无菌盖玻片，显微镜，载玻片，盖玻片。

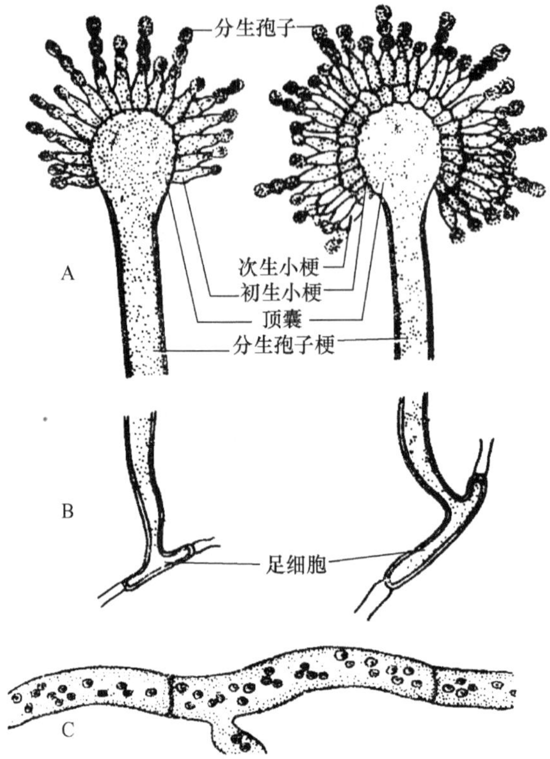

图 1-14.2　曲霉

A. 分生孢子梗;B. 足细胞;C. 菌丝

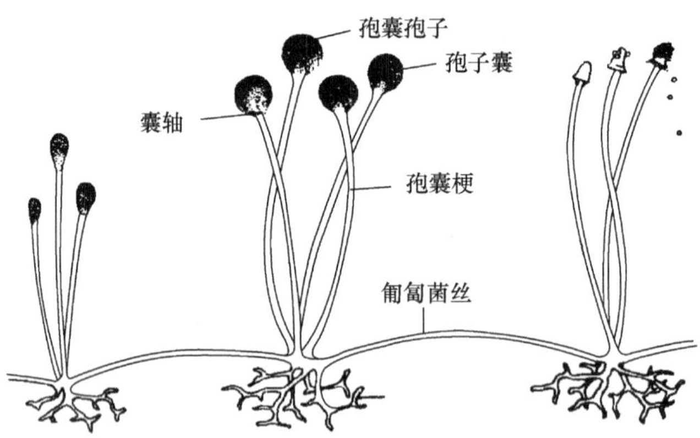

图 1-14.3　根霉

【操作步骤】

(一) 插片法

1. 倒平板　融化马铃薯葡萄糖培养基,冷至50℃左右倒平板,每皿 20 mL,冷凝。

2. 接种　用接种环挑取青霉斜面菌种孢子,在平板培养基上密集划线接种。

3. 插片　菌落刚长出时斜插无菌盖玻片于菌落前侧。

4. 培养　将插片平板倒置于 28℃培养箱中培养 3 d。

5. 镜检　用镊子轻轻取下盖片盖在滴有乳酸石炭酸棉蓝液的载片上，即可观察。

（二）制片观察

1. 制片　在干净载玻片的中央滴加 1 小滴乳酸石炭酸棉蓝染色液，用解剖针从菌落边缘挑取少量带有孢子的霉菌菌丝，先置于 50%乙醇中浸一下以洗去脱落的孢子，再放入载片上的染色液中，细心将菌丝散开，轻轻盖上盖片，避免产生气泡。

2. 镜检　先用低倍镜观察，再换高倍镜观察。

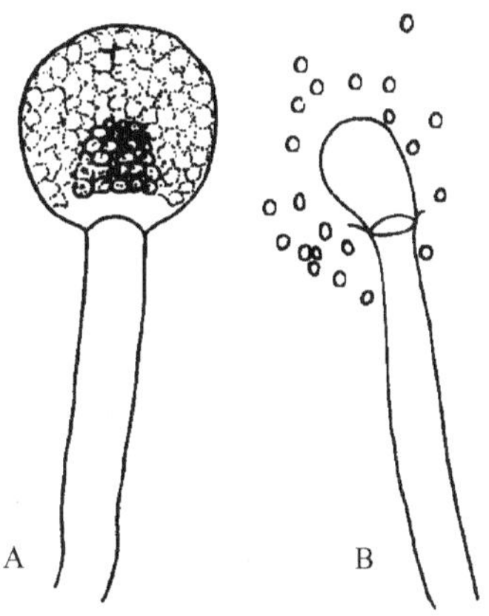

图 1-14.4　高大毛霉
A. 孢子囊梗和孢子囊；B. 囊轴和孢囊孢子

（三）玻璃纸透析培养观察法

1. 菌种制备　先向霉菌斜面试管中加入 3 mL 无菌水，制成孢子悬液。再吸取 0.2 mL 孢子悬液均匀地涂抹在覆盖玻璃纸的查氏培养基平板上，28℃培养 48 h。

2. 观察　揭开并剪取一小片长有菌丝的玻璃纸贴于载玻片上，用显微镜观察。

（1）青霉：观察分生孢子梗、小梗及分生孢子。

（2）曲霉：观察足细胞、分生孢子梗、顶囊、小梗及分生孢子。

（3）根霉：观察假根、匍匐枝、孢子囊柄、孢子囊及孢囊孢子。

（4）毛霉：观察孢子囊柄、孢子囊、囊轴及孢囊孢子。

【实验报告】

1. 实验结果　绘图表示所观察到的霉菌的形态特征。

2. 思考题　比较显微镜下细菌、放线菌、酵母菌、霉菌形态上的异同。

【注意事项】

1. 挑菌、制片要细心，尽量减少菌丝断裂、破坏其形态，加盖片时避免产生气泡。

2. 插片法及玻璃纸法接种量要少且尽量分散均匀，避免菌丝过于密集影响观察。

（陈　龙）

第四单元　微生物纯培养技术

实验 1-15　培养基的制备

【目的要求】

学习微生物培养基配制的原理；掌握常用微生物培养基配制的一般方法和步骤。

【基本原理】

培养基是按微生物生长繁殖的需要人工配制的营养基质，其中含有碳源、氮源、无机盐、生长因素和水，并调节 pH 和渗透压到一定范围，可供微生物生长繁殖、积累代谢产物。培养基的种类很多，不同的微生物所需要的培养基不同。

配制供细菌、放线菌、酵母菌和霉菌生长的通用培养基的方法大致相同，按配方称取试剂，用少量水溶解各组分，待完全溶解后补足水量，调整 pH，分装，灭菌，备用。有的实验要求培养基灭菌后要在合适的温度培养过夜，确证无菌后才可使用。

配制一般的固体培养基可以直接用市售的琼脂做凝固剂。这类琼脂常含有少量的矿物质和色素。如果要求用较纯净的琼脂，就需要做特殊的处理，以除去其中的杂质。先将琼脂放在蒸馏水中浸泡数天，每天换水一次，除去其中可溶性的无机盐和有机物，再用95%乙醇浸泡过夜，取出放在干净的纱布上晾干，备用。

为防止培养基中微生物生长繁殖而消耗养分，改变培养基的成分和酸碱度，带来不利影响，配制好的培养基必须立即灭菌。如果来不及灭菌，应暂存于冰箱内。

【实验器材】

牛肉膏，蛋白胨，可溶性淀粉，葡萄糖，蔗糖，黄豆芽，琼脂，孟加拉红 1%水溶液，链霉素 1%水溶液，蒸馏水，K_2HPO_4，KNO_3，$MgSO_4$，$FeSO_4$，$NaNO_3$，NaCl，KCl，1 mol/L NaOH，1 mol/L HCl；天平，试管，三角瓶，烧杯，漏斗，量筒，玻璃棒，培养皿，吸管，牛角匙，培养基分装器，高压蒸汽灭菌锅，纱布，棉花，记号笔，牛皮纸，电炉，线绳，pH 试纸等。

【操作步骤】

（一）好氧菌培养基的配制

1. 称量　培养细菌用牛肉膏蛋白胨培养基，培养放线菌用高氏 1 号培养基，培养霉菌用查氏培养基，培养酵母菌用豆芽汁蔗糖培养基。按照培养基配方（见附录二）依次准确称取各成分于烧杯（或铝锅或不锈钢锅）中。牛肉膏较黏稠，可先称好一玻棒和小烧杯，再用玻棒挑取牛肉膏放在烧杯中一起称，用热水溶化后倒入大烧杯。也可在称量纸上称后直接放入热水中牛肉膏便与称量纸分离，立即取出纸片。蛋白胨极易吸潮，称量要迅速。严防药品混杂造成污染，一种药品一把角匙，瓶盖不要盖错。

2. 溶化　在烧杯（或锅）中先加入 4/5 的水，在石棉网上加热，搅匀，药品溶解后再补足水分。若配制固体培养基，将称好的琼脂加入已溶化的药品中，再加热融化。不断搅拌以防烧焦使烧杯破裂，烧糊的培养基不宜再用。应控制火力以免溢出。最后补充所失的水分。不可用铜锅或铁锅加热溶化，以免离子进入培养基影响细菌生长。

3. 调 pH　先用精密 pH 试纸测量培养基原始 pH。偏酸可用滴管逐滴加入 1 mol/L NaOH，边加边搅拌，随时用 pH 试纸检测，直至 pH 达到所需范围。偏碱则用 1 mol/L HCl 调节。pH 不要调过头，以避免回调而影响培养基内各离子浓度。加琼脂前调 pH。

4. 过滤　趁热过滤。液体培养基用滤纸过滤，固体培养基用 4 层纱布过滤，以利结果观察。无特殊要求这步可省去。

5. 分装　按要求将配制好的培养基趁热分装于试管或三角瓶内(图 1-15.1)，不要使培养基沾在管口或瓶口上，以免沾污棉塞引起污染。

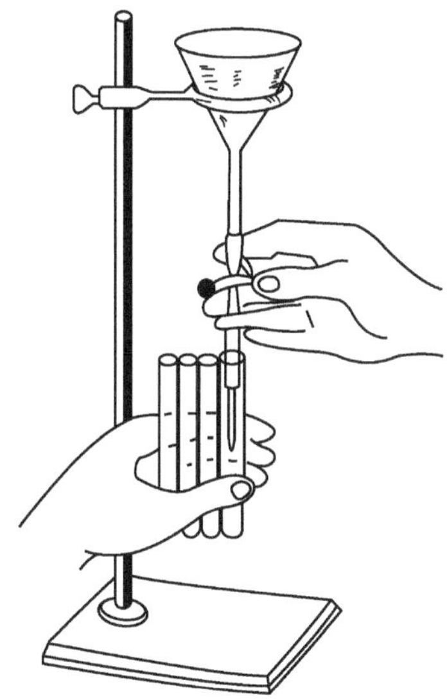

图 1-15.1　培养基的分装

分装量　液体培养基分装高度以试管高度的 1/4 为宜，三角瓶不超过容积的一半。固体培养基不超过管高的 1/5，灭菌后制成斜面；三角瓶不超过容积的一半。半固体培养基以试管高度的 1/3 为宜，灭菌后垂直待凝。

6. 加棉塞　培养基分装完毕在试管口或三角瓶口塞上棉塞(或泡沫塑料塞及试管帽等)，以防止外界微生物进入培养基造成污染，并保证有良好的通气性。使棉塞总长的 3/5 塞入管口或瓶口内(图 1-15.2)，以防止棉塞脱落。

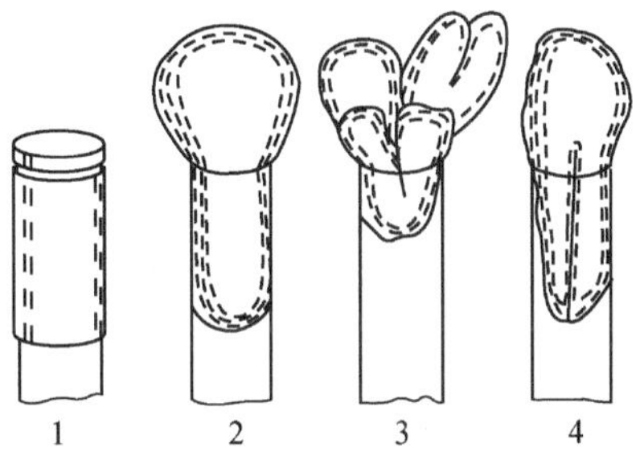

图 1-15.2　试管帽和棉塞

1. 试管帽；2. 正确的棉塞；3、4. 不正确的棉塞

7. 包扎　加塞后在三角瓶或试管(试管须先扎成捆)外包一层牛皮纸或双层报纸，用线绳扎好，以防灭菌时冷凝水沾湿棉塞。许多微生物在摇床振荡培养时需要良好的通气，所用三角瓶塞常用 8 层纱布制成通气塞。灭菌前将方形纱布盖在瓶口，其中部用手指塞入瓶口内，将四角折成塞子状后加纸套包扎，灭菌。使用时待接入菌种后将塞状纱布拉开，包扎在瓶口外即成通气塞。置于摇床上振荡培养。用记号笔注明培养基名称、组别、配制日期等。

8. 灭菌　将包扎好的培养基按所需灭菌时间和温度进行高压蒸汽灭菌或其他方法灭菌。如不能及时灭菌，应放入冰箱内作短期保存。

9. 搁置斜面　固体培养基灭菌后冷至 50℃ 左右(以防冷凝水太多)，趁热将试管口搁在长木条上，斜面不超过试管的一半(图 1-15.3)。

10. 无菌检查　将灭菌培养基于 37℃ 培养 24～28 h，以检查灭菌是否彻底。

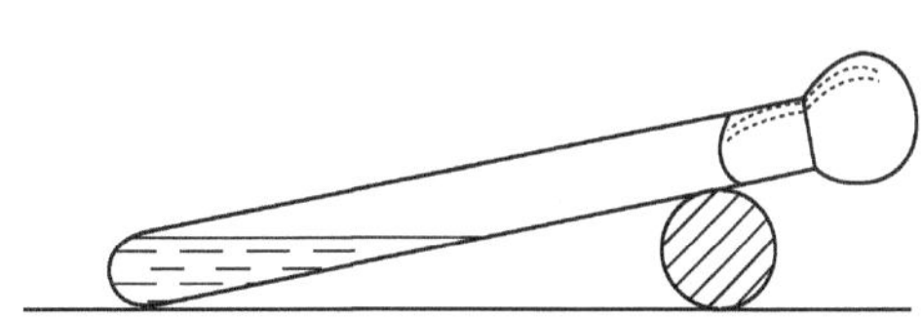

图 1-15.3　斜面的放置

（二）厌氧菌培养基的配制

1. 配方 蛋白胨 5 g，酵母膏 10 g，葡萄糖 10 g，胰酶解酪蛋白 5 g，盐溶液* 10 mL，刃天青液 4 mL，半胱氨酸盐酸盐 0.5 g，琼脂 15 g，水 1000 mL，pH 7.0，121℃灭菌 20 min。

该培养基中的半胱氨酸为还原剂。刃天青是氧化还原指示剂，它具有双重作用，在有氧条件下起 pH 指示剂的作用，即在碱性时呈蓝色，酸性时呈红色，中性时显紫色。当培养基处于无氧状态时，刃天青变成无色。此时，培养基的氧化还原电位约为－40 mV，可满足一般厌氧菌的生长繁殖。

2. 称药品 称取除半胱氨酸和盐溶液以外的各种成分于烧杯中，加水溶解后再加盐溶液和刃天青溶液。最后加半胱氨酸。

3. 调 pH 用 1 mol/L NaOH 调 pH 至 7.0。

4. 分装 取培养基 100 mL 加入 150 mL 血浆瓶中，再加 1.5%琼脂，旋紧瓶盖。

5. 灭菌 在每一血浆瓶盖上插一枚注射器针头，于高压蒸汽灭菌锅内，121℃灭菌 20 min。打开灭菌锅后立即拔去针头，以减少冷却中空气溶入培养基中而增加溶解氧，在培养基冷却中若用高纯氮气维持瓶压的下降，则培养基的无氧状态保持得更好。

6. 加热驱氧 灭菌后，随着放置时间的延长，则培养基中的溶解氧也随之增加(液体培养基更易溶入 O_2)，因此在使用前必须把培养基放入沸水浴中加热以驱除溶解氧，即沸水浴至血浆瓶内刃天青褪至无色时才可使用。

（三）庖肉培养基配制

1. 去膘牛肉 取已去筋膜、脂肪的牛肉 500 g 切成黄豆大小的颗粒，放入盛有 1000 mL 蒸馏水的烧杯中，用文火煮沸约 1 h。

2. 过滤 用纱布过滤后取若干牛肉渣粒装入亨盖特滚管或普通试管，装量达 15 mm 左右的高度。再于各试管中加入 pH7.4～7.6 牛肉膏蛋白胨液体培养基 10～12 mL，最后塞上黑色异丁基橡胶塞。

3. 灭菌 在异丁基橡胶塞上插一枚注射器针头，放入灭菌锅内，121℃灭菌 20 min。灭菌后立即拔去针头，并塞紧管塞。若以无氧法分装成的无氧培养基的亨盖特滚管，则可免插注射针头，但要将各滚管塞压紧后再进行灭菌，这样制备成的滚管称为 PRAS 培养基(或称为预还原性厌氧无菌培养基)，使用前也不必驱氧，但需无氧无菌操作法转移或接种。

4. 使用前除氧 若厌氧培养基在存放中有氧气渗入，使用前置水浴中煮沸 10 min，以除去溶入的氧，在高纯氮气饱和下冷却后避氧无菌操作接种。

【实验报告】

1. 实验结果 记录本实验配制培养基的名称、配方、配制过程，并分析其中的碳源、氮源、能源、无机盐及维生素的来源。

2. 思考题

(1) 在配制培养基的操作过程中应注意些什么？为什么？其中关键操作是什么？

---

* 盐溶液的成分：无水 $CaCl_2$ 0.2 g，$MgSO_4 \cdot 7H_2O$ 0.48 g，K_2HPO_4 1 g，KH_2PO_4 1 g，$NaHCO_3$ 10 g，NaCl 2 g，蒸馏水 1000 mL。配法：先用 300 mL 水加入 $CaCl_2$ 和 $MgSO_4 \cdot 7H_2O$，待溶解后再加入 500 mL 水，并陆续加入其余盐类，不断搅拌，待全部溶化后补足水分至 1000 mL。

(2) 培养基配好后，为什么必须立即灭菌？如何检查灭菌后的培养基是无菌的？若不能及时灭菌应如何处理？

(3) 厌氧菌培养基通常分装在带异丁基橡胶塞(耐高温)的亨盖特滚管或血浆瓶中，为何灭菌时在胶塞上插一枚针头？若不插排气针头该采取何种措施分装与灭菌？

附：棉塞的制作(图 1-15.4)

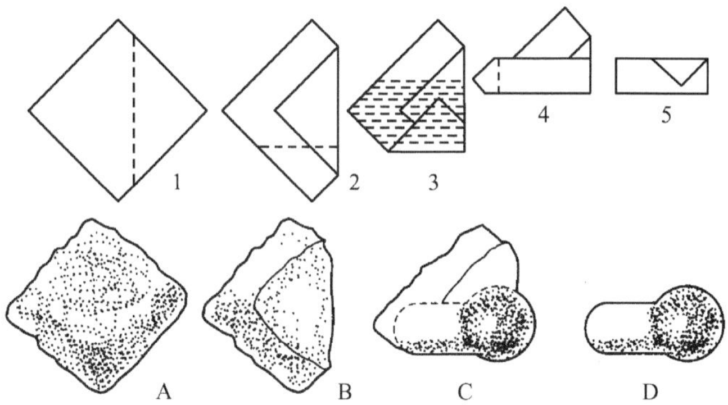

图 1-15.4　棉塞的制作过程

棉塞的作用：防止杂菌的污染；保证通气良好。因此，要求棉塞形状、大小、松紧与管口或瓶口完全适合。过紧妨碍空气流通，操作不便；过松则达不到滤菌的目的。棉花要选纤维较长的，一般不用脱脂棉，因易吸水变湿造成污染，价格也较贵。

(陈　龙)

实验 1-16　消毒与灭菌

【目的要求】

1. 了解消毒灭菌的基本原理和应用范围。
2. 掌握实验室中常用的消毒灭菌方法。

【实验器材】

电热干燥箱，灭菌锅，紫外灯；甲醛，石炭酸，来苏尔，新洁尔灭，乙醇。

【基本原理与方法】

消毒和灭菌的方法很多，可分为物理法和化学法两大类。物理法包括加热灭菌(干热灭菌和湿热灭菌)、过滤除菌和紫外线灭菌等。化学法主要是利用有机及无机的化学药品对实验室用具和其他物体表面进行灭菌和消毒。灭菌对象不同、实验目的不同，所采用的灭菌方法也不同。一般来说，玻璃器皿可用干热灭菌，培养基用高压蒸汽灭菌，某些不耐高温的培养基如血清、牛乳等可用巴斯德消毒法、间歇灭菌法或过滤除菌法，无菌室、无菌罩等可用紫外线照射、化学药剂喷雾或熏蒸等方法灭菌。下面分述几种消毒灭菌方法的原理及操作步骤。

1. 干热灭菌 干热灭菌是利用高温使微生物细胞内的蛋白质凝固变性而灭菌的。包括火焰灼烧灭菌和热空气烘烤灭菌两种。火焰灼烧适用于接种环、试管口等的灭菌。热空气灭菌是在电热烘箱内灭菌，适用于玻璃器皿、金属用具的灭菌。此法灭菌温度不能超过 180℃，否则，包装纸和棉塞就会烧焦，甚至引起燃烧。其操作步骤为：

(1) 装物品 将包好的待灭菌的培养皿、试管、吸管等放入电烘箱内，不可装得太挤，以免影响热空气流通。物品也不要与电烘箱内壁接触，以防包装纸烤焦起火。

(2) 升温 关好电烘箱门，接通电源，打开开关，调节温度调节器为 160～170℃，使温度逐渐上升。如果红灯熄灭，绿灯亮，表示停止加温。

现在大多数干燥箱温度控制采用数字显示控温仪，用高稳定性热敏电阻作感温元件，具有感温灵敏、热惯性小、精度高、性能稳定等优点，设定和测定箱内温度均有数字显示，直观、清晰。操作也方便，设定温度时揿进控温仪之设定、测量按钮开关，旋转设定旋钮至所需温度，设定完毕，再揿一下设定、测量按钮开关，使其伸出，则显示箱内测量温度。干燥箱加热或恒温状态分别有黄、绿指示灯指示。

(3) 恒温 当温度升至 160～170℃，借恒温调节器的自动控制维持此温度 2 h。中间应注意检查，严防恒温调节器的自动控制失灵而造成事故。

(4) 降温 切断电源，自然降温。

(5) 开箱取物 待电烘箱温度下降到 70℃以下时方可打开箱门，取出物品，以免骤然降温(尤其是冬天)引起玻璃器皿炸裂。

已灭菌的培养皿、移液管等应在使用时才从纸包里取出来，避免污染。

2. 高压蒸汽灭菌 高压蒸汽灭菌是将待灭菌物品放在一个密闭的加压灭菌锅内，通过加热使灭菌锅隔套间的水沸腾产生蒸汽。待水蒸汽将锅内的冷空气从排气阀中驱尽后，关闭排气阀，继续加热。由于蒸汽不能溢出而增加灭菌锅内压力，使水的沸点增高，得到高于 100℃的温度，导致菌体蛋白质凝固变性达到灭菌的目的。同一温度下湿热的灭菌效力比干热大得多(表 1-16.1)。

表 1-16.1 干热湿热穿透力及灭菌效果比较

温度/℃	时间/h	透过布层的温度/℃			灭菌效果
		20 层	40 层	100 层	
干热 130～140	4	86	72	70.5	不完全
湿热 105.3	3	101	101	101	完全

灭菌锅内冷空气是否完全排尽极为重要，因为空气的膨胀压大于水蒸汽的膨胀压，在同一压力下含空气蒸气的温度低于饱和蒸气的温度。若锅内有一半的空气，则压力表虽已指在 0.1 MPa，但锅内温度却只有 112℃，造成灭菌不彻底。

现在法定压力单位已不用磅和 kg/cm^2 表示，用 Pa(帕)和 bar(巴)表示，其换算关系是：$1\ kg/cm^2 = 98\,066.5\ Pa$；$1\ Ib/in^2 = 6894.76\ Pa$。一般培养基用 0.1 MPa(相当于 $1.05\ kg/cm^2$ 或 $15\ Ib/in^2$)。121.3℃，15～30 min，可以彻底灭菌。

实验室常用的非自控高压蒸汽灭菌锅有卧式(图 1-16.1)和手提式(图 1-16.2)。

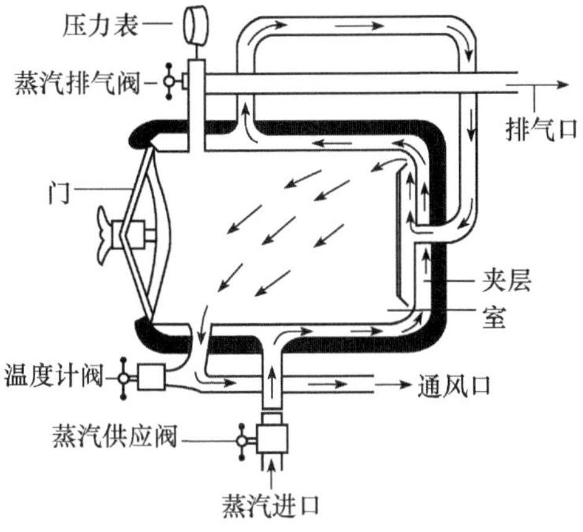

图 1-16.1　卧式灭菌锅示意图

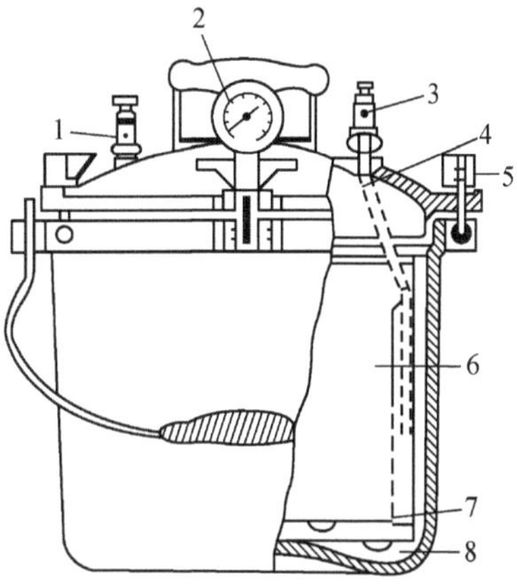

图 1-16.2　手提式灭菌锅示意图

1. 安全阀；2. 压力表；3. 排气阀；4. 软管；5. 紧固螺栓；6. 灭菌桶；7. 筛架；8. 水

手提式高压灭菌锅的使用方法如下：

(1) 加水　打开灭菌锅盖，取出内层桶，向锅内加入适量的水，水面与三角搁架相平。

(2) 装料　放回内层桶，装入待灭菌物品，不要太挤，瓶塞不要接触桶壁，以免冷凝水沾湿棉塞或冷凝水渗透棉塞进入培养基等。

(3) 加盖　将盖上排气软管插入内层桶的排气槽内，盖上锅盖，两两对称地拧紧所有螺栓，勿使漏气。

(4) 排气　打开排气阀，加热，水沸腾后约 5 min 排出气流很强并有嘘声，表明空气已排尽。

(5) 升压和保压　关闭排气阀，压力上升。压力表指针达到所需压力刻度时控制热源，开始计时，维持压力至所需时间。本实验用 0.1 MPa，121.3℃，20 min 灭菌。

现在越来越多的实验室已使用自动手提式灭菌器，具有效果优良、操作简便、安全可靠等优点。灭菌器盖装有双刻度压力表，有温度、压力读数指示，清晰、直观。设有定时开关，可根据灭菌物品的需要设定灭菌时间。并装有压力控制器，可根据灭菌物品设定、控制灭菌压力。装有安全阀和放气阀，压力超过 0.14 MPa 安全阀自动释放过高的压力，性能可靠。还具有自动保护功能，灭菌器内断水时电路自动切断，同时蜂鸣器响起，提醒补水。使用也简便，加水、装料、加盖后即可接通电源加热。先将定时器旋钮指示线旋至“NO”处，压力控制器调至刻度线的中间位置，再打开电源开关，工作指示灯亮，灭菌器加热，打开放气阀，排除空气后关闭放气阀。根据需要设定灭菌压力和时间。加热至工作指示灯灭，灭菌指示灯亮。此时压力控制器上所对应的位置即为压力表上所指示的压力和温度。保压灭菌中，灭菌指示灯与工作指示灯交互闪烁，表明已达到恒温、恒压状态。到达设定的灭菌时间定时器指针回归到零位(OFF)，工作指示灯、灭菌指示灯灭，灭菌结束指示灯亮。

(6) 降压　灭菌时间到后停止加热，让压力自然下降到零后方可打开排气阀，放尽余下的蒸汽，用对称顺序拧松螺栓，打开锅盖，取出物品，放掉锅内剩水。

(7) 无菌检查 将灭菌培养基于37℃培养24 h,无杂菌生长者可备用。

3. 煮沸消毒 煮沸消毒可使菌体蛋白质凝固变性而死亡。将待灭菌物品用纱布包好,放入煮沸消毒器,加水煮沸15～20 min,一般可杀灭细菌的营养体。煮沸1～2 h,可杀灭芽孢。在水中加入2%碳酸钠可促使芽孢死亡,而且可防金属器械生锈。

4. 紫外线灭菌 紫外线灭菌是用紫外灯进行的,波长200～300 nm的紫外线都有杀菌能力,以260 nm为最强。其机理一是可导致DNA中胸腺嘧啶二聚体的形成,从而抑制DNA的复制;二是紫外辐射使空气中的氧电离成[O],使O_2氧化成臭氧(O_3),或使水氧化成H_2O_2,O_3和H_2O_2都有杀菌能力。紫外线穿透能力很差,不能穿过玻璃、衣物、纸张等,仅适于物体表面或无菌室、接种箱内空气消毒。照射距离不超过1.2 m。

化学消毒剂与紫外线结合可增强灭菌效果,开灯前先喷3%～5%石炭酸液,桌面、凳子用2%～3%来苏尔液擦洗。为检查灭菌效果,可在灭菌后的接种室内桌上和桌下各放一套无菌肉汤蛋白胨平皿,打开盖,15 min后盖上,37℃培养。如果每个平皿中菌落不超过4个则可认为灭菌效果良好;若菌落多则需延长照射时间或加强其他措施。

紫外线对人体有害,不能在开着的紫外灯下工作。特别要避免裸眼的灼伤。可见光使形成的二聚体复原,开紫外灯时不能同时开日光灯及白炽灯。

5. 化学灭菌 微生物实验室中常用于消毒灭菌的化学药剂有以下几种:

(1) 福尔马林 为甲醛的水溶液,浓度为37%～40%,它是一种强杀菌剂,可使菌体蛋白质凝固。10%福尔马林溶液常用于固定组织标本。其蒸汽常用于接种室和培养室熏蒸灭菌。熏蒸福尔马林的用量通常按每立方米空间2～6 mL计算。可用加热法或氧化法。加热法用乙醇灯加热,乙醇量以能蒸干甲醛溶液即可。高锰酸钾是强氧化剂,由其氧化反应使甲醛挥发为气体。氧化法先称好高锰酸钾(甲醛用量的1/2),放在磁碗或大烧杯里,将甲醛倒入碗或杯内,立即出屋关门。甲醛熏蒸应在使用前至少24 h进行,熏蒸后密闭12 h以上,再处理使用。

(2) 石炭酸(酚) 石炭酸是一种常用的防腐剂或杀菌剂。其作用机制是使菌体蛋白质凝固,而且其渗透力也强,配制成3%～5%酚水溶液是一种常用的消毒剂。一般用于接种室内喷雾,进行桌面、地面及墙壁的消毒。

(3) 来苏尔 即煤酚皂液,它是甲酚和肥皂制成的乳浊液,杀菌效力比酚大4倍。1%～2%来苏尔水溶液常用于无菌操作前洗手消毒,或用于室内喷雾消毒。也可用3%来苏尔浸泡用过的吸管及玻璃器具(浸泡约1 h)消毒。

(4) 乙醇 它是常用的消毒剂。其杀菌力随浓度的改变而变化。浓度过高(95%～100%)的乙醇接触菌体后立即使菌体表面蛋白质凝固,形成一层保护膜而阻止乙醇分子渗入菌体内,影响杀菌效果;浓度过低则杀菌力减弱。实验证明,70%乙醇杀菌作用最强,常用于皮肤或器具表面消毒,浸泡载玻片、盖玻片。

按要求配制实验室中常用的几种化学消毒剂:

① 5%来苏尔液

② 70%乙醇溶液

③ 10%福尔马林液

④ 0.25%新洁尔灭液

6. 微孔滤膜过滤除菌 过滤除菌是通过机械作用滤去液体或气体中细菌的方法。根据不同的需要选用不同的过滤器和滤板材料。微孔滤膜过滤器是由上下两个分别具有入口和出口连接装置的塑料盖盒，入口处可连接针筒，出口处可连接针头。当溶液从针筒注入滤器时，将各种微生物阻留在微孔滤膜上面，达到除菌的目的。根据待除菌溶液量的多少，可选用不同大小的滤器。此法除菌的最大优点是不破坏溶液中各种物质的化学成分，由于滤量有限，所以一般只适用于实验室中小量溶液的过滤除菌。

(1) 组装、灭菌 将 0.22 μm 孔径的滤膜装入清洗干净的塑料滤器中，旋紧压平，包装灭菌(0.1 MPa，121.3℃灭菌 20 min)后待用。

(2) 连接 将无菌滤器入口在无菌条件下以无菌操作连接于有待滤液(2%葡萄糖溶液)的注射器上，将针头与出口处连接并插入带橡皮塞的无菌试管中(图 1-16.3)。

(3) 压滤 将注射器中待滤溶液加压缓缓挤入过滤到无菌试管中，滤毕，将针头拔出。压滤时，用力要适当，不可太猛太快，以免细菌被挤压通过滤膜。

(4) 无菌检查 无菌操作吸取除菌滤液 0.1 mL 于肉汤蛋白胨平板上，涂布均匀，置 37℃温室中培养 24 h，检查是否有菌生长。

(5) 清洗 弃去塑料滤器上的微孔滤膜，将塑料滤器清洗干净，并换上一张新的微孔滤膜，组装包扎，再经灭菌后使用。整个过程应在无菌条件下严格无菌操作，以防污染。过滤时应避免各连接处出现渗透现象。

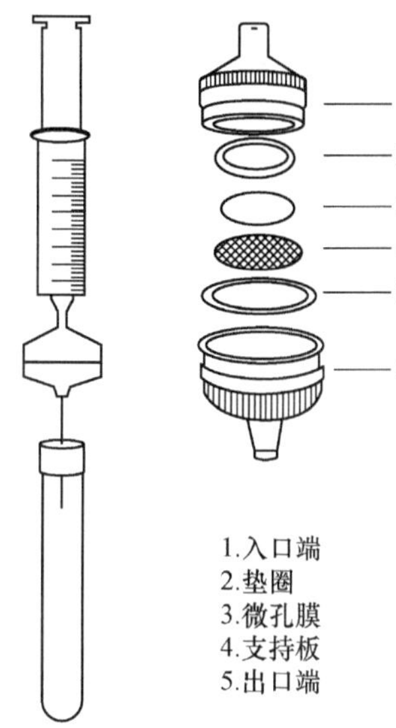

图 1-16.3 微孔滤膜过滤器装置

【实验报告】

1. 实验结果 检查高压蒸汽灭菌及紫外线灭菌的效果。

2. 思考题

(1) 说明高压蒸汽灭菌、紫外线灭菌的原理及操作关键。

(2) 高压蒸汽灭菌为何要将锅内冷空气排尽？灭菌后压力未降到“0”为何不可开盖？

(3) 相同温度下，为什么湿热灭菌比干热灭菌效果好？

(4) 以下左侧所列物品各采用右侧何种消毒灭菌法？

无菌室空气消毒	干热灭菌
血清	巴斯德消毒法
乳糖	过滤除菌法
镊子、剪刀等	紫外线灭菌法
牛奶	高压蒸汽灭菌(112℃)

(5) 下列物品常采用何种消毒剂？

空气消毒：

桌面消毒(因菌液不慎洒在桌上)：

吸过菌液的吸管：

载玻片、盖玻片消毒：

皮肤消毒：

【注意事项】

1. 使用手提式加压蒸汽灭菌锅前应仔细检查其各部件是否完好，并严格按操作规程规范操作，防止意外事故发生。

2. 自动手提式灭菌锅设定温度和时间，旋转设定旋钮要先旋过所需位置再旋回所需位置，以确保准确。

3. 灭菌时操作者切勿擅自离开岗位，要随时观察压力表指针动态，避免压力过高或安全阀失灵等原因诱发事故。

4. 灭菌结束务必待锅压下降到零位后再打开放汽阀排出余汽、开盖取物，否则因锅内压力突然下降，使培养基或其他液体由于压力瞬时下降而发生沸腾，造成瓶内液体沾湿棉塞或溢出等事故。

5. 装料前切记加足水量，若锅内缺水会发生重大事故。

（陈　龙）

实验 1-17　微生物接种技术

【目的要求】

1. 学习倒平板的方法和平板划线分离的操作技术。

2. 掌握斜面、平板、液体和穿刺等接种方法；巩固无菌操作技术。

【基本原理】

微生物接种技术是生命科学研究中的一项最基本的操作技术。无菌操作是微生物接种技术的关键。微生物接种是在无菌环境中，按无菌操作规程给无菌培养基接种目的菌。培养基状态不同，有斜面、平板、液体、半固体，接种操作略有不同，采用的接种工具（图 1-17.1）也不同，分别称斜面接种、平板接种、液体接种、穿刺接种等。

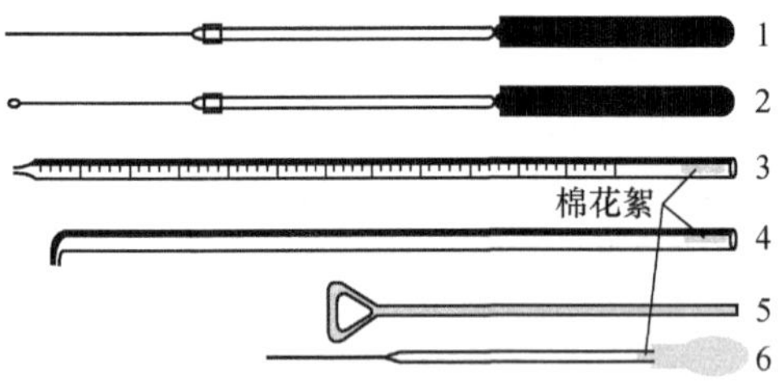

图 1-17.1　接种工具

1. 接种针；2. 接种环；3. 移液管；4. 弯头吸管；5. 涂布棒；6. 滴管

斜面培养基一般用于菌种扩增或保藏。

固体培养基一般添加凝固剂形成，也可用固体物料配制成。可装于试管、培养皿、培养瓶、锥形瓶、罐头瓶、塑料袋等容器中。装于培养皿的称平板培养基，常用于菌种分离或菌落计数。其他的用于目的菌培养。

液体培养基不加凝固剂，用于扩大菌种、生理生化研究等特殊目的。

半固体培养基是状态介于液体和固体之间的培养基，在液体培养基中添加 0.2%～0.7%琼脂即得。常用于观察细菌运动、厌氧菌培养、菌种鉴定及保藏等。

【实验器材】

细菌或酵母及其适宜培养基(斜面、固体、液体、半固体培养基);超净工作台,培养箱,震荡培养箱,乙醇灯,镊子,接种针,接种环,无菌涂布棒,试管振荡器,无菌吸管,培养皿;70%~75%乙醇,无菌水。

【操作步骤】

(一) 接种准备

清洁超净工作台,把乙醇灯及已灭菌的培养基(标注菌种名、日期、接种者)和接种工具如接种针、接种环、镊子、吸管等不拆封放到台面上,开启鼓风机、紫外灯杀菌 30 min。接种箱需同上准备后熏蒸灭菌,提前 12 h,按每立方米 10 mL 福尔马林加 7 g 高锰酸钾熏蒸消毒。使用前置一小杯氨水于箱内,以除去残留甲醛。

穿上洁净工作服,用肥皂洗手、臂 5 min,自来水冲洗干净后,晾干,关闭紫外灯,于工作台前用 70%~75%乙醇仔细擦洗手、臂及菌种管外表面,注意勿留死角,尤其是管口周围。点燃乙醇灯。剥去接种工具外包装,放在台面内侧备用。

(二) 接种

1. 斜面接种

(1) 准备　将菌种试管和待接种斜面试管握在左手中(图 1-17.2),中指夹在两试管之间,无名指和食指分别夹住两试管边缘,大拇指按住试管上面确保其稳定。也可采用横握法。斜面向上,成水平状态。在火焰旁用右手松动试管塞,以便接种时拔出。

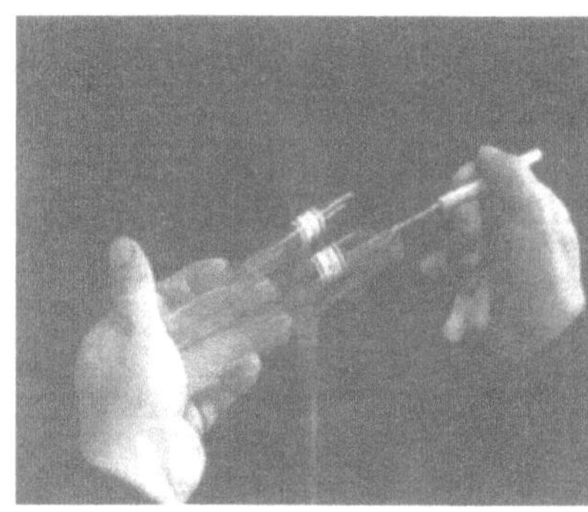

图 1-17.2　斜面接种

(2) 灭菌　右手拿接种环在火焰氧化焰灼烧金属丝及手柄前端部分金属棒灭菌,在火焰侧面用右手小鱼际和小指、小指和无名指分别夹持棉塞或试管帽取出,迅速灼烧管口一周灭菌。

(3) 接种　在火焰旁(无菌区)将接种环伸入菌种试管内,先接触试管内壁或未长菌的培养基使之冷却,然后挑取少许菌苔或孢子。将接种环退出菌种试管迅速伸入待接种试管,用环在斜面上自底部向上端作蛇形来回密集划线,也可轻轻划一条直线,以观察不同菌种的生长特点。注意勿将培养基划破,也不要使环接触管壁或管口。

(4) 灼烧　接种环退出接种试管,再用火焰灼烧管口,并将棉塞依次过火后在火焰旁边将试管塞上。将接种环再次灼烧灭菌,如果环上粘菌过多,应先将环在火焰边烤干,再灼烧,以免未烧死的菌种飞溅污染环境,接种病原菌时更要注意。

(5) 培养　把接好菌种的试管直立于培养箱中,调至适宜温度培养。

2. 平板接种

(1) 倒平板　将培养基融化,冷却到 50~60℃(不烫手),在灯火焰旁,右手持盛培养基的试管或三角瓶(先松动管塞或瓶塞),用左手的小指和无名指夹住塞子轻轻拔出,试管(瓶)口在火焰上均匀过火灭菌,然后左手将无菌培养皿盖在火焰附近打开一缝,迅速倒入培养基约 12~15 mL,加盖后轻轻摇动培养皿使培养基分布均匀,平放于桌面上,待凝固后即成平板。贴上标签，注明菌种名、接种者、接种日期。操作时在火焰侧面，皿盖不要打开过大，注意玻璃器皿勿被火焰烤裂(图 1-17.3、图 1-17.4)。

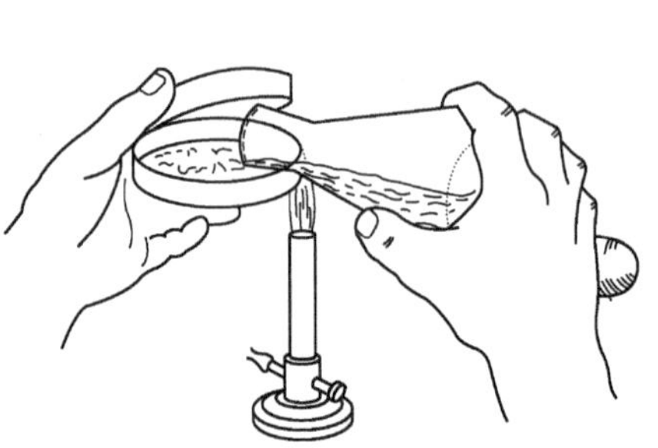

图 1-17.3　手持法倒平板培养基

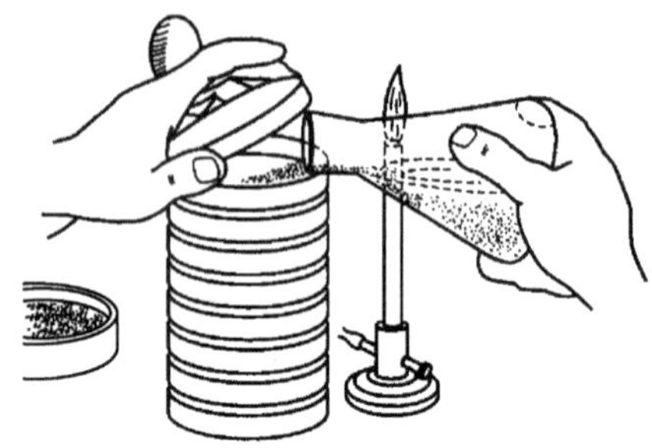

图 1-17.4　皿架法倒平板培养基

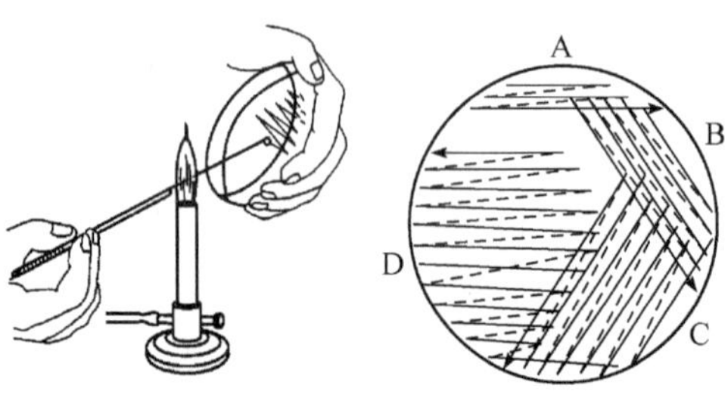

图 1-17.5　平板划线接种操作

(2) 接种　用接种环挑取菌种，放下菌种管，按图 1-17.5 划线接种。在皿底用记号笔划分成 4 个不同面积的区域，使 A<B<C<D，各区的夹角约为 120°，使 D 区与 A 区线条平行、美观。先在 A 区轻轻地划 3 条连续的平行线，烧去接种环上残余的菌样。冷却后通过 A 区在 B 区划 5 条平行线，同样在 C 区和 D 区划更多的平行线，并使 D 区的平行线与 A 区的平行，但不能接触 A 区和 B 区的平行线。盖上皿盖，灼烧接种环。也可按图 1-17.6 的方法划线接种。

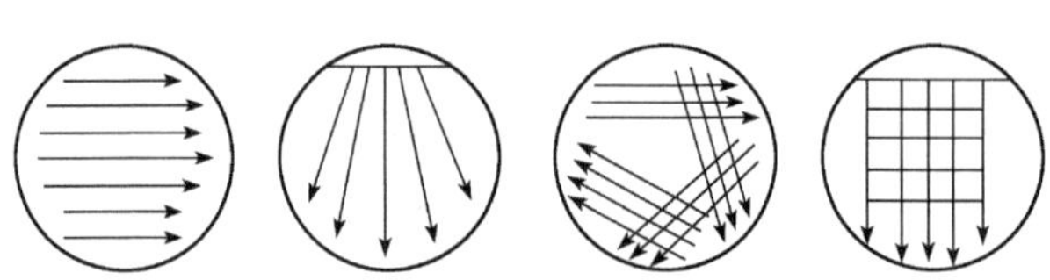

平行划线法　　扇形划线法　　连续划线法　　方格划线法

图 1-17.6　平板划线示意图

接种量大或要求定量接种时可将无菌水或液体培养基注入菌种试管，用接种环将菌苔刮下，摇匀，用无菌吸管定量吸取菌种悬液或直接倒入培养基，然后用无菌涂布棒平放在培养基表面，将菌悬液先沿一条直线轻轻地来回推动，再沿圆周涂布均匀(图 1-17.7)。若是丝状真菌则可以垂直法或水平法将接种针上沾着孢子以垂直的方向轻轻点接到平板培养基表面预先作好标记的部位，注意点接时切勿刺破培养基。

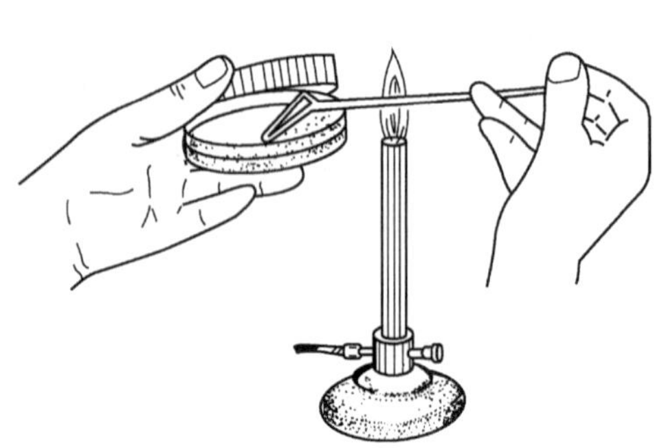

图 1-17.7　平板涂布操作示意图

(3) 培养　将培养皿倒置于培养箱中，调至适宜温度培养。

3. 液体接种 试管或培养瓶标注菌种名、接种者、接种日期。液体培养基接种，接种量小的操作步骤与斜面接种基本相同。不同之处是挑取菌体的接种环放入液体培养基后应在液体表面处的管壁上轻轻摩擦，使菌体从环上脱落，混进液体培养基，塞好试管塞后摇动试管使菌体在培养基中分布均匀，或用试管振荡器混匀。接种量大或要求定量接种时可将无菌水或液体培养基注入菌种试管，用接种环将菌苔刮下摇匀，用无菌吸管定量吸取菌种悬液或直接倒入培养基中混匀。接过种的试管、三角瓶置于振荡培养箱中，调至适宜温度、频率振荡培养。

4. 穿刺接种 同斜面接种步骤，在试管外标注菌种名、接种者、接种日期，用接种针挑取菌种，自培养基的中心垂直慢慢刺入半固体培养基中，直至接近管底(培养基 3/4～4/5 处)，然后沿原穿刺路线轻轻将接种针拔出(图 1-17.8)，灼烧管口，塞上试管塞，灼烧接种针。接种针不能弯曲，试管尽量平放，从管口刺入手要平稳，穿刺线路要端正、均匀、笔直。将试管直立于培养箱中，调至适宜温度培养。

上述几种接种方法的无菌操作均按实验 1-2 叙述的方法进行，实验者应反复练习无菌接种技术，熟练掌握。

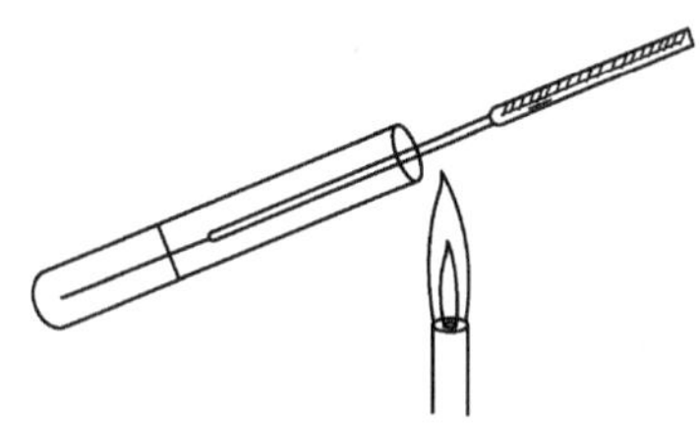

图 1-17.8 穿刺接种示意图

【实验报告】

1. 实验结果 观察培养结果，分析污染原因。

2. 思考题

(1) 总结无菌操作要点。

(2) 平板培养基接种后为什么要倒置培养?

【注意事项】

1. 接种过程中，接种工具、试管、试管塞不能放到台面上，一直拿在手上。

2. 随时进行接种器具的灼烧灭菌。

3. 接种环自菌种管转移至待接斜面过程中，切莫通过火焰或接触其他物品，以防接种失败或污染杂菌。

4. 挑菌时只需用接种环前端在菌苔上部刮取少量菌体，接种时用含菌的前端在待接斜面培养表面轻轻摩擦，流畅划线。切不可乱划、划破培养基。

(张琪林)

实验 1-18 微生物培养特征的观察与识别

【目的要求】

1. 了解不同微生物在斜面、平板、液体和半固体培养基的培养特征。

2. 观察细菌、酵母菌、放线菌和霉菌四大类微生物的菌落特征，掌握识别方法。

3. 进一步熟练掌握微生物的无菌操作接种技术。

【基本原理】

微生物的培养特征是指微生物培养在培养基上表现出的群体形态和生长情况。一般可用斜面、平板、液体和半固体培养基检验不同微生物的培养特征。它们培养在斜面培养基上可呈丝线状、刺毛状、串珠状、扩展状、树枝状或假根状(图 1-18.1)。在平板培养基上可呈圆形、不规则形、菌丝体状、假根状等(图 1-18.2)。生长在液体培养基内可呈混浊、絮状、黏液状、形成菌膜、上层清晰而底部显沉淀状。

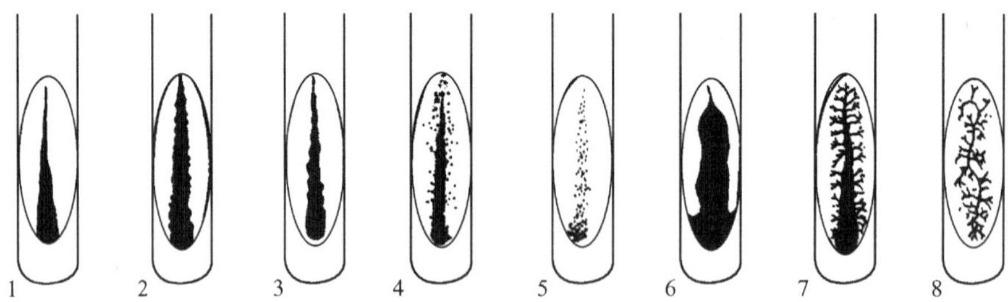

图 1-18.1　细菌在斜面接种线上的生长特征

1. 丝状;2. 有刺的;3. 有突起的;4. 念珠状;5. 薄膜状;6. 扩展的;7. 树状;8. 假根状

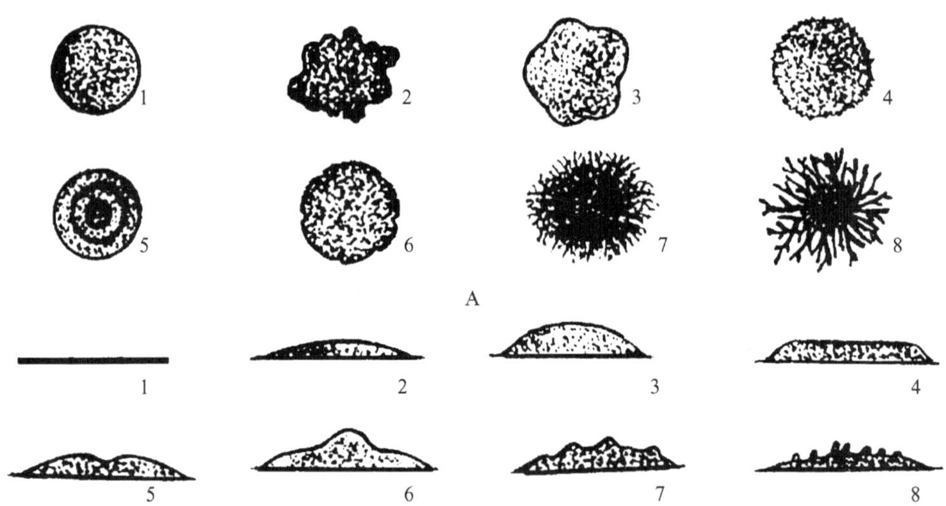

图 1-18.2　细菌菌落特征

A. 菌落的形态及边缘

1. 边缘整齐;2. 不规则状;3. 边缘波浪状;4. 边缘锯齿状;5. 同心圆状;6. 边缘缺刻状;7. 丝状;8. 假根状

B. 菌落的表面形态

1. 扁平、扩展;2. 低凸面;3. 高凸面;4. 台状;5. 脐状;6. 突脐状;7. 乳头状;8. 褶皱凸面

穿刺培养在半固体培养基中,可以沿接种线向四周蔓延;或仅沿线生长;也可上层生长得好,甚至连成一片,底部很少生长;或底部长得好,上层甚至不生长(图 1-18.3)。微生物的培养特征可以作为其种类鉴定和识别纯培养是否污染的参考。

区分和识别各大类微生物包括菌落特征和个体形态的观察。微生物个体形态结构、分裂方式、运动能力、生理特征以及产生色素等方面的不同，在固体培养基上生长的菌落也各有特点。微生物的个体形态是菌落特征的基础，菌落特征是个体形态的集中反映。每一类微生物都有其独特的细胞形态，在一定的培养条件下都有各自的菌落特征，形态、大小、色泽、透明度、致密度、边缘情况等都有明显差异。

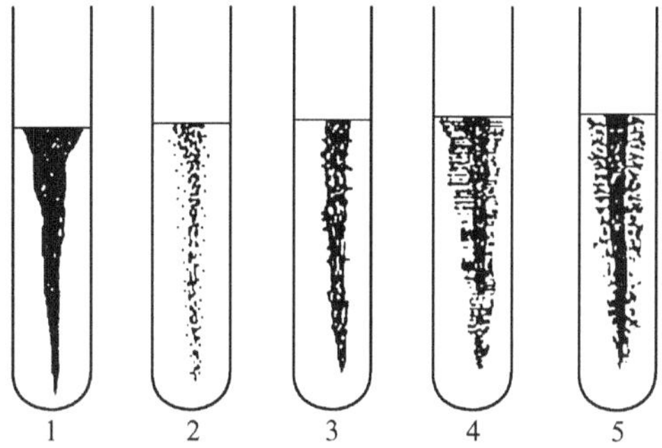

图 1-18.3　细菌半固体穿刺生长特征

1. 丝状；2. 念珠状；3. 乳头状；4. 羽毛状；5. 树根状

细菌菌落较小、较薄、较透明，质地均匀，湿润，黏稠，表面光滑，易挑起，常产生不同的色素，菌落正反面和边缘与中央的颜色一致。有鞭毛的菌落大而扁平，边缘不圆整。无鞭毛的细菌菌落较小，突起，边缘光滑。有荚膜的菌落黏稠、光滑、透明，呈鼻涕状。有芽孢的细菌菌落不透明，表面较粗糙。细菌菌落常有酸味或腐臭味。

酵母菌菌落较大，较厚，稍透明，较湿润，质地均匀，黏稠，表面较光滑，易挑起。一般为乳白色，少数为红色，个别为黑色。常有酒香味。

放线菌菌落较小，质地致密，干燥，不透明，粉末状，不易挑起，有不同颜色和泥醒味。菌落的正反面和边缘与中央有不同的构造和颜色，菌落中央菌龄长，颜色深。

霉菌菌落较大，干燥，不透明，绒毛状，疏松，不易挑起，有多种不同的颜色。菌落的正反面及边缘与中央有不同的构造和颜色，菌落中心菌龄长，颜色深。

根据这些特征就能识别四大类微生物。此法简便快捷，在科研和生产中常被采用。

检测微生物培养特征或进行微生物学实验时，接种中不能被其他微生物污染。除工作环境要求尽量避免杂菌污染外，熟练掌握无菌操作接种技术很重要。

【实验器材】

枯草杆菌、大肠杆菌、金黄色葡萄球菌、细黄链霉菌（5406 抗生菌）、灰色链霉菌、蕈状芽孢杆菌（*Bacillus mycoides*）、黏质沙雷氏菌（黏质赛氏杆菌）（*Serratia marcescens*）、酿酒酵母、黏红酵母、热带假丝酵母、黑曲霉、产黄青霉、白地霉（*Geotrichum candidum*）、球孢白僵菌等菌的斜面菌种；牛肉膏蛋白胨斜面培养基、平板培养基、液体培养基及半固体培养基，马铃薯蔗糖培养基，高氏 1 号培养基，无菌水；无菌吸管，无菌培养皿，接种环，接种针，乙醇灯，电热恒温培养箱。

【操作步骤】

1. 斜面接种　按实验 1-17 斜面接种法接种，用接种环在斜面上自底部向上端轻轻地划一直线，勿将培养基划破，也不要使环接触管壁或管口。

2. 平板接种　按实验 1-17 平板法接种。

(1) 制备已知菌的单菌落

① 制备平板　将已融化的无菌培养基待冷却至 50℃左右倒入平皿，分别制备牛肉膏蛋白胨培养基平板、马铃薯蔗糖培养基平板和高氏 1 号培养基平板各一皿。

② 制备菌（或孢子）悬液　在斜面菌种管内加 5 mL 无菌水，制成菌悬液后备用。

③ 制备单菌落　以平板划线获得细菌、酵母菌和放线菌单菌落。用三点接种法获得霉菌单菌落。细菌于 37℃培养 48 h,酵母菌于 28℃培养 3 d,霉菌和放线菌置 28℃培养 7 d,待长成菌落后仔细观察四大类微生物菌落的形态特征,记录于表 1-18.1 中。

表 1-18.1　已知菌菌落的形态特征记录表

微生物类群	菌　名	大小	厚薄	疏密	干湿	表面	边缘	隆起形状	颜　色			透明度
									正面	反面	溶解性	
细　菌	大肠杆菌 金黄色葡萄球菌 枯草杆菌											
酵母菌	酿酒酵母 黏红酵母 热带假丝酵母											
放线菌	细黄链霉菌 灰色链霉菌											
霉　菌	产黄青霉 黑曲霉 球孢白僵菌											

(2) 制备未知菌菌落

① 倒平板　用同样方法制备上述三种培养基平板各一皿。

② 接种　可用弹土法接种:采集校园土壤,风干磨碎后,将细土撒在无菌的硬板纸表面,弹去纸面浮土。打开皿盖,使含土的纸面对着平板培养基的表面,用手指在硬板纸背面轻轻一弹即可接种土中的各种微生物。

③ 培养　将牛肉膏蛋白胨培养基平板倒置于 37℃培养 2～3 d,将马铃薯蔗糖培养基和高氏 1 号培养基倒置于 28℃培养 3～5 d,即可获得未知菌的单菌落。

④ 编号　从培养好的未知菌落中,挑选 8 个不同的单菌落,逐个编号,根据菌落识别要点区分未知菌落类群,并将判断结果填入表 1-18.2 中。

表 1-18.2　未知菌菌落的形态特征记录表

菌落号	大小	厚薄	疏密	干湿	表面	边缘	隆起形状	颜　色			透明度	判断结果
								正面	反面	溶解性		
1												
2												
3												
4												
5												
6												
7												
8												

3. 液体培养基接种　按实验 1-17 液体接种法接种。

4. 穿刺接种　按实验 1-17 穿刺法接种。

5. 培养　将已接种的斜面、液体和半固体培养基 28～30℃培养 2～3 d 观察结果。

6. 结果观察

(1) 平板培养　菌落观察除用肉眼外还可用放大镜、低倍显微镜检查。主要内容有：

大小　菌落大小用毫米(mm)表示。细菌菌落一般不足 1 mm 者为露滴状菌落，1～2 mm 者为小菌落，2～4 mm 者为中等大小菌落，大于 4 mm 者为大菌落。

形状　菌落的形状有圆形、不规则形、根形、葡萄叶形等(图 1-18.2)。

边缘　菌落边缘有整齐、锯齿状、网状、树叶状、虫蚀状、放射状等(图 1-18.2)。

表面状态　细菌表面平滑、粗糙、皱襞状、旋涡状、荷包蛋状，甚至有子菌落等。

隆起度　表面有隆起、轻度隆起、中央隆起，也有陷凹、脐状、乳头状等(图 1-18.2)。

颜色及透明度　菌落有无色、灰白色，有的能产生各种色素；菌落是否有光泽、透明、半透明、不透明。

硬度　黏液状、膜状、干燥或湿润等。

(2) 液体培养　细菌液体培养特征观察注意其混浊度、沉淀物、菌膜、菌环和颜色。

【实验报告】

1. 实验结果

(1) 详细描述试验中各微生物在斜面、平板、液体和半固体培养基中的培养特征。

(2) 将已知菌菌落的特征记录于表 1-18.1 中，未知菌菌落的特征及判断结果记录于表 1-18.2 中。

2. 思考题

(1) 接种时怎样才能更好地保证菌种不被污染？

(2) 接种环(针)接种前后灼烧的目的是什么？为什么在接种前一定要使之冷却？如何判断它已冷却？

(3) 具有鞭毛、荚膜或芽孢的细菌在它们形成菌落时，一般会出现哪些相应特征？

(4) 四大类微生物的菌落特征有何异同？为什么？

(5) 菌落干燥与湿润的原因是什么？为何这对四大类微生物的识别有重要意义？

(6) 从微生物菌落特征区分四大类微生物有何实践意义？

【注意事项】

1. 观察时切勿将平皿的标签弄掉、编号搞混，以免造成结果错误。

2. 菌落大小与其在平板上分布疏密有关，一般密集处菌落较小，稀疏处菌落较大，观察时应选稀疏处的菌落。

（陈　龙）

实验 1-19 厌氧微生物的培养

【目的要求】

学习厌氧微生物的培养原理和常用的培养方法。

【基本原理】

厌氧微生物在自然界分布广泛,种类繁多,作用也日益重要。培养厌氧微生物的技术关键是要使该类微生物处于厌氧或氧化还原势低的环境中。

培养厌氧菌的方法很多(图 1-19.1),其中最常用的有以下几种:

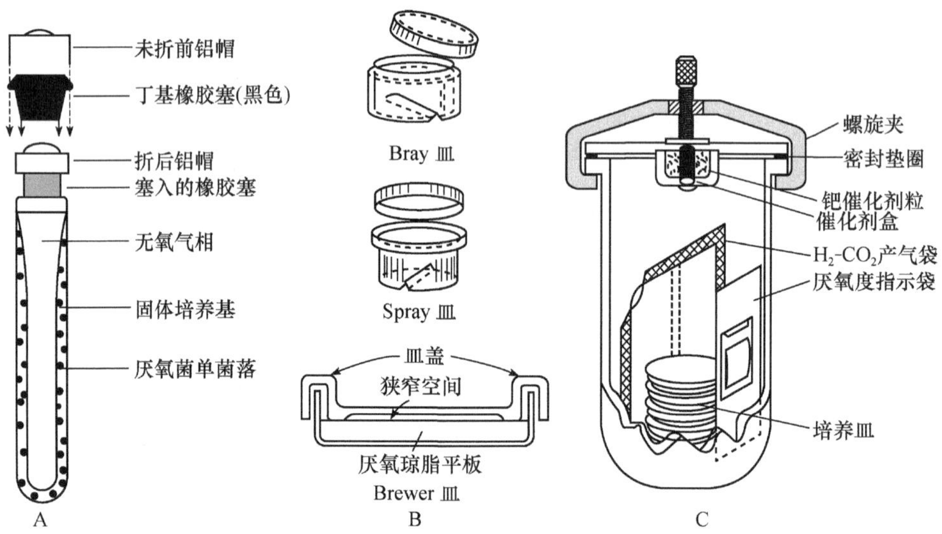

图 1-19.1 厌氧菌培养装置

A. Hungat 厌氧试管;B. 厌氧培养皿;C. 厌氧罐

1. 真空干燥器厌氧培养法 该法利用焦性没食子酸和碱液反应的产物碱性没食子盐易被氧化,能吸收氧气,创造厌氧环境,使厌氧菌生长。此法不适于培养需要 CO_2 的微生物,因 NaOH 会吸收容器中的 CO_2。

2. 深层穿刺厌氧培养法 此法操作简单,利用半固体培养基深层基本无氧的条件使厌氧菌生长。适用于厌氧微生物的活化和分离,不能用于扩大培养。

3. 针筒厌氧培养法 该法是在 Hungate 滚管技术基础上新发展的简单易行的厌氧菌培养法。适用于活化厌氧菌和小体积的扩大培养。在厌氧菌的富集培养、分离纯化等方面有广泛应用,并能培养严格的专性厌氧菌(如产甲烷菌等),还可观察其产气量。

4. 厌氧罐培养法 厌氧罐是采用某种方法除去其中的氧,例如将镁与氧化锌制成产氢气袋,放入罐中加水反应产生氢,钯或铂作催化剂,在常温下催化氢与氧化合成水,则可除去密封的厌氧罐中的氧。厌氧罐中一般用美蓝作厌氧度指示剂。

5. 庖肉培养基法 将精瘦牛肉或猪肉经处理后配制成庖肉培养基,其中既含有易被氧化的不饱和脂肪酸能吸收氧,又含有谷胱甘肽等还原性物质,可形成负氧化还原电位差，再加上培养基煮沸驱氧及用石蜡凡士林封闭液面，常用于厌氧菌的液体培养。

【实验器材】

丙酮丁醇梭菌（*Clostridium acetobutylicum*）、产气荚膜梭菌（*Clostridium perfringens*）；RCM 培养基（强化梭菌培养基），YTA 培养基，玉米醪培养基，中性红培养基，明胶麦芽汁培养基，庖肉培养基，$CaCO_3$，焦性没食子酸（邻苯三酚），无菌石蜡凡士林（1∶1），Na_2CO_3，10%NaOH 溶液，0.5%美蓝水溶液，6%葡萄糖溶液，钯粒（A 型）；带塞或塑料帽玻璃管（直径 18～20 mm，长 180～200 mm），100 mL 和 250 mL 血浆瓶，20 mL 和 50 mL 针筒，250 mL 三角瓶，试管，厌氧罐，培养皿，真空泵，带活塞干燥器，氮气钢瓶。

【操作步骤】

1. 真空干燥器厌氧培养法

（1）培养基准备与接种　将 3 支装有玉米醪培养基或 RCM 培养基的大试管放在水浴中煮沸 10 min，以赶出其中溶解的氧气，迅速冷却后（切勿摇动）将其中 2 支试管分别接种丙酮丁醇梭菌和产气荚膜梭菌。

（2）干燥器准备与抽气　在带活塞的干燥器内底部，预先放入焦性没食子酸粉末 20 g 和斜放盛有 200 mL 10%NaOH 溶液的烧杯。将接种有厌氧菌的培养管放入干燥器内。在干燥器口上涂抹凡士林，密封后接通真空泵，抽气 3～5 min，关闭活塞。轻轻摇动干燥器，促使烧杯中的氢氧化钠溶液倒入焦性没食子酸中，两种物质混合发生吸氧反应，使干燥器中形成无氧小环境（图 1-19.2A）。

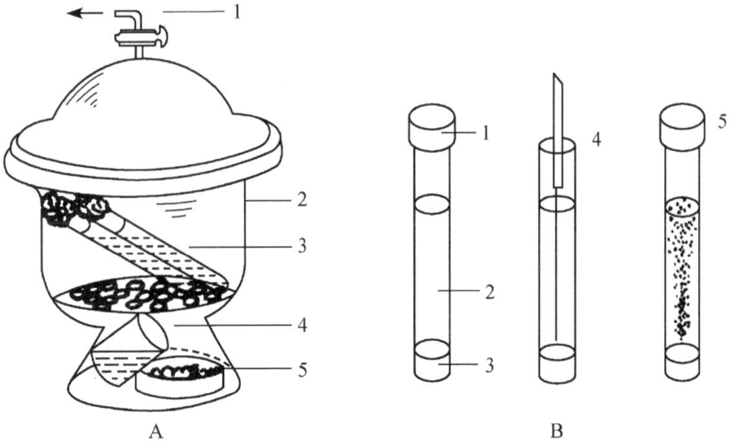

图 1-19.2　厌氧培养示意图

A. 干燥器厌氧培养装置

1. 连接真空泵；2. 干燥器；3. 试管；4. 10%NaOH 溶液；5. 焦性没食子酸粉末

B. 深层穿刺分离培养法

1. 塑料盖；2. 营养琼脂；3. 无菌橡皮塞；4. 接种针穿刺至底部；5. 培养长出菌落

（3）观察结果　将干燥器置于 37℃恒温箱中培养约 7 d，取出培养管，分别制片观察菌体特征。

2. 深层穿刺厌氧培养法

(1) 接种培养　将玻璃管一头塞上胶塞，装入培养基(RCM 或 TYA 培养基)的高度为管长的 2/3，套上塑料帽或塞上橡皮塞，灭菌并凝固后，将丙酮丁醇梭菌用接种针穿刺接种(图 1-19.2B)，置 37℃培养 6～7 d。

(2) 观察结果　观察菌落形态特征并制片用显微镜观察菌体细胞形态，记录结果。

3. 针筒厌氧培养法

(1) 培养基准备　将灭菌的装有 RCM 或 TYA 培养基的血浆瓶放在沸水浴中加热 10 min，在瓶口胶塞上插上 2 枚医用针头排气，以赶出残留在培养基内的氧气。随后将血浆瓶从沸水浴中取出，再用氮气钢瓶中的高纯氮气(99.99%)通过胶塞上的一枚针头引入血浆瓶中，使血浆瓶内充满氮气，瓶内培养基在冷却过程中保持无氧状态。

(2) 针筒装灌培养基　将无菌针筒接上针头经胶塞刺入血浆瓶中，利用瓶内氮气的压力将针筒的推杆慢慢推开，待吸入一定体积的氮气后取下针筒，排尽针筒内的气体。按此重复操作 3 次，以排尽针筒内残留空气维持无氧状态。使血浆瓶口朝下倾斜，利用瓶内压力将培养液缓慢灌入针筒内，然后取下针筒，用无菌的带孔橡皮塞迅速把针筒头部塞住(图 1-19.3)。

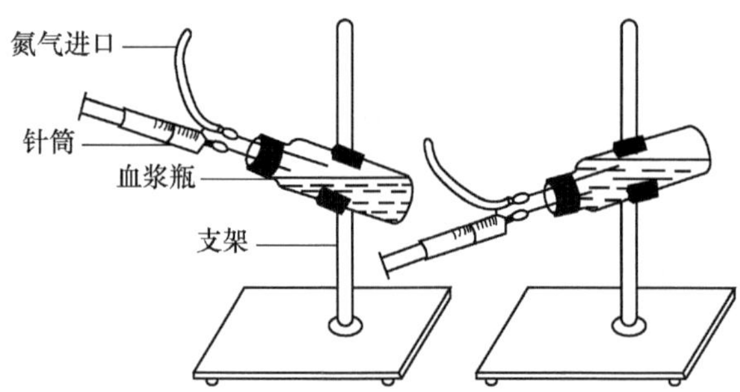

图 1-19.3　针筒培养基分装装置

(3) 接种培养　采用无菌操作，用一支无菌无氧的针筒吸取一定量菌液，并在其针头上套上一块无菌橡皮后将针头刺入待接种的针筒培养液中，使两只针筒在对接中靠橡皮防止漏气(图 1-19.4)。置 37℃恒温培养，用于菌种活化可培养 16～18 h，用于测定菌体生长可培养 6～7 d。

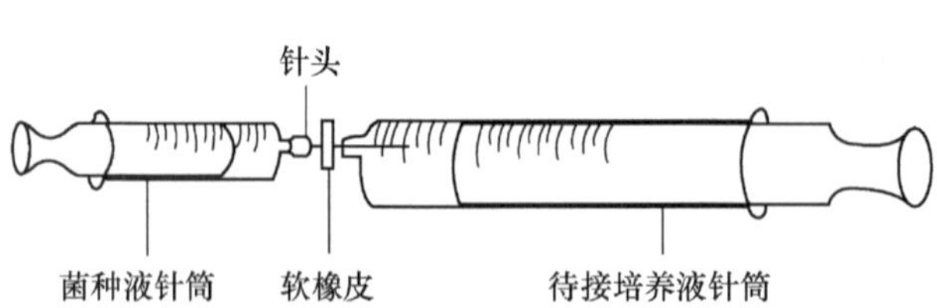

图 1-19.4　针筒间对接法接种

(4) 观察结果　取菌制片观察。

4. 厌氧罐培养法　此法利用透明的聚碳酸酯硬质塑料制成的一种小型罐状密封容器，采用抽气换气法充入氢气，利用钯作催化剂与罐内氧气发生作用达到除氧的目的，同时充入 10%(V/V)的 CO_2 以促进某些革兰氏阴性厌氧菌的生长(图 1-19.1)。

(1) 制备厌氧度指示剂 取 3 mL 0.5%美蓝水溶液用蒸馏水稀释至 100 mL;6 mL 0.1 mol/LNaOH 溶液用蒸馏水稀释至 100 mL;6 g 葡萄糖加蒸馏水至 100 mL。将上述 3 种溶液等体积混合,并用针筒注入安瓿管内 1 mL,沸水浴加热至无色,立即封口即成。取一根直径 1 cm、长 8 cm 的无毒透明塑料软管,将装有美蓝指示剂的安瓿管置于软管中,制成美蓝厌氧度指示管。

(2) 培养基准备与接种 将无菌无氧的 RCM 或 TYA 培养基平板以无菌操作迅速划线接种丙酮丁醇梭菌或产气荚膜梭菌,立即将平皿倒置于已准备好的厌氧罐中,放一支美蓝厌氧指示剂管。及时旋紧罐盖,完全密封。

(3) 抽气换气 将真空泵接通厌氧罐抽气接口,抽真空至表指针在 0.09~0.093 MPa (680~700 mmHg 柱)时,关闭抽气口活塞,用止血钳夹住抽气橡皮管。打开氮气钢瓶气阀向厌氧罐内充入氮气,当真空表指针返回到零位终止充氮。再按上述步骤抽气和充入氮气,如此重复 2~3 次,使罐中氧的含量达最低度。最后充入的氮气使真空表指针达 0.02 MPa(160 mmHg 柱)时停止充氮气。再开启 CO_2 钢瓶阀门,向罐内充入 CO_2 直至真空表指针达到 0.011 MPa(80 mmHg 柱)时停止。为除尽罐内残留的氧,以氢气袋(用医用“氧气袋”灌满氢气)气管连接向厌氧罐内充入氢气直至真空表指针回到零位为止。充气完毕,封闭厌氧罐(图 1-19.1C)。

(4) 培养 厌氧罐于 37℃温室中培养 6~7 d,注意罐中厌氧指示剂的颜色变化。

(5) 观察结果和镜检 从罐内取出平皿观察菌落特征。并挑取菌落作涂片,用结晶紫染液染色,镜检,比较不同菌的菌体形态特征,并作记录。

5. 庖肉培养基法

(1) 接种 将盖在培养基液面的石蜡凡士林先于火焰上微微加热,使其边缘融化,再用接种环将石蜡凡士林块拨成斜立或直立在液面上,然后用接种环或无菌滴管接种。接种后将液面上的石蜡凡士林块在火焰上微微加热,使其融化,再将试管直立静置,使石蜡凡士林块凝固并封闭培养基液面。

(2) 培养 将按上述方法接种了丙酮丁醇梭菌和产气荚膜梭菌的庖肉培养基置于 30℃温箱培养,注意观察培养基肉渣颜色的变化和熔封石蜡凡士林层的状态。

【实验报告】

1. 实验结果 将观察到的结果填入表 1-19.1。

表 1-19.1 厌氧培养法的培养结果记录表

培养方法	菌种名称	菌落形态特征	菌体形态特征	液体培养特征	备注
		菌落大小 形状 颜色 光滑度 透明度 气味	菌体形态 有无芽孢 芽孢形状 碘液染色		

2. 思考题

(1) 为什么培养厌氧菌应同时接种一个严格好氧菌作对照。

(2) 根据你所做记录,试述各种方法的优缺点。

(3) 设计一个试验方案,如何从土壤中分离、纯化和培养厌氧微生物。

【注意事项】

1. 培养需要 CO_2 的厌氧菌时，需在厌氧小环境中供应 CO_2。

2. 氢气是危险易爆气体，使用氢气钢瓶充氢时，应严格按操作规程进行，切勿大意，严防事故发生。

3. 选用干燥器、针筒、厌氧罐或厌氧袋时，应事先仔细检查其密封性，以防漏气。

4. 已灭菌的培养基接种前应在沸水中加热 10 min，以消除溶解在培养基中的氧。

5. 针筒培养液刃天青指示剂出现红色，表明有残留氧气。厌氧罐中美蓝厌氧度指示剂变成蓝色，表明除氧不够。

6. 产气荚膜梭菌为条件致病菌，防止进入口中和沾上伤口。

（蔡信之）

实验 1-20　从土壤中分离与纯化微生物

【目的要求】

1. 学习从土壤中分离与纯化微生物的基本原理和方法。

2. 巩固倒平板的方法和平板划线分离的基本操作技术。

【基本原理】

自然界中，不同种类的微生物绝大多数都是混杂生活在一起的。为了研究、利用某种微生物，必须从混杂的微生物群中将它分离出来，得到只含这种微生物的纯培养，这种获得纯培养的方法称为微生物的分离与纯化。

为了获得某种微生物的纯培养，一般根据该微生物对营养、酸碱度或氧等条件要求的不同，供给它适宜的培养条件或加入某种抑制剂，造成只适合此菌生长而抑制其他菌生长的环境，淘汰一些不需要的微生物，再用稀释涂布平板法、浇注平板法或平板划线分离法等分离、纯化该微生物，使它们在固体培养基形成单菌落，得到纯菌株。

土壤是微生物生活的大本营，其中生活的微生物无论是数量还是种类都是极其丰富的，可从中分离到许多有用的菌株。

【实验器材】

高氏 1 号培养基，肉汤蛋白胨培养基，马丁氏培养基；盛 9 mL 无菌水的试管，盛 90 mL 无菌水并带有玻璃珠的无菌三角瓶，无菌玻璃涂布棒，无菌吸管，接种环，无菌培养皿，10%酚，链霉素，土样等。

【操作步骤】

1. 稀释涂布平板法

(1) 倒平板　将肉汤蛋白胨培养基、高氏 1 号培养基、马丁氏琼脂培养基融化，待冷到 55～60℃，向高氏 1 号培养基中加 10%酚数滴，向马丁氏培养基加链霉素溶液（使终浓度为 30 μg/mL）。混匀后分别倒平板，每种培养基倒三皿，每皿倒 12～15 mL。

(2) 制备土壤稀释液　称取土样 10 g 放入盛有 90 mL 无菌水并带有玻璃珠的三角瓶中，摇振约 20 min，使土样与水充分混合，将菌体完全分散。用 1 mL 无菌吸管从中吸取 1 mL 土壤悬液注入第一支盛有 9 mL 无菌水的试管中，然后用另一支 1 mL 无菌吸管吹吸三次，使之充分混匀。从此试管中吸取 1 mL 注入第二支盛有 9 mL 无菌水的试管中。以此类推，制成 10^{-1}、10^{-2}、10^{-3}、10^{-4}、10^{-5}、10^{-6}稀释度的土壤溶液(图 1-20.1)。

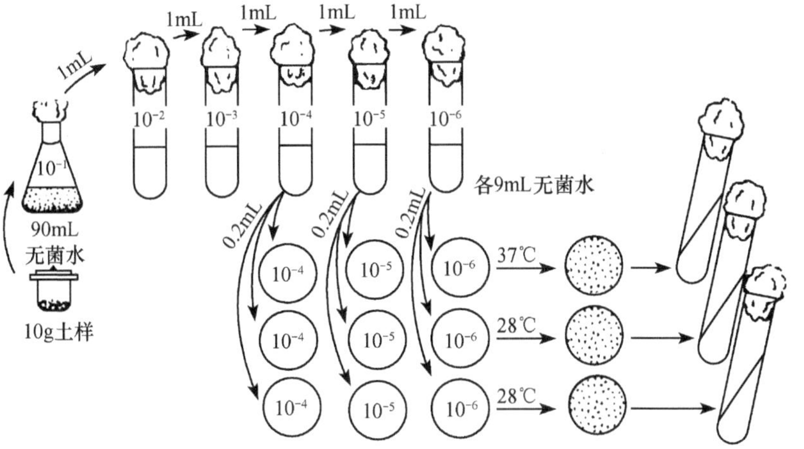

图 1-20.1　从土壤分离微生物的操作过程

(3) 涂布　将上述每种培养基的三个平板底面分别用记号笔写上 10^{-4}、10^{-5}、10^{-6}三种稀释度。用三支 1 mL 无菌吸管分别由 10^{-4}、10^{-5}、10^{-6}三管土壤稀释液中吸取 0.2 mL 对号放入各平板中，用无菌涂布棒在培养基表面轻轻地涂布均匀。

(4) 培养　将高氏 1 号培养基平板和马丁氏培养基平板倒置于 28℃温箱中培养 3～5 d，肉汤蛋白胨培养基平板倒置于 37℃温箱中培养 2～3 d。

(5) 挑菌　选培养后长出的单菌落，分别接种到上述三种培养基斜面，分别置于 28℃和 37℃培养，待菌苔长成后检查菌苔是否单纯，也可用显微镜涂片染色检查是否是单一的微生物，若有其他杂菌混生要再一次分离、纯化，直到获得纯培养(图 1-20.1)。

2. 浇注平板法　浇注平板和涂布平板都是最常用的菌种分离纯化方法，还可以用于计数等方面。适合兼性厌氧细菌和酵母菌的分离。

(1) 编号培养皿　取 6 套无菌培养皿，分别标记 10^{-4}、10^{-5}、10^{-6}和细菌、酵母菌。

(2) 吸取土壤稀释液　用 1 mL 吸管从 10^{-4}、10^{-5}、10^{-6}各试管中分别吸取 0.2 mL 土壤稀释液对号加入各无菌培养皿中。

(3) 浇注平板　向各培养皿中分别倒入充分融化并冷却至 45℃左右的肉汤和马丁氏琼脂培养基，立即将平板前后、左右轻轻倾斜晃动或在台面旋转混匀，放平，冷凝。

(4) 培养　将肉汤和马丁氏琼脂培养基平板分别于 37℃和 28℃倒置培养 3 d。

(5) 挑菌　分别挑取细菌和酵母菌的单菌落至相应的斜面试管，培养后保存。

3. 平板划线分离法

(1) 倒平板　按稀释涂布平板法倒平板，并用记号笔标明培养基名称。

(2) 划线　在近火焰处，左手拿皿底，右手拿接种环，挑取上述 10^{-1}的土壤悬液一环在平板上划线。划线的方法很多,但无论哪种划线,其目的都是将样品中菌体在平板上进行稀释、分散,使之形成单个菌落。实际上不同微生物数个细胞在一起繁殖也可以形成一个单菌落,故在科学研究中,必须对实验菌种的单菌落进行多次划线分离,才可获得可靠的纯种。常用的划线方法有下列两种:

① 连续平行划线法　用接种环以无菌操作挑取土壤悬液一环,先在平板培养基的一边作第一次平行划线 3～4 条,再转动培养皿约 60°角,将接种环上剩余物烧掉,待冷却后通过第一组平行线作第二次平行划线。再用同法通过第二组平行线作第三次平行划线和通过第三组平行线作第四次平行划线(图 1-17.5、图 1-17.6)。各组平行线所占面积逐渐增大,收获单菌落的概率也逐步增大。划线完毕盖上皿盖,倒置于温箱中培养。

② 连续折线划线法　将挑取有样品的接种环在平板培养基上作连续划线,划线完毕,盖上皿盖,倒置于温箱中培养。

(3) 挑菌　同稀释涂布平板法,一直到菌分纯为止。

【实验报告】

1. 实验结果　三种培养基平板长出的菌落分别属于哪个类群?简述其菌落特征。

2. 思考题

(1) 在平行划线法中,为什么每划完一组平行线都必须将接种环上的剩余物烧掉?

(2) 如何确定平板上单菌落是否为纯培养?

【注意事项】

1. 为了取得良好的划线效果,可事先用圆纸垫在培养皿内划 4 区,再用接种环练习划线,掌握要领后再正式划线。

2. 用于划线的接种环环口必须圆、平,划线时环口与平板的夹角应小,动作要轻,防止划破平板。

3. 用于平板划线的培养基琼脂含量宜高些,倒得厚些,倒之前培养基温度不能过高(45℃左右),以免冷凝水过多。如有冷凝水需在 37℃烘干。

(蔡信之)

第五单元　微生物的生长

实验 1-21　微生物大小的测定

【目的要求】

掌握用显微测微尺测定微生物大小的方法。

【基本原理】

测量微生物细胞大小可用显微测微尺。显微测微尺由目镜测微尺和镜台测微尺组成。目镜测微尺是一块圆形玻片，可放入目镜内的隔板上。玻片中央刻有等分刻度，将 5 mm分为 50 小格或 100 小格。每格代表的实际长度随所用目镜和物镜的放大倍数而改变，使用前必须用镜台测微尺标定。镜台测微尺是中央刻有精确等分线的特制载玻片，一般将 1 mm 等分为 100 小格，每格长 0.01 mm，上面贴有一厚度为 0.17 mm 的圆形盖片，以保护刻度线。

镜台测微尺不能直接测量细胞的大小，专用于标定目镜测微尺每格的相对长度。

【实验器材】

金黄色葡萄球菌、枯草杆菌的染色玻片标本；目镜测微尺，镜台测微尺，显微镜，擦镜纸，香柏油，二甲苯。

【操作步骤】

1. 目镜测微尺的标定

(1) 放置目镜测微尺　取出目镜，把目镜上面的透镜旋下，将目镜测微尺放在目镜筒内的隔板上，刻度面向下，旋上目镜透镜，插入镜筒。双目显微镜的左目镜通常配有屈光度调节环，不能被取下。目镜测微尺一般都安装在右目镜中。

(2) 放置镜台测微尺　将镜台测微尺放在载物台上，刻度面朝上，并对准聚光器。

(3) 标定目镜测微尺　先用低倍镜观察，调焦；看清镜台测微尺刻度后转动目镜，使目镜测微尺的刻度线和镜台测微尺的刻度线平行；再用移动器使镜台测微尺与目镜测微尺的某一条刻度线重合(或对齐)。然后于另一端找重合(或对齐)线，分别数出、记录两重合(或对齐)线间目镜测微尺和镜台测微尺各自的格数(图 1-21.1)。

(4) 计算　已知镜台测微尺每格长 10 μm，通过如下公式可计算出目镜测微尺每小格所代表的实际长度。

目镜测微尺每格长度(μm) ＝两重合线间镜台测微尺格数

×10/ 两重合线间目镜测微尺格数

再用同样的方法分别测出在高倍镜和油镜下目镜测微尺每格代表的实际长度。

2. 菌体大小的测定　目镜测微尺标定完毕后，移去镜台测微尺，分别换上金黄色葡

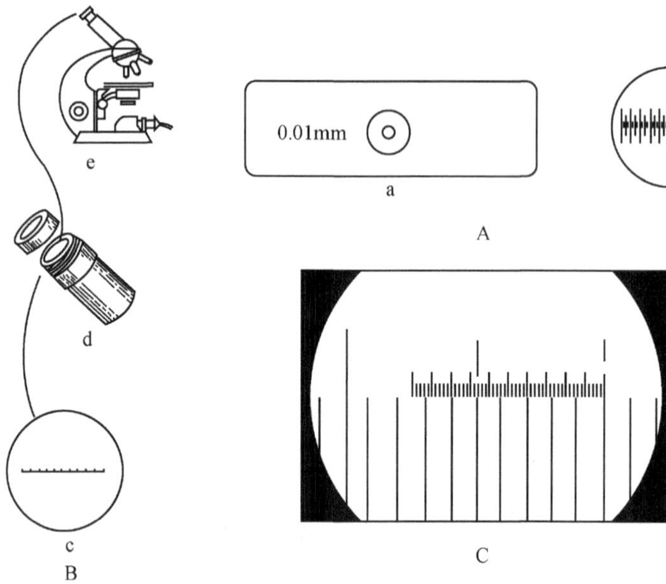

图 1-21.1　显微测微尺的安装及标定

A. 镜台测尺 a 及其中央部分的放大 b;B. 目镜测微尺 c 及其安装在目镜 d 上再安装在显微镜 e 上;C. 镜台测微尺校正目镜测微尺

萄球菌及枯草杆菌染色玻片标本。先在低倍镜和高倍镜下找到菌体后,再换油镜测定。调焦使标本清晰,通过转动目镜测微尺和移动载玻片,测出金黄色葡萄球菌的直径或枯草杆菌的长和宽各占目镜测微尺的格数,并详细记录于表 1-21.2 中。将所测出的格数乘以目镜测微尺(用油镜时)每格代表的长度,即为该菌的实际大小。

一般用对数期菌体,在同一涂片测 10～20 个,求出平均值,才能代表该菌的大小。

3. 用毕后处理　取出目镜测微尺,将目镜测微尺和镜台测微尺用擦镜纸擦拭干净,包好,放回盒内保存。

【实验报告】

1. 实验结果

(1) 将目镜测微尺标定结果填入表 1-21.1 中。

表 1-21.1　目镜测微尺标定结果记录表

物镜及倍数	目镜测微尺格数	镜台测微尺格数	目镜测微尺每格代表的长度/μm
低倍镜			
高倍镜			
油镜			

目镜放大倍数:

(2) 将测得的菌体大小值填入表 1-21.2 中。

表 1-21.2 菌体大小测定结果记录表

菌体编号	长/μm		宽/μm	
	目镜测微尺格数	菌体长度	目镜测微尺格数	菌体宽度
1				
2				
3				
4				
5				
6				
7				
8				
9				
10				
平均				

目镜放大倍数： 物镜放大倍数：

2. 思考题 若目镜和目镜测微尺不变，只改用不同放大倍数的物镜，目镜测微尺每格所量镜台上物体的实际长度是否相同？为什么？

【注意事项】

1. 标定时需对准目镜测微尺与镜台测微尺重合线的中心；切勿压碎镜台测微尺。
2. 去除香柏油时不宜用过多的二甲苯，否则会使镜台测微尺盖片下的树胶溶解。

（陈 龙）

实验 1-22 显微镜直接计数法

【目的要求】

1. 明确显微镜计数的原理。
2. 掌握用血细胞计数板进行微生物计数的方法。

【基本原理】

利用血细胞计数板在显微镜下直接计数是一种常用的微生物计数法。优点是直观、简便、快速。将经过适当稀释的菌悬液（或孢子悬液）放在血细胞计数板计数室中，在显微镜下计数。计数室的容积是一定的（0.1 mm^3），因而可根据在显微镜下观察到的微生物数目换算成单位体积内的微生物数目。此法所测得的结果是活菌体和死菌体的总和。现已采用活菌染色、微室培养、加细胞分裂抑制剂等方法只计数活菌体。活体染色法是利用对微生物无毒性的染料（如美蓝、刚果红、中性红等）配成一定浓度，与一定量菌液混合，一定时间后根据不同的颜色在显微镜下区分活菌数和死菌数。

血细胞计数板（图 1-22.1）是一块特制的载玻片，其上有四条槽构成三个平台。中间的平台比两边的平台低 0.1 mm，它又被一横槽隔成两半，每边的平台上各刻有一个方格网。每个方格网共分九个大方格，中间的大方格即为计数室。微生物的计数就在计数室中进行。

计数室的刻度一般有两种规格，一种是一个大方格分成 16 个中方格，每个中方格又分成 25 个小方格；另一种是一个大方格分成 25 个中方格，每个中方格又分成 16 个小方

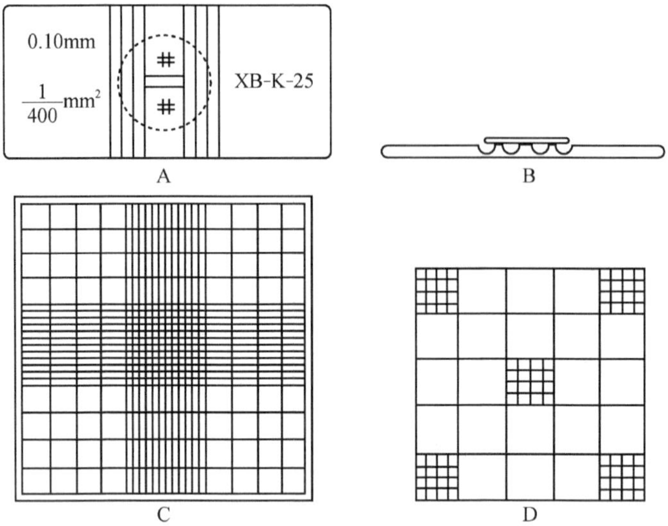

图 1-22.1　血细胞计数器构造图

A. 正面图;B. 纵切面图;C. 放大后的方格网;D. 放大后的计数室

格。每个中方格四周均有双线界限标志,以便区分。不论哪一种规格的计数板,其每个大方格中的小方格数都是相同的即 16×25=400 个小方格。

每个大方格边长为 1 mm,面积为 1 mm^2,盖上盖玻片后计数室与盖片间的高度是 0.1 mm,计数室的容积为 0.1 mm^3。

计数时,通常数五个中方格的总数,然后求得每个中方格的平均值,再乘上 16 或 25 得出一个大方格中的菌数,最后再换算成 1 mL 菌液中的菌数。

利用血细胞计数板主要计数个体较大的酵母细胞、霉菌孢子等,对形态微小的细菌等样品计数不准确,通常利用 Helber 型细菌计数板对细菌准确计数。它与血细胞计数板的结构和计数原理基本相同,计数过程也类似。不同的是血细胞计数板的计数室较深(0.1 mm),不能用油镜对计数室内的细菌彻底计数。Helber 型细菌计数板的计数室深度为 0.02 mm,在油镜工作距离之内,能精确计数细菌细胞,计数室体积仅为 0.02 mm^3。计数时常需计数室内有代表性的 20 个小格内的总菌数,再求得每个小格内的细菌平均数后,最后换算成每毫升样品中的细菌总数。

细菌活细胞计数也以一定浓度的美蓝染色液适当染色后,根据颜色在计数室中分别计数活细胞和死细胞。

【实验器材】

酿酒酵母悬液,血细胞计数板,显微镜,盖玻片,无菌吸管。

【操作步骤】

(一) 计总菌数

1. 稀释　将酿酒酵母适当稀释,菌液如不浓不必稀释。一般要求每小格内约有 3~5 个菌体。

2. 镜检计数室　加样前先镜检计数室,有污物要清洗后才能加样计数。盖玻片应用擦镜纸擦干净。

3. 加样　将清洗、干燥的血细胞计数板盖上盖玻片，再用无菌吸管将稀释的酿酒酵母菌液由盖片边缘滴一小滴(不宜过多)，让菌液沿缝隙靠毛细渗透作用自行进入计数室。注意：不能有气泡；取样前先要摇匀菌液，并用吸管将菌液吹吸数次。

4. 显微镜计数　静置 5 min，将血细胞计数板置于载物台上，先用低倍镜找到计数室的位置，然后用高倍镜计数。每个计数室选 5 个中格(可选 4 个角和中央的中格，16 个中格的计数室可选 4 个角的中格)中的菌体进行计数。位于中格边线上的菌体一般只数上方线和右边线上的。如遇酵母出芽，芽体大小达到母体细胞的一半时即作两个菌体计数。计数一个样品要取两个计数室的平均值，若相差太大，则需重新计数。

5. 清洗血细胞计数板　用后将血细胞计数板在水龙头下用水柱冲洗，切勿用硬物洗刷，洗后晾干或吹干。镜检每个小格内是否有残留菌体或其他杂物。如有污垢则必须重复洗涤至干净。最后，可用蘸有 95%乙醇的脱脂棉球轻轻擦拭，再用擦镜纸擦干。

(二) 计死、活菌数

1. 制备酵母菌悬液　在培养 48 h 的酿酒酵母麦汁斜面试管内加入 10 mL pH 7.0 磷酸盐缓冲液，将菌苔洗下，倒入含有玻璃珠的三角瓶中，充分振荡以分散细胞。将菌液适当稀释。

2. 活体染色　在试管中加 0.9 mL 美蓝液和 0.1 mL 菌液混匀，染色 10 min 后计数。

3. 洗净计数板　清洁血球计数板与加盖玻片的方法同前。

4. 加染色菌液　方法同前。

5. 计数与计算　分别计数死细胞和活细胞，计算活细胞百分比。

6. 清洗　清洗血细胞计数板的方法同前。

【实验报告】

1. 实验结果　将结果记录于表 1-22.1、表 1-22.2 中。A 表示 5 个中方格中的总菌数，B 表示菌液稀释倍数。

(1) 总菌数

表 1-22.1　总菌数的计数结果记录表

	各中方格内菌数					A	B	菌数/mL	二室平均值
	1	2	3	4	5				
第一室									
第二室									

(2) 死、活菌数

表 1-22.2　死、活菌数的计数结果记录表

		各中方格内菌数					A	B	菌数/mL	二室平均值	成活率/%
		1	2	3	4	5					
第一室	活菌										
	死菌										
第二室	活菌										
	死菌										

2. 思考题 根据你实验的体会，说明用血细胞计数板计数的误差主要来自哪些方面？应如何尽量减少误差，力求准确？

【注意事项】

1. 计数室内不可有气泡，否则将影响菌液随机分布，使计数产生误差。

2. 活菌计数常受细胞数与染料比例、染色时间、pH 等因素影响，通常控制 pH 酵母菌为 6.0～6.8，细菌样品以 7.0～7.2 为宜。

（蔡信之）

实验 1-23 平板菌落计数法

【目的要求】

学习平板菌落计数的基本原理和方法。

【基本原理】

平板菌落计数法是根据微生物在固体培养基上所形成的一个菌落一般是由一个单细胞繁殖而成的原理进行的。即一个长成的菌落代表一个活的单细胞。计数时，先将待测样品作一系列稀释，使其中的微生物充分分散成单个细胞，再吸取一定量的稀释菌液接种到培养皿中，使其均匀分布于平皿中的培养基内，经培养后由单个细胞生长繁殖形成菌落，统计菌落数目即可计数出样品的含菌数。待测样品往往不易完全分散成单个细胞，平板上形成的菌落不一定全是单个细胞繁殖形成的，因此平板菌落计数结果常常比实际细胞数低。现用菌落形成单位(colony forming unit，CFU)取代以前用绝对菌落数表示样品活菌含量。

这种计数法的优点是能测出样品中的活菌数。此法常用于某些成品(如杀虫菌剂)检定，生物制品检定以及食品、水源的污染程度的检测等。为便于实际应用，近年来平板菌落计数法不断向简便、快速、微型和商品化方向发展。

【实验器材】

大肠杆菌悬液；牛肉膏蛋白胨培养基；1 mL 无菌吸管，无菌平皿，盛有 4.5 mL 无菌水的试管，试管架，记号笔等。

【操作步骤】

1. 编号 取无菌平皿 9 套，分别用记号笔标明 10^{-4}、10^{-5}、10^{-6} 各 3 套。另取 6 支盛有 4.5 mL 无菌水的试管排列于试管架上，依次标明 10^{-1}、10^{-2}、10^{-3}、10^{-4}、10^{-5}、10^{-6}。

2. 稀释 用 1 mL 无菌吸管准确吸取 0.5 mL 大肠杆菌液放入 10^{-1} 试管，吸管尖端不要碰到液面。再用另一支吸管将管内悬液来回吸吹三次，吸时伸入管底，吹时离开水面，使其混合均匀。自 10^{-1} 试管内吸 0.5 mL 放入 10^{-2} 试管内，吸吹三次，其余类推。

3. 取样 用 1 mL 无菌吸管分别准确吸取 10^{-4}、10^{-5}、10^{-6} 的稀释菌液各 1 mL，放 0.2 mL 到相应编号的无菌平皿中。

4. 倒平板　于上述盛有不同稀释度菌液的平皿中，尽快倒入融化并冷却至 45℃左右的牛肉膏蛋白胨琼脂培养基约 10～15 mL，前后、左右轻轻地倾斜晃动或置于桌面上迅速旋转混匀，凝固后倒置于 37℃恒温箱中培养。

5. 计数　培养 48 h 后取出培养皿，算出同一稀释度的三个平皿中菌落平均数，并按下列公式计算：

每毫升菌落形成单位数(CFU) = 同一稀释度三次重复的菌落平均数 × 稀释倍数 × 5

一般选择每个平板有 50～200 个菌落的稀释度计算每毫升的菌数最合适。同一稀释度三次重复的菌数不能相差过大，由 10^{-4}、10^{-5}、10^{-6}三个稀释度计算出的每毫升菌液中的菌数也不能相差过大，如相差过大表示试验不精确。计数时可用彩笔或钢笔在皿底点涂菌落法计数，防止漏数或重复。高密度菌落平板可先通过皿底圆心精确划分出对称的扇形区域，再选择有代表性的对角的 2 或 4 个 1/8～1/4 区域粗略统计菌落数。

平板菌落计数法所选择倒平板的稀释度是很重要的，一般以三个稀释度中的第二个稀释度倒平板所出现的平均菌落在 50 左右为最好。

平板菌落计数法的操作还可用涂布平板的方法进行，其操作方法与上述的基本相同，不同的是涂布平板法是先将肉汤蛋白胨琼脂培养基融化后倒平板，凝固后编号，并放于 37℃温箱中保温 30 min 左右使其干燥，然后用无菌吸管吸取 0.2 mL 菌液对号接种于不同培养皿的培养基上，尽快用无菌玻璃涂布棒将菌液在平板上涂布均匀，平放于台上 20～30 min使菌液渗入培养基内，然后再倒置于 37℃温箱中培养。

【实验报告】

1. 实验结果　将计数结果填入表 1-23.1。

表 1-23.1　平板菌落的计数结果记录表

稀释度	10^{-4}				10^{-5}				10^{-6}			
菌落数	1	2	3	平均	1	2	3	平均	1	2	3	平均
每毫升菌落形成单位数												

2. 思考题

(1) 稀释倒平板法中，为什么融化后的培养基要冷却到 45℃左右才能倒平板？

(2) 要使平板菌落计数准确，必须掌握哪几个关键？为什么？

(3) 同一菌液用血球计数板和平板菌落计数法同时计数结果是否一样？为什么？

(4) 试比较平板菌落计数法和显微镜直接计数法的优缺点及应用。

(5) 仔细观察计数的平板，比较其表面的菌落与内层的菌落有何不同？为什么？

【注意事项】

1. 在作平板菌落计数时，测定样品移入培养皿后要尽快倒入冷却至 45℃的培养基，并迅速混匀，水平静置待凝固。否则，菌体会吸附在皿底，不易分散形成单菌落。

2. 每只吸管只接触一个稀释度的菌液，在吸取该菌液前都必须在待移菌液中来回吹吸几次，使菌液混匀并让吸管内壁达到吸附平衡。

3. 不要用 1 mL 吸管每次只靠管尖吸 0.2 mL 稀释液放入培养皿中，否则易加大同一稀释度几个重复平板间的操作误差。

4. 吸取样品必须准确，菌液的混合涂布一定要均匀。

（蔡信之）

实验 1-24 光电比浊计数法

【目的要求】

了解光电比浊计数法的基本原理；掌握光电比浊计数法的操作方法。

【基本原理】

当光线通过微生物悬液时，由于菌体的散射及吸收作用使光线的透过量降低。在一定的范围内，微生物细胞浓度与透光度成反比，与光密度成正比。光密度或透光度可以由光电池精确测出。因此，可用一系列已知菌数的菌悬液测定光密度，作出光密度——菌数标准曲线。再根据样品液所测得的光密度，从标准曲线中查出对应的菌数。制作标准曲线时，菌体计数可采用血细胞计数板计数、平板菌落计数或细胞干重测定等方法。本实验采用血细胞计数板计数。

光电比浊计数法的优点是简便、迅速，可以连续测定，适合于自动控制。

【实验器材】

酿酒酵母培养液，分光光度计，血细胞计数板，显微镜，试管，吸水纸，无菌吸管，无菌生理盐水等。

【操作步骤】

1. 标准曲线制作

(1) 编号 取无菌试管 7 支，分别用记号笔编号为 1、2、3、4、5、6、7。

(2) 调整菌液浓度 用血细胞计数板计数培养 24 h 的酿酒酵母菌悬液，并用无菌生理盐水分别稀释调整为每毫升 1×10^6、2×10^6、4×10^6、6×10^6、8×10^6、10×10^6、12×10^6 含菌数的细胞悬液。再分别装入已编号的 1～7 号无菌试管中。

(3) 测定 OD 值 将 1～7 号不同浓度的菌悬液摇均匀后于 560 nm 波长、1 cm 比色皿中测定 OD 值。比色测定时，用无菌生理盐水作空白对照，将 OD 值填入表 1-24.1。

表 1-24.1 OD 值的测定结果

管 号	1	2	3	4	5	6	7	对 照
细胞数 10^6/mL								
光密度(OD)								

(4) 绘制标准曲线 以光密度(OD)值为纵坐标，以每毫升细胞数为横坐标，绘制标准曲线。

2. 样品测定　将待测样品用无菌生理盐水适当稀释，摇均匀后，用 560 nm 波长、1 cm比色皿测定光密度。测定时用无菌生理盐水作空白对照。

各操作条件必须与制作标准曲线时相同，否则，测得值所换算的含菌数就不准确。

3. 菌数计算　根据所测得的光密度值，从标准曲线查得每毫升稀释液的含菌数，再乘以稀释倍数，计算出每毫升样品的含菌量。

【实验报告】

1. 实验结果　每毫升样品原液菌数＝从标准曲线查得每毫升的菌数×稀释倍数

2. 思考题

(1) 光电比浊计数的原理是什么？它有何优缺点？

(2) 在测定中哪些操作易造成较大的误差？

(3) 光电比浊计数在生产实践中有何应用价值？

(4) 本实验为什么采用 560 nm 波长测定酵母菌悬液的光密度？如果要测定大肠杆菌生长的 OD 值，应如何选择波长？

（蔡信之）

实验 1-25　大肠杆菌生长曲线的测定

【目的要求】

1. 了解大肠杆菌生长曲线的特点及其测定的原理。

2. 掌握用比浊法测定细菌生长曲线的操作方法。

【基本原理】

一定量的微生物接种于合适的新鲜液体培养基中，在适宜温度下培养，以菌数的对数作纵坐标，生长时间作横坐标，作出的曲线叫生长曲线。不同的微生物有不同的生长曲线，同一微生物在不同的培养条件下生长曲线也不一样。一般生长曲线可分为延迟期、对数期、稳定期和衰亡期(图 1-25.1)。测定在一定条件下培养的微生物的生长曲线，了解其生长繁殖规律，对科研和生产都有重要的指导意义。

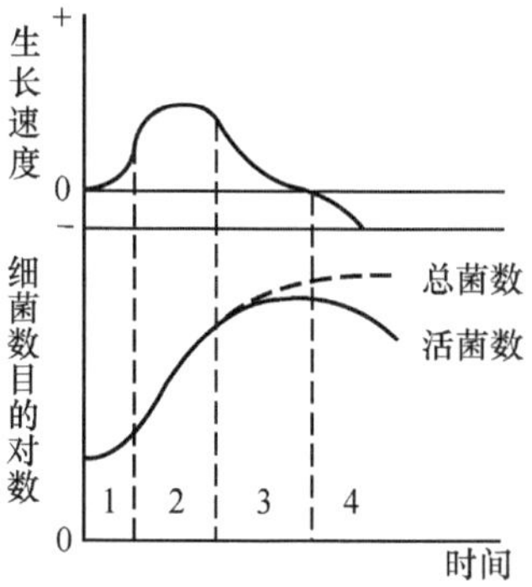

图 1-25.1　细菌的生长曲线

1. 延迟期；2. 对数期；3. 稳定期；4. 衰亡期

测定微生物生长曲线的方法很多，血细胞计数板法适用于霉菌孢子及酵母的计数；平板菌落计数法适用于单细胞的细菌；称重法适用于霉菌和放线菌生长的测定。本实验采用比浊法测定大肠杆菌的生长量。细菌悬液的浓度与混浊度成正比，因此可用光电比色计测定细菌悬液的光密度推知菌液的浓度，以测得的结果与其相对应的培养时间绘出生长曲线。已有直接用试管便可测定光密度(OD 值)的光电比色计，只要接种一支试管，定期用它测定。其优点是可不改变菌液体积并在同一试管内连续测定。

【实验器材】

培养 18～20 h 的大肠杆菌培养液，盛有 5 mL 牛肉膏蛋白胨液体培养基的大试管 2 支，装有 60 mL 牛肉膏蛋白胨液体培养基的 250 mL 三角瓶 1 只；分光光度计；恒温摇床，无菌吸管，无菌大试管等。

【操作步骤】

1. 编号 取 11 支无菌大试管，用记号笔标明时间 0、1.5、3、4、6、8、10、12、14、16、20 h。

2. 接种 用 5 mL 吸管吸取 2.5 mL 大肠杆菌培养液，放入装有 60 mL 肉汤培养基的三角瓶中，混匀后分别吸取 5 mL 放入已编号的 11 支大试管中。

3. 培养 将 11 支试管置于水浴恒温摇床上，37℃振荡培养。分别在 0、1.5、3、4、6、8、10、12、14、16、20 h 后取出，放入冰箱中贮存，最后一起比浊测定。

4. 比浊 以未接种的牛肉膏蛋白胨培养液作空白，选用 540～560 nm 波长进行光电比浊测定。从最稀浓度的菌悬液开始依次测定。对浓度大的菌悬液用未接种的牛肉膏蛋白胨培养液适当稀释后再测定，使其光密度值在 0.1～0.65 之内，记录 OD 值。

本操作步骤也可用简便的方法代替：

1. 用 1 mL 无菌吸管吸取 0.25 mL 大肠杆菌过夜培养液转入有 5 mL 牛肉膏蛋白胨液体培养基的试管中，混匀后直接插入分光光度计比色槽中，比色槽上方用自制的暗盒将比色槽暗室全部罩上，形成一个暗环境，另以一支盛有牛肉膏蛋白胨液但未接种的试管调零点，测定样品中培养 0 h 的 OD 值。测定完毕取出试管置 37℃振荡培养。

2. 分别在培养 0、1.5、3、4、6、8、10、12、14、16 和 20 h，取出试管按上述方法测定 OD 值。该法准确、简便。但必须注意所用的两支试管要很干净，透光度接近。

【实验报告】

1. 实验结果

(1) 将测定的 OD 值填入表 1-25.1。

表 1-25.1 OD 值测定结果记录表

时间/h	对 照	0	1.5	3	4	6	8	10	12	14	16	20
光密度值/OD												

(2) 以菌悬液光密度值为纵坐标，培养时间为横坐标，绘出大肠杆菌生长曲线，并标出生长曲线中四个时期的位置及名称。

2. 思考题

(1) 为什么比浊法测定细菌的生长只表示细菌的相对生长状况？它有何优点？

(2) 用光电比浊法测定 OD 值时应如何选择其波长？为什么要用未接种的牛肉膏蛋白胨液作空白对照？

【注意事项】

1. 选择试管时应力求选取质地相同，内外直径一致，管壁厚薄均匀的试管。在比色管架上以分光光度计的计值法选取则更精确。

2. 在生长曲线测定中，要用空白对照管的培养液随时校正光度计的零点。

（蔡信之）

实验 1-26　物理因素对微生物生长的影响

【目的要求】

了解几种物理因素对微生物生长的影响；掌握其实验方法。

【基本原理】

不同微生物对物理环境有不同要求。

1. 温度　温度是影响微生物生长与存活的重要因素之一。最适生长温度能促进微生物生长繁殖；过低的温度会使酶活性受抑制，细胞新代谢活动减弱；过高的温度会使微生物的蛋白质、酶及核酸变性凝固失活，细胞膜破坏，菌体死亡。不同微生物对温度的抗性不同。每种微生物只能在一定的温度范围内生长。

2. 氧　各种微生物对氧的要求不同，根据对氧的不同要求可将微生物分为专性好氧菌、兼性厌氧菌、微好氧菌、耐氧菌和厌氧菌 5 类(图 1-26.1)。

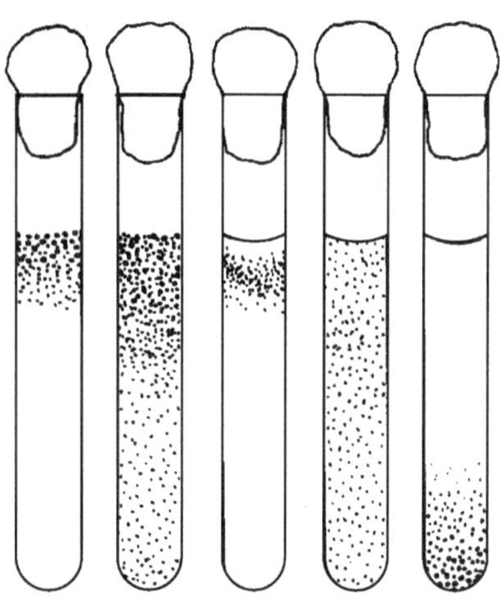

图 1-26.1　不同氧要求的微生物在半固体培养基中的生长状态示意图

3. 渗透压　不同微生物对渗透压的抗性不同。微生物对渗透压的抗性都有一定限度，超过这限度菌体生长受到抑制，在高渗溶液中细胞失水，生长受抑制；在低渗溶液中细胞吸水膨胀，吸收养分也少。只有在一定的渗透压范围内微生物才能正常生长。

【实验器材】

大肠杆菌，枯草杆菌，丙酮丁醇梭菌(*Clostridium acetobutylicum*)，盐生盐杆菌(*Halobacterium halobium*)，酿酒酵母；牛肉膏蛋白胨培养基，半合成培养基：$(NH_4)_3PO_4$ 1g，KCl 0.2 g，$MgSO_4 \cdot 7H_2O$ 0.2 g，豆芽汁 10 mL，琼脂 20 g，水 1000 mL，12 mL 0.04%溴甲酚紫(pH 5.2～6.8，颜色由黄变紫，作指示剂)，pH7.0，121℃灭菌 20 min。牛肉膏蛋白胨琼脂半固体培养基 4 支，牛肉膏蛋白胨液体培养基 16 支，含蔗糖分别为 2%、10%、20%和 40%的合成培养基，含 NaCl 分别为 2%、10%、20%和 40%的牛肉膏蛋白胨琼脂培养基，生理盐水；水浴锅，温度计，无菌培养皿等。

【操作步骤】

1. 温度对微生物的影响

(1) 制备菌悬液　将培养 48 h 的大肠杆菌和枯草芽孢杆菌斜面加无菌生理盐水各 5 mL，刮下菌苔，制成悬液。

(2) 编号试管　取牛肉膏蛋白胨液体培养基试管 16 支，编号并注明接种的菌名、处理温度及时间。

(3) 接种　在单号 1、3、5…15 各管中接入大肠杆菌悬液 0.2 mL，在双号 2、4、6…16 各管中接入枯草芽孢杆菌悬液 0.2 mL。

（4）处理　将已接种的1～8号管同时放入50℃水浴中处理，10 min后取出1～4号管，再过10 min取出第5～8号管。将已接种的9～16号管放入100℃水浴中，10 min后取出9～12号管，再过10 min取出第13～16号管。

（5）培养　各管取出后立即用冷水冲凉。置37℃培养24 h后观察生长情况。

2. 氧对微生物的影响

（1）将牛肉膏蛋白胨琼脂半固体培养基试管4支置于水浴锅中加热融化。

（2）待培养基冷到45℃左右时，按无菌操作分别接种大肠杆菌、枯草芽孢杆菌、丙酮丁醇梭菌各一环于试管培养基中，另一支试管不接种作对照。搓动试管使细菌均匀混于培养基内。

（3）直立凝固后立于37℃培养，48 h后开始连续观察几天，直至结果清晰为止。

3. 渗透压对微生物生长的影响

（1）将含有不同量蔗糖和氯化钠的牛肉膏蛋白胨琼脂培养基融化，冷却至45℃左右，各倒平皿两套，待凝固后接种。

（2）在已凝固的平皿背面用记号笔划成两半，分别划线接种大肠杆菌和酿酒酵母、盐生盐杆菌。

（3）分别于37℃和28℃中倒置培养4 d观察。

【实验报告】

1. 实验结果

（1）温度对微生物生长的影响　观察生长情况，"－"表示不生长；"＋"表示生长较差；"＋＋"表示生长一般；"＋＋＋"表示生长良好。将结果记在表1-26.1中。

表1-26.1　温度对微生物生长影响的测定结果

菌　名	大肠杆菌								枯草芽孢杆菌							
处理温度	50℃				100℃				50℃				100℃			
处理时间	10 min		20 min		10 min		20 min		10 min		20 min		10 min		20 min	
试管编号	1	3	5	7	9	11	13	15	2	4	6	8	10	12	14	16
生长情况																

（2）氧对微生物生长的影响　观察生长情况，用"表面生长、底部生长、表面及全部生长"将结果记录于表1-26.2中。

表1-26.2　氧对微生物生长影响的测定结果

菌　名	大肠杆菌	枯草芽孢杆菌	丙酮丁酸梭菌
生长情况			
图示			
呼吸类型			

（3）渗透压对微生物的影响　观察生长情况，用"－"表示不生长；"＋"表示生长；"＋＋"表示生长良好。将结果记录于表1-26.3中。

表 1-26.3　渗透压对微生物生长影响的测定结果

菌　名	培养时间	蔗糖/%				NaCl/%			
		2	10	20	40	2	10	20	40
大肠杆菌									
酿酒酵母									
盐生盐杆菌									

2. 思考题

(1) 结果说明哪种微生物对高温抗性强？为什么？这对消毒、灭菌有何意义？

(2) 为什么分子氧对厌氧菌有毒害作用？

(3) 高浓度的糖和盐对微生物有何影响？举几个用渗透压抑制微生物生长的例子。

（张琪林）

实验 1-27　化学因素对微生物生长的影响

【目的要求】

1. 了解常用化学药品对微生物的作用。
2. 了解 pH 对微生物的影响，确定微生物生长所需要的最适 pH。

【基本原理】

常用的化学消毒剂主要有重金属及其盐类，酚、醇、醛等有机化合物，以及碘、表面活性剂等。它们的杀菌或抑菌作用主要是使菌体蛋白质变性，或者与酶的-SH 基结合，使酶失去活性等。

本实验通过观察某些常用化学药剂在一定浓度下对微生物的致死或抑菌作用，以了解它们的杀菌或抑菌性能。

不同微生物生长要求的最适 pH 不同。当环境的 pH 超出其生长的 pH 范围时，微生物的生长就受到抑制。

【实验器材】

金黄色葡萄球菌，枯草杆菌，细黄链霉菌（*Streptomyces microflavus*），酿酒酵母，黑曲霉；牛肉膏蛋白胨培养基，豆芽汁蔗糖培养基；2.5%碘酒，1%来苏尔，0.25%新洁尔灭，0.1%升汞（$HgCl_2$），5%石炭酸，75%乙醇，0.005%结晶紫，0.05%结晶紫，0.2 mol/LK_2HPO_4溶液，0.2 mol/LH_3BO_3，0.1 mol/L 柠檬酸，0.2 mol/LNaOH；培养皿，滤纸片，试管，吸管。

【操作步骤】

1. 化学药剂的杀菌作用

(1) 在培养 18～20 h 金黄色葡萄球菌斜面中加 4 mL 生理盐水，用接种环轻轻将菌苔刮下，振荡，制成均匀的菌悬液。

(2) 用无菌吸管吸取菌液 0.2 mL，注入无菌平皿内。

(3) 将融化且冷却到 45℃左右的牛肉膏蛋白胨琼脂培养基倒入平皿内(12 mL 左右)，旋转，充分摇匀，水平放置，待凝。

(4) 用记号笔在培养基平板底划分 8 个区域，并标明下述各种药物的名称及浓度。用无菌镊子将无菌小圆滤纸片分别浸醮 2.5%碘酒、0.1%升汞、5%石炭酸、75%乙醇、1%来苏尔、0.25%新洁尔灭、0.005%结晶紫、0.05%结晶紫中，在试剂瓶口内壁除去多余药液，以无菌操作将滤纸片对号放入培养基表面的各小区中央。

(5) 将含菌平皿于 37℃培养。24 h 后观察结果。测量抑菌圈直径，比较各种化学药物杀菌力的强弱(图 1-27.1)。

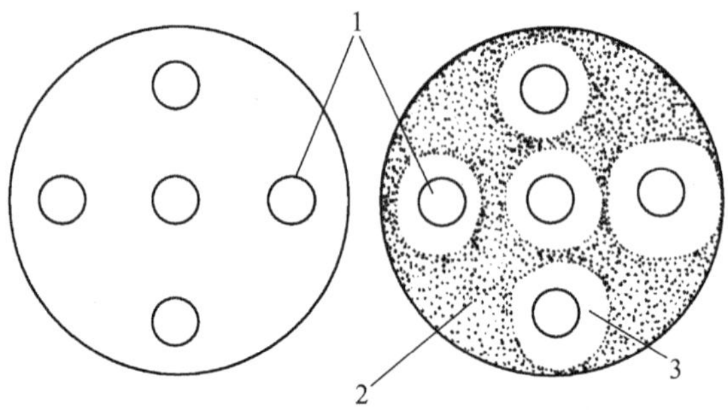

图 1-27.1　圆滤纸片法测定药物的杀菌作用

1. 滤纸片；2. 细菌生长区；3. 抑菌区

2. 不同 pH 对微生物生长的影响

(1) 配制豆芽汁蔗糖培养基，根据表 1-27.1 分别调 pH 为 3、5、7、9、11，每管装 10 mL，每种 pH 配 5 管，共 5 套，其中一套为对照。

表 1-27.1　不同 pH 的豆芽汁蔗糖培养液配制表(mL)

pH(近似值)	总　量	豆芽汁蔗糖培养液	0.2mol/L K_2HPO_4	0.1 mol/L 柠檬酸
3	10	8	0.4	1.6
5	10	8	1.0	1.0
7	10	8	1.6	0.4
			0.2mol/L 硼酸	0.2mol/L NaOH
9	10	8	1.3	0.7
11	10	8	0.7	1.3

(2) 对配好的培养液进行间歇灭菌，即在 100℃下蒸 3 次，每次 20 min。

(3) 用生理盐水分别将枯草杆菌、细黄链霉菌、酿酒酵母和黑曲霉制成菌悬液。

(4) 在准备好的 4 套培养基中分别接种上述 4 种菌悬液各 2 滴，与对照一起放置于 28℃条件下培养。3 d 后取出观察结果。

(5) 根据菌液的混浊程度，记录各管的生长情况。以“－”表示不生长；“＋”表示生长较差；“＋＋”表示生长一般；“＋＋＋”表示生长良好。

【实验报告】

1. 实验结果

(1) 化学药剂对金黄色葡萄球菌的抑菌能力　将实验结果填入表 1-27.2 中。

表 1-27.2　化学药剂对金黄色葡萄球菌的抑菌作用实验结果记录表

药　剂	碘酒 2.5%	升汞 1%	石炭酸 5%	乙醇 75%	来苏尔 1%	新洁尔灭 0.25%	结晶紫 0.005%	结晶紫 0.05%
抑菌圈直径/mm								

(2) 不同 pH 条件下各类微生物的生长情况　将结果记录于表 1-27.3 中。

表 1-27.3　不同 pH 对各类微生物的生长情况的结果记录表

菌　名	枯草芽孢杆菌	细黄链霉菌	酿酒酵母	黑曲霉
pH3				
pH5				
pH7				
pH9				
pH11				

2. 思考题

(1) 在实验 1 中，抑菌圈部分是否说明化学药剂已将微生物细胞全部杀死？

(2) 试设计一简单实验以初步判断某饮料或某食品是否含有防腐剂。

(3) 枯草芽孢杆菌和酿酒酵母生长所要求的 pH 是否相同？培养细菌和真菌时培养基的 pH 应分别调到什么范围？

(4) 为什么大肠杆菌在合成培养基中培养 12 h 后群体生长停止，而在牛肉膏蛋白胨培养基中 18～24 h 仍在继续生长？

【注意事项】

1. 制备平板培养基厚度要均匀，表面无冷凝水，纸片形状大小要一致，不能在培养表面拖动滤纸片，避免消毒剂不均匀扩散。

2. 指示菌涂布平板培养基要均匀，使细菌均匀分散。

3. 化学药剂必须标记准确，避免混乱。

（张琪林）

实验 1-28　生物因素对微生物生长的影响

【目的要求】

了解抗生素的抗菌作用及实验方法。

【基本原理】

生物因素对微生物生长的影响是多方面的。据其相互作用分为互生、共生、寄生、竞争、拮抗、猎食等。本实验以拮抗为例。微生物之间的拮抗关系很普遍，酸奶、泡菜、抗生素杀菌都是这一原理。

抗生素的抗菌谱各不相同,如青霉素一般只对革兰氏阳性菌有抗菌作用,多黏菌素只对革兰氏阴性菌有作用,这类抗生素称窄谱抗生素;有些抗生素对多种细菌有作用,如土霉素、四环素对许多革兰氏阳性菌和革兰氏阴性菌都有作用,称广谱抗生素。

本实验利用滤纸条法测定青霉素的抗菌谱。将浸有青霉素溶液的滤纸条贴在豆芽汁葡萄糖琼脂培养基平板上,再与滤纸条垂直划线接种供试菌液。培养后据供试菌抑菌带的长短判断青霉素对各供试菌的影响,确定其抗菌谱。常用供试菌株见表 1-28.1。

表 1-28.1 常用于抗生素筛选的几种供试菌株

供试菌株	所代表的微生物类型
金黄色葡萄球菌(*Staphylococcus aureus*)	革兰氏阳性球菌
枯草芽孢杆菌(*Bacillus subtilis*)	革兰氏阳性杆菌
大肠杆菌(*Escherichia coli*)	革兰氏阴性肠道菌
草分枝杆菌(*Mycobacterium phlei*)	结核分枝杆菌
酿酒酵母(*Saccharomyces cerevisiae*)	酵母状真菌
黑曲霉(*Aspergillus niger*)	丝状真菌

【实验器材】

大肠杆菌,金黄色葡萄球菌,枯草杆菌;豆芽汁葡萄糖琼脂培养基;无菌青霉素溶液:青霉素含量 80 万单位/mL;培养皿,无菌滤纸条,接种环,镊子,培养箱等。

【操作步骤】

1. 将豆芽汁葡萄糖琼脂培养基融化后冷至 45℃左右倒平板,37℃干燥 30 mim。

2. 按无菌操作用无菌镊子将无菌滤纸条在无菌青霉素溶液中浸润,沥去多余溶液,按图 1-28.1 轻放于已凝固的培养基上。注意滤纸条要边缘整齐、规则、平展,平贴于培养基表面,不能划破培养基,不能在接触培养基后位移,以免青霉素溶液分布不均。

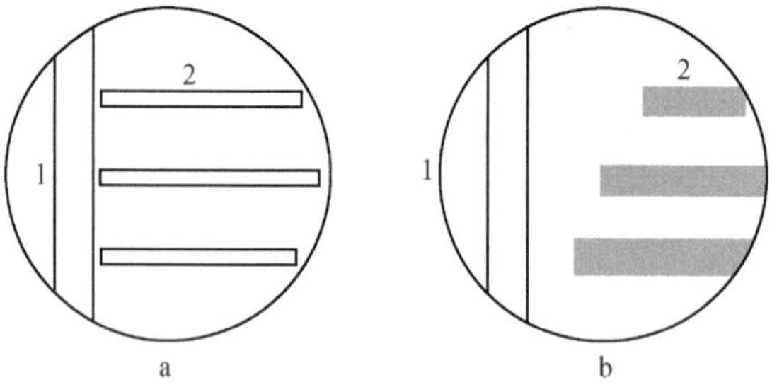

图 1-28.1 滤纸条及接种位置示意图

a. 接种试验菌;b. 培养后的结果;1. 滤纸条;2. 试验菌

3. 用接种环分别在图 1-28.1 所示位置接供试菌。注意几种供试菌浓度要一致,接种量要一致,不要混合,不要接触滤纸条。

4. 将接种完毕的培养皿倒置于 37℃培养箱培养,24 h 后观察。

【实验报告】

实验结果 绘图表示实验结果,说明青霉素对各供试菌的抑制效果并解释之。

【注意事项】

1. 严格无菌操作，避免混入其他杂菌。

2. 培养基要均匀，纸条形状要规则，不能在培养基上拖动以免抗生素扩散不匀。

3. 划线接种尽量靠近但不能接触纸条以免将纸条上的抗生素带到别处。

（张琪林）

实验 1-29　用生长谱法测定微生物的营养要求

【目的要求】

掌握生长谱法测定微生物营养需要的基本原理和常用方法。

【基本原理】

微生物生长繁殖需要适宜的营养条件，碳源、氮源、无机盐、微量元素、生长因子等都是微生物生长必需的，缺少任何一种微生物便不能正常生长、繁殖。在实验室中可配制一种缺乏某种营养物质（例如碳源）的琼脂培养基，接入菌种混匀后倒平板，再将所缺乏的营养物质（各种碳源）点植于平板上，在适宜的条件下培养。如果接种的微生物能够利用某种碳源就会在点植的该种碳源物质周围生长繁殖，呈现由许多小菌落组成圆形区域（菌落圈），该微生物不能利用的碳源周围就不会有微生物生长，最终在平板上呈现一定的生长图形，此法称为生长谱法。不同类型微生物在点植有不同营养物质的平板上有不同的生长谱。该法可以定性、定量地测定微生物对各种营养物质的需求，在微生物育种、营养缺陷型鉴定以及饮食制品质量检测等方面有重要用途。

【实验器材】

大肠杆菌；合成培养基（缺碳源）；木糖，葡萄糖，半乳糖，麦芽糖，蔗糖，乳糖，生理盐水等；无菌平皿，无菌牙签，吸管等。

【操作步骤】

1. 将培养 24 h 大肠杆菌斜面用生理盐水制成菌悬液。

2. 将合成培养基（缺碳源）融化并冷却至 50℃左右，加入上述菌悬液并混匀，倒平板。

3. 在两平板底用记号笔分别划分成 6 个区域，并标明要点植的各种糖（图 1-29.1）。

4. 用 6 根无菌牙签分别挑取 6 种糖对号点植，取糖量为小米粒大小即可。

5. 糖粒溶化后再将平板倒置于 37℃保温 18～24 h，观察各种糖周围有无菌落圈。

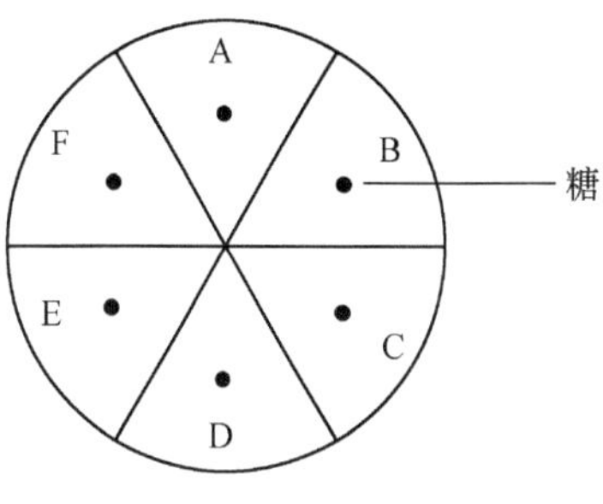

图 1-29.1　生长谱法测定大肠杆菌碳源要求示意图

【实验报告】

1. 实验结果　绘图表示大肠杆菌在平板上的生长状况。根据实验结果，大肠杆菌能利用的碳源是什么？

2. 思考题

（1）在生长谱法测定微生物碳源要求的试验中，发现某一不能被该微生物利用的碳源周围也长出菌落圈，试分析各种可能的原因，并设法解决这个问题。

（2）在某微生物学实验室做实验的学生不慎将两种较贵的氨基酸样品标签弄混。这两种氨基酸均为白色粉末，在外观上很难区分；一时难以找到纸层析分析所需的标准氨基酸对照样品，实验室也不具备氨基酸分析仪；但此实验室有许多不同类型的氨基酸营养缺陷型菌株。这时可采取什么简单的微生物学实验将这两种氨基酸区分开？

【注意事项】

1. 点植时糖要集中，取糖量约为小米粒大小即可，糖量过多溶化后糖液扩散区域过大导致不同的糖相互混合。

2. 点植糖粒后不可匆忙将平板倒置，否则尚未溶化的糖粒会掉在皿盖上。

（蔡信之）

第六单元　微生物的生化反应

实验 1-30　细菌鉴定中常用的生化反应

【目的要求】

了解细菌鉴定中常用的生化反应及其原理；掌握细菌生化反应试验的基本技能。

【基本原理】

细菌的代谢各不相同，对各种物质的利用、酶的种类和代谢产物也不同。各种细菌有不同的生化特性，是细菌分类鉴定的重要依据之一。

【实验材料】

大肠杆菌，枯草杆菌，普通变形杆菌(*Proteus vulgaris*)，铜绿假单胞菌(*Pseudomonas aeruginosa*)，金黄色葡萄球菌，产气肠杆菌；糖发酵培养基，淀粉培养基，明胶培养基，H_2S 试验培养基，石蕊牛奶培养基，蛋白胨水培养基，葡萄糖蛋白胨液体培养基，柠檬酸盐培养基；碘液，乙醚，吲哚试剂，40%KOH，5%α-萘酚，M. R. 试剂；试管，小套管，三角瓶，培养皿，接种针，接种环，恒温培养箱等。

【操作步骤】

1. 糖发酵试验　它是最常用的生化反应，对肠道细菌的鉴定尤为重要。细菌发酵的糖主要是葡萄糖、蔗糖、乳糖、麦芽糖、甘露醇和甘油等，产生各种酸(乳酸、乙酸、丙酸等)或醇类(乙醇、丁醇等)及气体(甲烷、氢气、二氧化碳等)。酸和气体产生与否可根据培养后试管中指示剂颜色的变化和小套管内有无气泡产生断定。指示剂酸性复红在碱性环境呈黄色，酸性环境呈红色，也可用溴甲酚紫，在碱性环境呈紫色，酸性环境呈黄色。

(1) 接种　取糖发酵试验培养基 3 支(内装排尽空气的小倒管)，以无菌操作分别接种大肠杆菌、变形杆菌，第三支不接种作空白对照。在试管上标明菌名和培养基名称。37℃培养 24 h。

(2)观察　培养后指示剂呈黄色表示培养基为中性或碱性；呈红色者表示酸性。观察小倒管内有无气泡产生(图 1-30.1)。

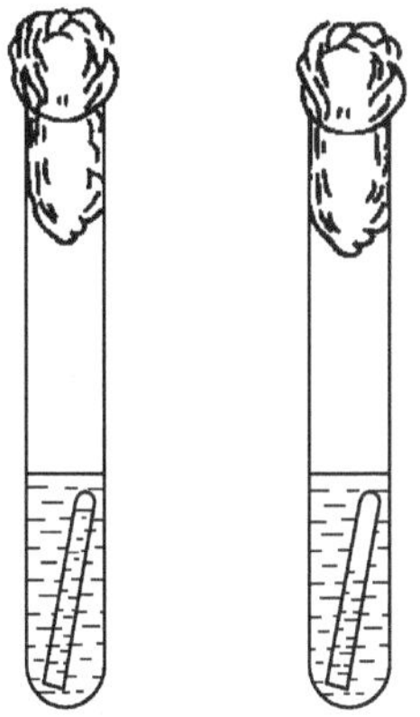

图 1-30.1　糖发酵产气试验

A. 不产气；B. 产气

2. 淀粉水解试验　某些细菌能产淀粉酶将淀粉水解为麦芽糖和葡萄糖，再吸收利用。淀粉水解后遇碘不再显蓝色。

(1) 接种　将盛淀粉培养基的三角瓶于沸水中融化，冷至50℃以无菌操作倒平板。用接种环挑取枯草杆菌在平板一边划"+"字线接种，挑取大肠杆菌在另一边划"之"字曲线接种(图 1-30.2)。37℃培养 24 h。

(2) 观察　滴少量碘液于平板上，轻轻旋转使碘液均匀铺满平板。如菌苔周围出现无色透明圈，则说明淀粉已被水解。透明圈的大小可说明该菌水解淀粉能力的强弱。

3. 明胶液化试验　明胶是一种可溶解在温水中并形成凝胶的动物蛋白质。某些细菌能分泌明胶酶，分解明胶产生小分子物质，使培养基由凝固状态变成液体(图 1-30.3)。

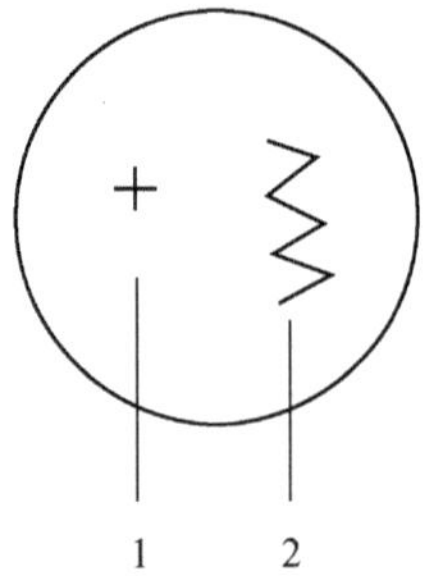

图 1-30.2　淀粉水解试验

1. 枯草杆菌；2. 大肠杆菌

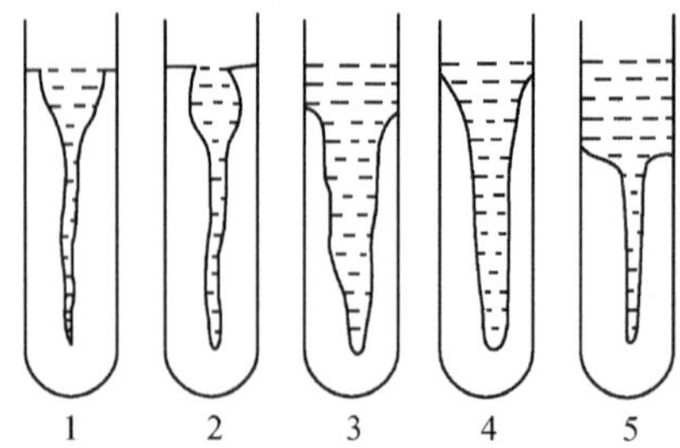

图 1-30.3　明胶穿刺液化的形态

1. 火山口状；2. 芜菁状；3. 漏斗状；4. 囊状；5. 层状

(1) 接种　取明胶培养基，分别穿刺接种大肠杆菌、枯草杆菌及铜绿假单胞菌。

(2) 培养　立于 20℃培养 5 d 观察液化情况。

4. 石蕊牛奶试验　有些微生物能水解牛奶中蛋白质酪素，酪素水解可用石蕊牛奶检测。石蕊牛奶培养基由脱脂牛奶和石蕊组成，是浑浊的蓝色。酪素水解成氨基酸和肽后培养基就会变得透明。石蕊牛奶也常用来检测乳糖发酵，有酸石蕊会转变为粉红色，过量的酸可引起牛奶的固化(凝乳形成)。氨基酸分解会引起碱性反应使石蕊变为紫色。某些细菌能还原石蕊使试管底部变为白色。

(1) 接种　取两支石蕊牛奶培养基试管，以无菌操作分别接种普通变形杆菌和金黄色葡萄球菌，置 35℃恒温箱中，培养 24～48 h。

(2) 观察　观察培养基颜色。石蕊酸性时为粉红色，碱性为紫色，还原后为白色。

5. 吲哚试验　有些细菌能产生色氨酸酶，分解蛋白胨中的色氨酸产生吲哚和丙酮酸。吲哚与对二甲基氨基苯甲醛结合，形成红色的玫瑰吲哚。并非所有微生物都具有分解色氨酸产生吲哚的能力，因此吲哚试验可以作为一个生物化学检测的指标。

色氨酸水解反应：

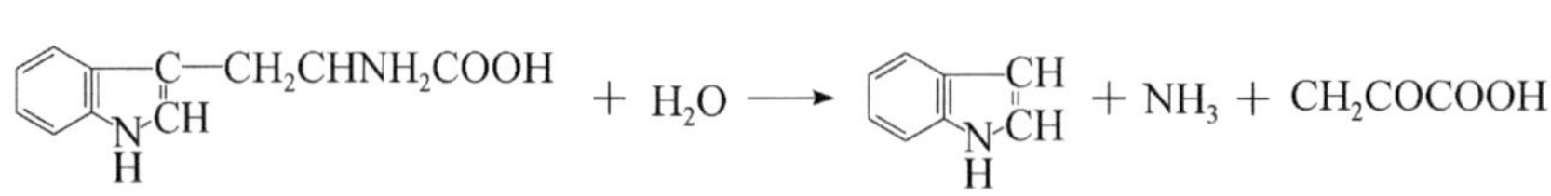

色氨酸　　　　　　　　　　吲哚

吲哚与对二甲基氨基苯甲醛反应：

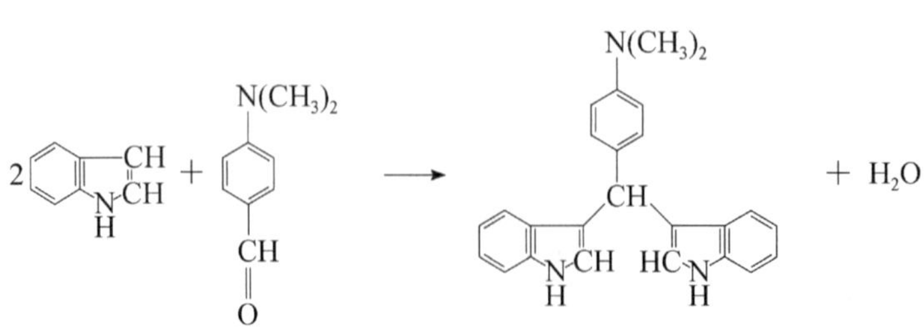

吲哚　　对二甲基氨基苯甲醛　　　　　　　玫瑰吲哚

(1) 接种　取装有蛋白胨水培养基的试管 4 支，分别标记大肠杆菌、产气肠杆菌、普通变形杆菌和空白对照。以无菌操作分别接种少量菌苔到以上相应试管中，第 4 管作空白对照，不接种。贴好标签，置 37℃恒温箱中培养 24～48 h。

(2) 观察　在培养基中加乙醚 4 滴，充分振荡使吲哚萃取至乙醚中，静置后乙醚浮于液面，沿管壁缓慢加 3 滴吲哚试剂(加后切勿摇动试管，以防破坏乙醚层影响结果观察)，如有吲哚存在则乙醚层呈现玫瑰红色，吲哚试验阳性反应；否则为阴性反应。

6. 产硫化氢试验　这是检测硫化氢的产生也是检查肠道细菌常用的生化试验。某些细菌能分解含硫氨基酸(胱氨酸、半胱氨酸和甲硫氨酸)产生硫化氢。硫化氢遇重金属盐类，如铅盐、铁盐等则生成黑色硫化铅或硫化铁沉淀。可确定硫化氢的产生。

(1) 接种　取 H_2S 试验培养基分别穿刺接种大肠杆菌和变形杆菌，37℃培养 24 h。

(2) 观察　如出现黑色沉淀线，则表示有硫化物产生。

该试验也可以在液体培养基中接种细菌，在试管棉塞下吊一块浸有醋酸铅的滤纸条，经培养后看醋酸铅滤纸条是否变黑。

醋酸铅滤纸条制法：将普通滤纸条醮浸 1%醋酸铅溶液，高温灭菌后 105℃烘干。

7. 乙酰甲基甲醇试验(V. P 试验)　某些细菌在糖代谢中分解葡萄糖产生丙酮酸，丙酮酸经缩合、脱羧后，产生中性的乙酰甲基甲醇。乙酰甲基甲醇在碱性条件下，被空气中的氧气氧化为二乙酰，后者与蛋白胨中精氨酸的胍基起作用，生成红色化合物，此即为 V. P(Voges-Prokauer)阳性反应。当试管中加 α-萘酚时，可以促进反应的出现。

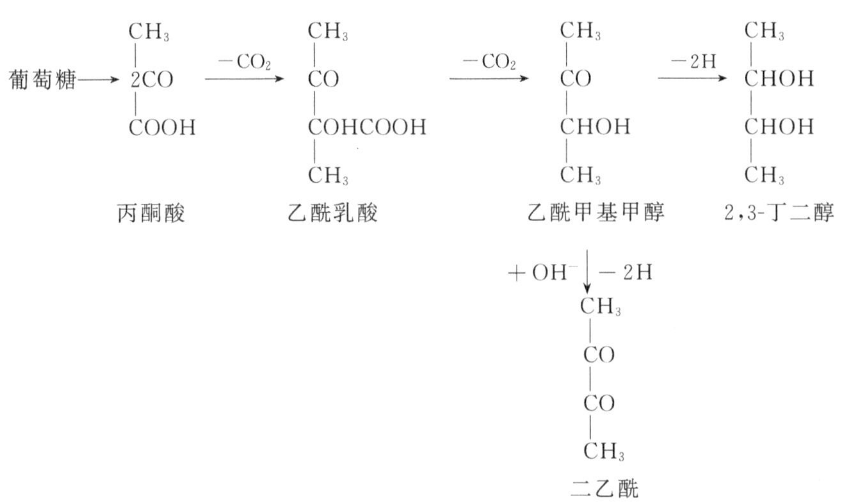

(1) 接种培养　取 4 支装有葡萄糖蛋白胨液体培养基的试管，以无菌操作分别接种大肠杆菌、产气肠杆菌、普通变形杆菌，1 支空白作对照，贴好标签，37℃培养 24 h。

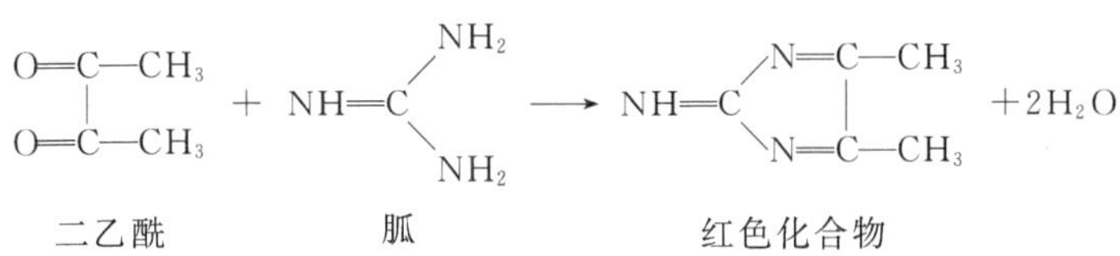

（2）观察记录　分别在上述 4 支试管内加入 40%KOH 溶液 5～10 滴，再加等量的 5%α-萘酚溶液，拔去棉塞，用力振荡，再放入 37℃恒温箱保温 15～30 min（或在沸水浴中加热 1～2 min），如培养液出现红色，即为 V. P 阳性反应。

8. 甲基红试验（M. R 试验）　某些细菌在糖代谢中分解葡萄糖产生丙酮酸，丙酮酸被分解为甲酸、乙酸、乳酸等，加甲基红指示剂检测有机酸。甲基红变色范围为 4.2（红）～6.3（黄）。细菌分解葡萄糖产酸则培养液由橘黄色变为红色，为 M. R 阳性。

（1）接种培养　取 4 支葡萄糖蛋白胨液体培养基试管，以无菌操作分别接种大肠杆菌、产气肠杆菌、普通变形杆菌，1 支作空白对照，贴好标签，37℃培养 24 h。

（2）观察记录　分别在上述 4 支试管的培养液中沿管壁加入 M. R 试剂 3 滴，如果出现红色，即为 M. R 阳性反应；变为黄色则为阴性。

9. 柠檬酸盐试验　可检测柠檬酸盐是否被利用。有些细菌能利用柠檬酸盐作碳源，如产气肠杆菌；有些则不能，如大肠杆菌。可作鉴定细菌的指标。细菌利用柠檬酸盐并生成碳酸盐使培养基由中性变为碱性。加入 1%溴麝香草酚蓝指示剂培养基就由浅绿色变为蓝色（其指示范围：pH＜6 呈黄色，pH 在 6.5～7.0 为绿色，pH＞7.6 呈蓝色）。

吲哚（indol）试验、甲基红（methyl red）试验、乙酰甲基甲醇（Voges-Prokauer）试验和柠檬酸盐（cirate）试验常缩写为 IMViC（i 是在英文中为发音方便加上的）主要用来快速鉴别大肠杆菌和产气肠杆菌，多用于水的细菌检查。

（1）标记　取 4 支柠檬酸盐斜面培养基分别标记大肠杆菌和产气肠杆菌各 2 支。

（2）接种　按标记分别接入大肠杆菌和产气肠杆菌，置 37℃培养 48 h。

（3）观察　观察柠檬酸盐斜面有无细菌生长，是否变色，蓝色为阳性，绿色为阴性。

【实验报告】

1. 实验结果　将观察到的结果填入表 1-30.1 中。

表 1-30.1　细菌生化反应实验结果记录表

菌名 / 生化反应		大肠杆菌	枯草杆菌	变形杆菌	铜绿假单胞菌	金黄色葡萄球菌	产气肠杆菌
糖发酵试验	葡萄糖						
	乳糖						
淀粉水解							
明胶液化							
H_2S 的产生							
吲哚试验							
石蕊牛奶试验							
V. P 试验							
M. R 试验							
柠檬酸盐试验							

2. 思考题

（1）明胶液化试验可证明何种细菌能分泌胞外酶以分解复杂含氮有机物？

（2）现分离到一株肠道细菌，试结合本实验学到的知识设计一试验方案进行鉴别。

(3) 甲基红试验和伏-普试验最初作用物及终产物有何异同？终产物为何不同？

【注意事项】

1. 测定甲基红试验结果时甲基红指示剂不可加得太多，以免出现假阳性反应。

2. 装有小套管的糖发酵培养基在灭菌时要特别注意排尽锅内冷空气，灭菌后要等锅内压力降到"0"再打开排气阀，否则小套管内会留有气泡，影响实验结果的判断。

3. 接种前必须仔细核对菌名和培养基，以免搞错。

4. 配制吲哚试验用的蛋白胨水培养基时，宜选用色氨酸含量高的蛋白质(用胰蛋白酶水解酪素得到的蛋白胨色氨酸含量高)，否则会影响产吲哚的阳性率。

(陈旭健)

第七单元　分子微生物学基本技术

实验 1-31　细菌质粒 DNA 的小量制备

【目的要求】

1. 掌握碱裂解法小量制备质粒 DNA 的原理、方法和技术。

2. 为质粒的转化实验提供材料。

【基本原理】

质粒的分离和提取是最常用和最基本的实验技术，其方法很多。仅大肠杆菌质粒的提取就有十多种，包括碱裂解法、煮沸法、氯化铯-溴化乙锭梯度平衡超离心法以及各种改良方法等。本实验以大肠杆菌的 pUC18 质粒为例介绍目前常用的碱裂解法小量制备质粒 DNA 的技术。此法提取效果好、得率高。

大肠杆菌染色体 DNA 比质粒 DNA 分子大得多，提取中染色体 DNA 易断裂成线型 DNA 分子，大多数质粒 DNA 则是共价闭环型。碱裂解法就是基于线型的大分子染色体 DNA 与小分子环型质粒 DNA 的变性、复性之差异实现分离的。在 pH 12.0～12.6 的碱性环境中，线型染色体 DNA 和环型质粒 DNA 氢键均发生断裂，双链解开而变性，但质粒 DNA 由于其闭合环型结构，氢键只发生部分断裂，而且其二条互补链不会完全分离。当将 pH 调至中性并在高盐浓度存在的条件下，已分开的染色体 DNA 互补链不能复性而交联形成不溶性网状结构，通过离心大部分染色体 DNA、不稳定的大分子 RNA 和蛋白质-SDS 复合物等一起沉淀下来被除去；部分变性的闭合环型质粒 DNA 在中性条件下很快复性，恢复到原来的构型，呈可溶性状态留在溶液中，离心后的上清中便含有所需要的质粒 DNA，再通过酚、氯仿抽提及乙醇沉淀等步骤获得纯质粒 DNA。

【实验器材】

大肠杆菌 DH5α/pUC18(Amp^r)；含氨苄青霉素(Amp)的 LB 液体和固体培养基；溶液Ⅰ、Ⅱ、Ⅲ和Ⅳ，TE 缓冲液，10 μg/mL 的无 DNase 的 RNase，100%冷乙醇，电泳缓冲液(TAE 缓冲液)，0.7%琼脂糖凝胶，凝胶加样缓冲液，1 mg/mL 溴化乙锭，氨苄青霉素水溶液(100 μg/mL)；稳压电泳仪和水平式微型电泳槽，透射式紫外分析仪，旋涡混合器，微量加样器等。

【操作步骤】

1. 挑取大肠杆菌 DH5α/pUC18 的一个单菌落于盛 5 mL LB 液体培养基的试管中(含 100 μg/mL 的氨苄青霉素)，37℃振荡培养过夜(约 16～24 h)。

2. 吸取 1.5 mL 的过夜培养物于塑料离心管(Eppendorf 管)中，离心(12 000 r/min，30 s)后，弃去上清液，留下细胞沉淀。

3. 加入 100 μL 冰预冷的溶液Ⅰ，在旋涡混合器上强烈振荡，充分混匀。

4. 加入 200 μL 溶液Ⅱ，盖严管盖，反复颠倒小离心管 5～6 次或用手指弹动小管数次，以混合内容物。置冰浴中 3～5 min。注意不要强烈振荡，以免染色体 DNA 断裂成小段不易与质粒 DNA 分开。

5. 加入 150 μL 溶液Ⅲ，将管盖朝下温和振荡 10 s，置冰浴 3～5 min，使细胞壁和杂蛋白等沉淀。

6. 离心(12 000 r/min)5 min，以沉淀细胞碎片和染色体 DNA。取上清转移至另一洁净的小离心管中。

7. 加等体积溶液Ⅳ，振荡混匀，室温离心 2 min，小心吸取上层水相至另一洁净小离心管中。为了得到高纯度的质粒 DNA，可在加乙醇沉淀之前再用溶液Ⅳ抽提一次。

8. 加入 2 倍体积的冷无水乙醇，置室温下 2 min，以沉淀核酸 DNA。

9. 室温下离心 5 min，弃上清。加入 1 mL 70%乙醇振荡漂洗沉淀。如果得不到质粒沉淀，可以放入－20℃冰箱 1 h 后再离心。

10. 离心后，弃上清液。可见 DNA 沉淀附在离心管壁上，用记号笔标记其位置，用消毒的滤纸条小心吸净管壁上残留的乙醇，将离心管倒置在滤纸上，室温蒸发痕量乙醇 10～15 min，或真空抽干乙醇 2 min。也可在 65℃烘箱中干燥 2 min。

11. 加入 50 μL TE 缓冲液(含 RNase，20 μg/mL)，充分混匀，取 5 μL 进行琼脂糖凝胶电泳，剩下的贮存于－20℃冰箱内，下一个实验用。

12. 琼脂糖凝胶电泳观察质粒 DNA

(1) 将微型电泳槽的胶板二端挡板插上，在其一端放好梳子，在梳子的底部与电泳槽底板之间保持约 0.5 mm 的距离。

(2) 用电泳缓冲液配制 0.7%的琼脂糖胶，加热使其完全溶化，加一小滴溴化乙锭溶液(1 mg/mL)，使胶呈微红色，摇匀(但不要产生气泡)，冷至 65℃左右，倒胶(凝胶厚度一般为 0.3～0.5 cm)。倒胶之前先用琼脂糖封好电泳胶板二端挡板与其底板的连接处，以免漏胶(图 1-31.1A)。

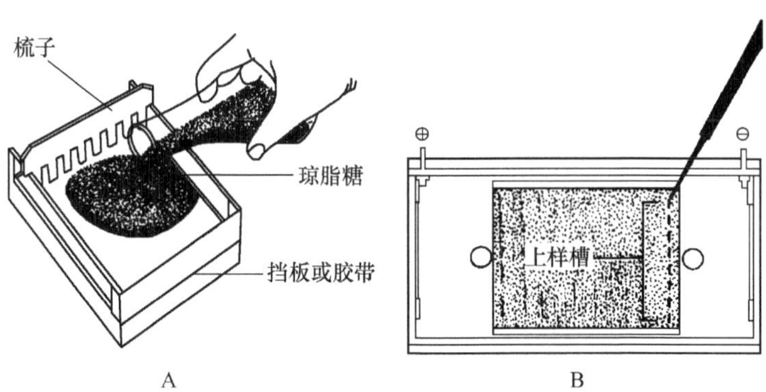

图 1-31.1　琼脂糖凝胶电泳

(3) 胶完全凝固后小心取出二端挡板和梳子，将载有凝胶的电泳胶板(或直接将凝胶)放入电泳槽平台上，加电泳缓冲液使其刚好浸没胶面(高出胶面约 1 mm)。

(4) 取上述获得的质粒 DNA 溶液 3～5 μL，加 1～2 μL 加样缓冲液(内含溴酚蓝指示剂)，混匀后上样(图 1-31.1B)。

(5) 接通电源，记住：上样槽一端位于负极，电压降选为 1～5 V/cm(长度以两个电极之间的距离计算)。

(6) 根据指示剂迁移的位置判断是否中止电泳。切断电源后,再取出凝胶置紫外透射仪上观察结果或拍照。

EB 特异性插入 DNA 分子,在琼脂糖凝胶中由于电场及分子筛的作用,不同相对相对分子质量的 DNA 因泳动速度不同而分离。同一质粒的相对相对分子质量一致,在凝胶中形成一条整齐的荧光带,不同于染色体弥散型荧光带。相同相对分子质量但构型不同的 DNA 分子也会分离出 3 条泳带:超螺旋质粒 DNA 泳动最快,线型次之,开环质粒 DNA 泳动最慢。

【实验报告】

1. 实验结果　描绘出(或照像)在紫外透射仪上观察到的质粒凝胶电泳的结果。

2. 思考题

(1) 试分析下列实验结果产生的可能原因,哪一种正确?

① 没有观察到任何荧光带。

② 观察到 3 条整齐荧光带。

③ 只观察到一片不成带型的"拖尾"荧光。

④ 三种类型核酸(染色体 DNA、质粒 DNA 和 RNA)均观察到。

(2) 如果只需要检测某大肠杆菌菌株是否含有质粒(或重组质粒),你能否在本实验的基础上提出一种更简便、更迅速的方法设想? 提示:

① 可否将有些溶液(或成分)合并成一种溶液而减少操作步骤?

② 为检测某菌是否含有质粒,是否一定要将其染色体 DNA、RNA 去除干净?

【注意事项】

1. 收集菌体时要尽量除尽水分。
2. 菌体在溶液Ⅰ中要尽量悬浮均匀。
3. 取出梳子之前,一定要等琼脂糖凝固。
4. 上样时要细心,以免枪头刺破凝胶。
5. 电泳时,电极务必连接正确。
6. 染色剂溴化乙锭是强诱变剂,操作时须戴一次性手套,用后不可随意丢弃。

附:溶液Ⅰ、Ⅱ、Ⅲ、Ⅳ的作用机理

溶液Ⅰ中的葡萄糖是为了增加溶液黏度,以防止染色体 DNA 受机械剪切力作用而降解,污染质粒;溶菌酶(可省略)可水解菌体细胞壁的主要化学成分肽聚糖中的 β-1,4 糖苷键,因而具有溶菌作用;EDTA 有两个作用:一是抑制 DNase 对 DNA 的降解作用,因为 EDTA 是一种金属离子螯合剂,而 DNase 作用时需要一定的金属离子(如 Mg^{2+} 等)作辅基;二是保证溶菌酶有一个良好的低离子强度的环境。溶液Ⅱ中的 NaOH 可促使染色体 DNA 和质粒 DNA 强碱变性,SDS 是离子型表面活性剂,其作用是溶解细胞膜上的脂肪与蛋白质,破坏细胞膜,解聚核蛋白以及形成蛋白质变性复合物以利于沉淀。溶液Ⅲ实际上是 KAc-HAc 缓冲液,其作用是使变性的质粒 DNA 复性并稳定地存在于溶液中。溶液Ⅳ中的酚和氯仿则是用来抽提 DNA 溶液中的蛋白质,加少量的异戊醇是为了减少抽提中的泡沫产生,以防止气泡阻止相互间的作用,同时也有利于分相(使上层水相、中层变性蛋白及下层有机溶剂相维持稳定)。

(蔡信之)

实验 1-32 质粒 DNA 的转化

【目的要求】

1. 掌握基因工程中常用的细菌感受态细胞制备和质粒转化的方法。

2. 检测自制质粒 DNA 的转化活性。

【基本原理】

在基因克隆技术中，转化(transformation)是指以质粒 DNA 或以它为载体构建的重组质粒 DNA(包括人工染色体)导入细胞的过程。该过程的关键是受体细胞的遗传学特性及其所处的生理状态。用于转化的受体细胞一般是限制修饰系统缺陷的变异株，以防止对导入的外源 DNA 的切割，用 R^-M^- 符号表示。为了便于检测，受菌体一般应具有可选择的标记(如抗生素敏感性、颜色变化等)。质粒 DNA 能否进入受体细胞取决于该细胞是否处于感受态(competence)。感受态是指受体细胞处于容易吸收外源 DNA 的生理状态，可通过物理化学的方法诱导形成，也可自然形成(自然感受态)。在基因工程技术中，通常采用诱导的方法。大肠杆菌是常用的受体菌，其感受态一般是用 $CaCl_2$ 在 0℃处理细胞形成。基本原理是细菌在 0℃的 $CaCl_2$ 低渗溶液中会膨胀成球形，细胞膜的通透性发生变化，转化混合物中的质粒 DNA 形成抗 DNase 的羟基-钙磷酸复合物黏附于细胞表面，经 42℃短时间热激处理，促进细胞吸收 DNA 复合物，在营养丰富培养基上生长数小时后球状细胞复原并分裂增殖，在选择培养基上便可获得所需的转化子。

【实验器材】

大肠杆菌 HB101(Amp^s)，pUC18 质粒；LB 液体培养基(20 mL/250 mL 三角瓶)，含(和不含)氨苄青霉素的 LB 平板，2×LB 培养基；$CaCl_2$(0.1 mol/L)溶液；10 mL 塑料离心管和 1.5 mL 小塑料离心管，微量进样器，玻璃涂棒，恒温水浴锅(37℃，42℃)，分光光度计，台式高速离心机等。

【操作步骤】

1. 制备感受态细胞(以下步骤均需严格无菌操作)

(1) 将大肠杆菌 HB101 在 LB 琼脂平板(不含氨苄青霉素)划线，37℃培养 16～20 h。

(2) 在划线平板上挑一个单菌落于盛有 20 mL LB 培养基的 250 mL 三角瓶中，37℃振荡培养到细胞的 OD_{600} 值为 0.3～0.5，使细胞处于对数生长期或对数生长前期。

(3) 将培养物于冰浴中放置 10 min，然后转移到 2 个 10 mL 预冷的无菌离心管中，4000 r/min，0～4℃离心 10 min。

(4) 弃上清液，倒置离心管 1 min，流尽剩余液体后，置冰浴 10 min。

(5) 分别向两管加 5 mL 用冰预冷的 0.1 mol/L $CaCl_2$ 溶液悬浮细胞，置冰浴 20 min。

(6) 4000 r/min，0～4℃离心 10 min 回收菌体，弃上清液。分别向两管各加入 1 mL 冰预冷的 0.1 mol/L $CaCl_2$ 溶液，重新悬浮细胞。

(7) 按每份 200 μL 分装细胞于无菌小塑料离心管中，如果不马上用可加入终浓度为

10%的无菌甘油，置－20℃或－70℃贮存备用。制得的感受态细胞在4℃放置12～24 h，转化率可提高4～6倍，但24 h以后转化率将下降。

2. 转化

(1) 加10 μL含约0.5 μg自制的pUC18质粒DNA到上述制备的200 μL感受态细胞中。同时设三组对照：①不加质粒；②不加受体；③加已知具有转化活性的质粒DNA。具体操作参照表1-32.1进行。

表1-32.1　转化操作表

编　号	组　别	质粒 DNA/μL	Tebuf/μL	0.1mol/L $CaCl_2$/μL	受体菌悬/μL
1	受体菌对照	—	10	—	200
2	质粒对照	10(0.5 μg)	—	200	—
3	转化实验组Ⅰ*	10(0.5 μg)	—	—	200
4	转化实验组Ⅱ	10(0.5 μg)	—	—	200

* 阳性对照，用已知具有转化活性的pUC18质粒DNA转化。

(2) 将每组样品轻轻混匀后，置冰浴30～40 min，然后置42℃水浴热激3 min，迅速放回冰浴1～2 min。

(3) 向每组样品中加入等体积的2×LB培养基，置37℃保温1～1.5 h，让细菌中的质粒表达抗生素抗性蛋白。

(4) 每组各取100 μL混合物涂布于含氨苄青霉素(50 μg/mL)的选择平板上，室温下放置20～30 min。

(5) 待菌液被琼脂吸收后，倒置平板于37℃培养12～16 h，观察结果。

【实验报告】

1. 实验结果

(1) 自行设计表格记录实验结果。

(2) 按下列公式计算转化效率：

转化效率(转化子数/每微克质粒DNA)＝转化子总数/DNA质粒加入量(μg)

2. 思考题

(1) 转化实验中三组对照各起什么作用？如果阳性对照组(3号)在选择平板上无菌落生长，转化实验组(4号)有菌落生长，说明什么问题？相反的结果又说明什么？

(2) 根据你的实验结果能否判断，转化实验组(编号4)长出的菌落既不是杂菌，也不是自发突变，而是含有pUC18质粒的转化子？请予解释。

(3) 本实验介绍的转化方法，你认为有什么可以改进简化的？谈谈你的设想。

【注意事项】

1. 主要的转化操作都必需无菌操作，并且在冰上进行。

2. 配制试剂、培养基等均须用超纯水。

3. 使用的器皿一定要清洗干净，因为痕量的去污剂或其他化学物质的存在都可能大大降低细菌的转化效率。

4. 菌体浓度是影响感受态效率高低的主要因素，适合于本法的菌体浓度应在10^8

个/mL 以下，使菌体处于对数生长期或对数生长前期。$CaCl_2$ 的纯度至关重要。

（蔡信之）

实验 1-33　细菌总 DNA 的制备

【目的要求】

了解细菌总 DNA 的制备方法的原理；掌握细菌总 DNA 的制备技术。

【基本原理】

制备细菌总 DNA 方法很多，都包括两个主要步骤，首先裂解细菌细胞，再用化学或酶法除去样品中的蛋白、RNA、多糖等大分子杂质，经乙醇沉淀得到较纯的总 DNA。

革兰氏阴性和革兰氏阳性细菌的细胞壁组成不同，因此裂解细胞的方法也不同。采用 SDS 处理即可直接裂解革兰氏阴性细菌细胞；裂解革兰氏阳性细菌细胞则需要先用溶菌酶降解细菌细胞壁后，再用 SDS 等表面活性剂处理裂解细胞。

DNA 纯化用饱和酚、酚/氯仿/异戊醇和蛋白酶处理，除去其中的蛋白和部分 RNA；再用 RNase 除去残留的 RNA；用 CTAB/NaCl 溶液除去其中的多糖和其他大分子物质。

测定 DNA 溶液的 OD_{260} 和 OD_{280} 可估算核酸的纯度和浓度。纯 DNA 的 OD_{260}/OD_{280} 比值为 1.8，纯 RNA 的 OD_{260}/OD_{280} 比值为 2.0。如果核酸样品被蛋白质或酚污染，OD_{260}/OD_{280} 比值就降低。用 1 cm 石英比色杯测量时，纯的核酸样品可按 $1OD_{260}$ 约相当于双链 DNA 50 μg/mL、单链 DNA 40 μg/mL、RNA 38 μg/mL。对于纯度不高的 DNA 样品可按公式：DNA 浓度(μg/μL)$=OD_{260}\times 0.063-OD_{280}\times 0.036$ 估算 DNA 浓度。由于不同构型 DNA 消光系数不同，所以上面估算 DNA 浓度的公式并不适用于质粒 DNA，因为质粒 DNA 有多种构型。

【实验器材】

大肠杆菌，枯草杆菌；牛肉膏蛋白胨培养基，溶菌酶 100 μg/mL(现配)，40 m mol/L Tris-HCl，pH 8.0 20 m mol/L 乙酸钠，1 mol/L EDTA，10%SDS，5 mol/LNaCl，无水乙醇，超纯水和 TE 等；微量移液器，1.5 mL 离心管，台式高速离心机，电热干燥箱，紫外分光光度计等。

【操作步骤】

1. 培养菌体　挑取大肠杆菌或枯草杆菌的一个单菌落于装有 5 mL 肉汤蛋白胨培养基的试管中，37℃振荡培养过夜(12～16 h)。

2. 收集菌体　吸取 1.5 mL 培养液于 1.5 mL 离心管中，12 000 r/min 离心 30 s，弃上清，收集菌体。

3. 辅助裂解　如果是 G^+ 菌，应先加溶菌酶 100 μg/mL 50 μL，37℃处理 1 h。

4. 裂解细胞　每管加 200 μL 裂解缓冲液[缓冲液含(终浓度)40 m mol/L Tris-HCl，pH 8.0 20 m mol/L 乙酸钠，1 m mol/L EDTA，1%SDS]，用吸头抽吸，悬浮并裂解细胞。

5. 每管再加 66 μL 5 mol/L NaCl，充分混匀，12 000 r/min 离心 10 min，除去蛋白质

复合物及细胞壁等杂物。

6. 将上清液转移到新离心管中，加入等体积的用 Tris 饱和的苯酚，盖紧管盖，轻轻地反复颠倒离心管，既要充分混匀，又不能剧烈振荡，以免使基因组 DNA 断裂。12 000 r/min 离心 5 min，进一步沉淀蛋白质。

7. 小心吸取上层水相转移到另一干净离心管中，加入等体积的氯仿/异戊醇，充分混匀，12 000 r/min 离心 5 min，除去苯酚。

8. 小心吸取上清液放到另一干净离心管中，用预冷的两倍体积的无水乙醇沉淀，15 000 r/min离心 15 min，弃上清液。

9. 用 400 μL 70%乙醇洗涤两次。

10. 真空干燥后加 50 μL TE 缓冲液或超纯水溶解 DNA，－20℃冰箱贮存备用。

11. 电泳检测 保藏前吸取 5 μL 制得的 DNA 溶液按实验 1-31 的方法进行琼脂糖凝胶电泳，检测 DNA 的纯度及其分子大小。

12. DNA 纯度及浓度检测 将样品 DNA 溶液以 TE 缓冲液或超纯水稀释后用紫外分光度计测量 OD_{260} 和 OD_{280}，根据 OD_{260}、OD_{280} 及 OD_{260}/OD_{280} 值检测其浓度和纯度。

【实验报告】

1. 实验结果

(1) 检查制备的细菌总 DNA 的纯度和浓度。

(2) 记录细菌总 DNA 电泳的结果。

2. 思考题

(1) 总 DNA 制备中各步骤的原理是什么？

(2) 常用 OD_{260}/OD_{280} 比值估算 DNA 的纯度，如某 DNA 样品的 OD_{260}/OD_{280} 比值为 1.8，是否就说明该 DNA 样品的纯度很高？为什么？

(3) 除紫外吸收法测定 DNA 的浓度外，还有哪些常用方法？其原理是什么？

(4) 比较细菌总 DNA 和质粒 DNA 制备方法的异同点。

【注意事项】

1. 裂解缓冲液单独配制成母液，然后现配现用。

2. G^+ 菌溶菌酶处理是关键。在温浴中可振荡混匀 2～3 次。处理效果差的，菌液未变清，可补加溶菌酶，延长温浴时间。

3. 细胞沉淀悬浮要充分，细胞裂解要彻底，使细胞的基因组 DNA 能释放出来。

4. 细胞裂解后的操作要轻柔，避免旋涡振荡，以免使总 DNA 断裂。

（蔡信之）

实验 1-34 SDS-聚丙烯酰胺凝胶电泳法测定啤酒酵母菌胞外蛋白质相对分子质量

【目的要求】

1. 了解 SDS-聚丙烯酰胺凝胶电泳的原理。

2. 掌握垂直板电泳技术和测定蛋白质相对分子质量的方法。

【基本原理】

聚丙烯酰胺凝胶是由丙烯酰胺单体和少量的交联剂——亚甲基双丙烯酰胺在催化剂的作用下，聚合交联而成的三维网状结构的凝胶。改变单体浓度或单体与交联剂的比例，可以得到不同孔径的凝胶。蛋白质在聚丙烯酰胺凝胶中电泳时，除了电荷效应外，由于凝胶对样品的分子筛选效应和浓缩效应，基于蛋白质分子携带净电荷的多少、分子大小及形状不同进行分离时，则呈现出不同迁移率的区带，通过染色可进行观察。

巯基乙醇是还原剂，在蛋白质溶液中加入巯基乙醇可使蛋白质分子中的二硫键还原。十二烷基硫酸钠(SDS)是一种阴离子表面活性剂，它能使蛋白质的氢键和疏水键打开，使蛋白质变性而改变原有的空间构象，SDS 能结合到蛋白质分子上，形成蛋白质-SDS 复合物。由于 SDS 带有负电荷，使各种蛋白质-SDS 复合物都带有相同密度的负电荷。消除了不同蛋白质间原有的电荷差异，便于被测蛋白在凝胶中的泳动。蛋白质分子的电泳迁移率主要取决于它的相对分子质量，当蛋白质相对分子质量在 11 万～16 万时，电泳迁移率与相对分子质量的对数呈直线关系。因而将已知相对分子质量的蛋白质作标准，未知相对分子质量的蛋白质与已知相对分子质量的蛋白质在相同条件下同时电泳，将已知相对分子质量标准蛋白质的电泳迁移率与相对分子质量对数作标准曲线图，由此可测得未知蛋白质的相对分子质量。

凝胶单体和聚合物的化学结构式如下：

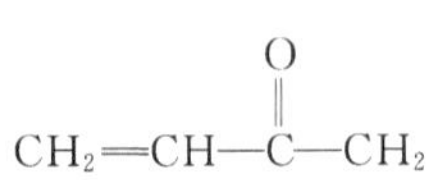

丙烯酰胺(Acr)

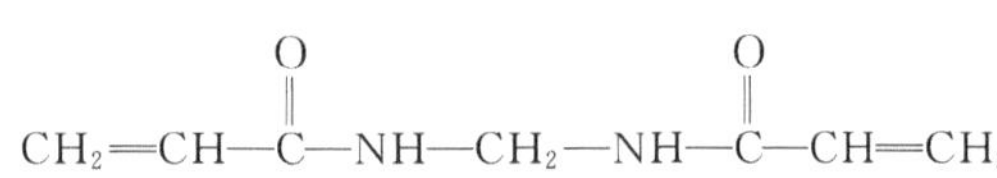

亚甲基双丙烯酰胺(Bis)

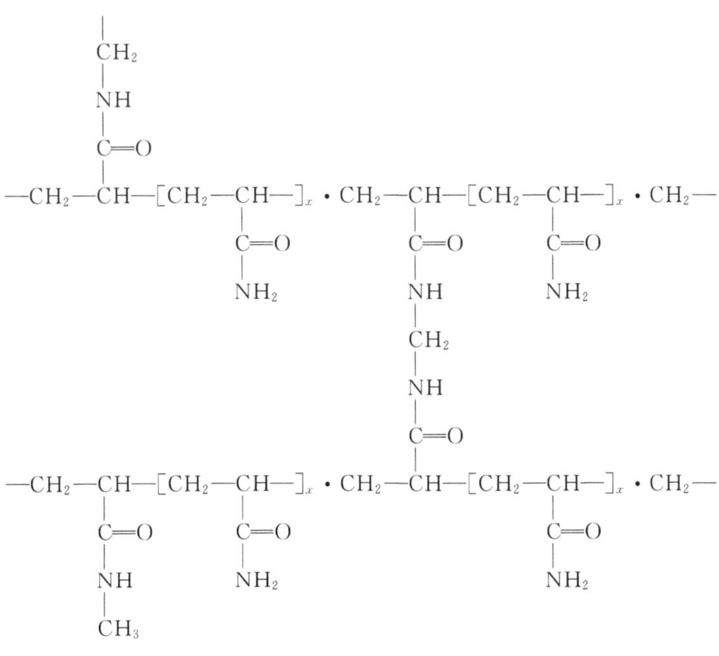

聚丙烯酰胺

【实验器材】

啤酒酵母菌(酿酒酵母)(*Saccharomyces cerevisiae*);YEPD培养基;标准蛋白质混合液[磷酸化酶B(相对分子质量94 000)、牛血清蛋白(相对分子质量67 000)、肌动蛋白(相对分子质量43 000)、碳酸酐酶(相对分子质量30 000)、溶菌酶(相对分子质量14 000)];30%凝胶贮备液,分离胶缓冲液(pH8.8),浓缩胶缓冲液(pH6.8),电泳缓冲液(pH8.3),10%SDS,10%过硫酸铵(AP),1%TEMED,上样缓冲液,染色液,脱色液,自制酵母菌胞外蛋白质样品(1 mg/mL),Tris-HCl缓冲液;电泳仪,垂直板电泳槽,注射器(长针头),微量移样器,烧杯,量筒,培养皿(直径15 cm)等。

【操作步骤】

1. 啤酒酵母菌胞外蛋白质的提取　在200 mL YEPD培养基中接入啤酒酵母菌,于30℃、160 r/min振荡培养18 h后,将培养液在3000 r/min离心10 min,收集上清液,然后在上清液中加入等体积的丙酮,混匀,在冰箱中放置4 h后,3000 r/min,离心20 min,弃上清液,收集沉淀物,真空干燥,称取1 mg样品溶于1 mL 0.5 mol/L pH6.8的Tris-HCl缓冲液中。

2. 蛋白质样品处理　取蛋白质样品液和标准蛋白样品液各20 μL(1 μg/μL)分别置于0.5 mL离心管中,在100℃水浴中处理2 min,使蛋白变性,冷却至室温后备用。

3. 蛋白质的电泳分离

(1) 安装电泳槽凝胶板　将玻璃板依次用水、10%SDS、乙醇和水洗净,干燥,玻璃板嵌入胶带凹型槽中,两层玻璃片间空隙为2 mm左右,拧紧电泳槽外部螺丝使其夹紧。长玻璃片上部与胶带间有2~3 mm距离,必须用1%琼脂糖胶液沿玻璃板空隙灌入至模板底部,封闭模板底部的窄缝以免制胶时胶液漏出,待琼脂糖凝固后灌胶。

(2) 凝胶的聚合　按表1-34.1中溶液的顺序及比例,先配制10%分离胶15 mL,待分离胶聚合后,再配制5%的浓缩胶5 mL。

表1-34.1　SDS-聚丙烯酰胺凝胶电泳分离胶及浓缩胶所用溶液(mL)

试剂名称	10%分离胶	5%浓缩胶	试剂名称	10%分离胶	5%浓缩胶
H_2O	5.3	2.32	10%SDS	0.15	0.05
30%丙烯酰胺溶液	5	0.83	10%过硫酸铵溶液	0.15	0.05
1.5 mol/L Tris(pH8.8)	3.8	0	1%TEMED	0.6	0.5
0.5 mol/L Tris-HCl(pH6.8)	0	1.25			

加入以上各溶液后混匀,小心将分离胶注入准备好的玻璃板间隙中,不要产生气泡,将胶液加到距短玻璃板上沿2 cm处为止。然后用细滴管仔细注入少量水,以阻止空气中的氧对凝胶聚合的抑制作用。

待分离胶聚合好后用滤纸条轻轻吸去上层水,将按上表制备的5 mL浓缩胶小心注入分离胶上端,插入样品梳子;待浓缩胶聚合后小心拔出样品梳子,加入电泳缓冲液。

(3) 加样电泳　用微量注射器依次在各样品槽内加样,一般加样10~20 μL。加样完毕,上槽接负电极,下槽接正电极,打开电泳仪开关后,开始电压为8 V/cm凝胶,染料进入分离胶后，将电压增加到 15 V/cm 凝胶，继续稳压电泳，直到溴酚蓝指示剂抵达分离胶底部，断开电源停止电泳。

(4) 染色和脱色 电泳结束后，取出胶框，在长短两块玻璃板下角空隙间，用刀轻轻撬动，即将凝胶面与一块玻璃板分开，然后将胶片轻轻放入培养皿中，用考马斯亮蓝染色液室温染色 3～4 h，必要时延长时间。

移去染色液并回收以备再用。用蒸馏水将胶面漂洗几次后，加入脱色液，缓慢摇动进行扩散脱色，其间更换 3～4 次脱色液，直到蛋白质带清晰即可。将脱色后的凝胶照相或干燥，也可用塑料袋封闭保存。

【实验报告】

1. 实验结果

(1) 测量脱色后凝胶板上每个蛋白质样品的移动距离，测量指示剂的迁移距离。

(2) 按以下公式计算各蛋白质样品的相对迁移率。

$$相对迁移率 = \frac{样品迁移距离(cm)}{指示剂迁移距离(cm)}$$

(3) 制作标准曲线 以各标准蛋白质相对迁移率为横坐标，蛋白质相对分子质量的对数为纵坐标在半对数坐标纸上作图，绘制标准曲线。

(4) 测定蛋白质样品的相对分子质量 根据待测蛋白质样品的相对迁移率，从标准曲线上查得该蛋白质的相对分子质量。

2. 思考题

(1) 测定相对分子质量在 1 万左右的蛋白质样品，应制备什么样的凝胶？

(2) 用 SDS-PAGE 法测定蛋白质相对分子质量时，用什么方法调整凝胶特性？

(陈旭健)

实验 1-35 微生物 DNA 的体外重组

【目的要求】

了解 DNA 体外重组的一般过程；初步学习 DNA 体外重组的基本技术。

【基本原理】

DNA 体外重组是将目的基因用 DNA 连接酶连接在合适的质粒载体上，形成重组质粒。再利用转化等方法将重组质粒导入菌体细胞，使连接在重组质粒上的目的基因在受体细胞中表达。DNA 片段体外连接是重组 DNA 技术的关键。

【实验器材】

感受态细胞（如 *E. coli* JM109、DH5d 菌株等）；载体（如质粒 pUC19 等），目的基因（如小牛胸腺 DNA），限制性内切酶（如 *Eco*R Ⅰ、*Hin*d Ⅲ），T4 DNA 连接酶，0.1 mol/L $CaCl_2$ 溶液，LB 琼脂平板 2 个（含氨苄青霉素），LB 液体培养基 5 mL（含氨苄青霉素），X-gal（5-溴-4-氯-3-吲哚-β-D-半乳糖苷），IPTG（异丙基硫代-β-D-半乳糖苷），琼脂糖，双蒸馏水；恒温培养箱，恒温摇床，恒温水浴槽，Ep 离心管，加样器，吸头，电泳仪，电泳槽等。

【操作步骤】

（一）酶切质粒 DNA 及目的基因

1. 酶切质粒 DNA　在无菌 Ep 离心管中，加 5 μL（约 2～4 μg）质粒 DNA（如 pUC19），5 μL 酶切缓冲液（10×），1～2 μL 的酶（如 *Eco*R Ⅰ），加双蒸馏水至 50 μL，轻轻混匀，37℃反应 2～3 h。

2. 酶切目的基因 DNA　在另一无菌 1.5 mL 微量离心管中，加入 5μL（约 2～4 μg）目的基因 DNA（如小牛胸腺 DNA），5 μL 酶切缓冲液（10×），1～2 μL 的酶（如 *Eco*R Ⅰ），加双蒸馏水至 50 μL，轻轻混匀，37℃反应 2～3 h。

3. 电泳检测　各取 10 μL 反应液进行琼脂糖电泳，分析酶切产物。

（二）连接与转化

1. 分离　向余下的酶解液中加入 1/10 体积 3 mol/L 醋酸钠，2.5 倍体积的－20℃预冷无水乙醇，于－20℃放置 20 min，13 000 r/min 离心 10 min，弃上清，加 1 mL 70%乙醇洗沉淀，弃上清，室温干燥或真空干燥后加双蒸馏水 10 μL 溶解。

2. 连接　取酶切载体 DNA 3 μL、目的基因 DNA 3 μL，加 1 μLT4 DNA 连接酶缓冲液（10×）、1 μL T4 DNA 连接酶，加双蒸馏水至 10 μL 体积，于 16℃连接 12～20 h。

3. 转化　取以上连接液 24 μL 做转化（实验 1-32）。

（三）观察结果

1. 表达　取 40 μL 20 mg/mL X-gal 及 40 μL 20 mg/mL IPTG 加到 LB 平板上，并加入适当体积（100 μL 或 200 μL）的转化细胞悬液，用涂布器混合均匀后涂布平板，同时做两个重复。37℃倒置培养 12～16 h。

2. 观察　白色菌落含有重组 DNA，蓝色菌落含有未重组质粒 DNA。

3. 挑菌　用无菌牙签挑白色菌落接种于液体 LB 培养基，作小量制备。

4. 检测　可采用电泳比较 DNA 分子的大小、酶切、PCR 等方法，筛选目的克隆。

【实验报告】

1. 实验结果　记录实验结果并进行分析。

2. 思考题

（1）如果目的基因和载体需要用不同的限制酶酶切时，如何进行连接？

（2）试设计表达一外源基因 G 的实验步骤。

（3）如何筛选出需要的目的基因？筛选步骤是什么？

【注意事项】

1. 酶的加入量要小于反应体积的 1/10，否则酶液中所含的甘油会抑制酶解反应。

2. 有的酶的最佳反应条件不是 37℃。不同的酶要求的缓冲液不完全相同。

（蔡信之）

实验 1-36 聚合酶链式反应(PCR)技术

【目的要求】

掌握 PCR 反应的基本原理和实验技术。

【基本原理】

PCR 是聚合酶链式反应(Polymerase Chain Reaction)的英文缩写,此技术是在生物体外模拟 DNA 的半保留复制。DNA 在 94℃(或 95℃)的高温下双链变性,分离出的单链作为模板,降温至 55℃,让设计的一对特异性引物与 DNA 单链配对,接着温度升至 72(70~75)℃,在 DNA 聚合酶的作用下,脱氧核苷三磷酸开始渗入并从引物的结合端开始,按 5′→3′方向延伸,合成出新生的 DNA 互补链,这一过程称一个循环。使靶 DNA 片断扩增为 2 条。重复以上高温变性、低温复性、中温延伸的过程。一般 30 个左右的循环,模板 DNA 被大量复制,可扩增 10^6~10^9 倍。

【实验器材】

重组质粒如 pHN8004,是含有 α-淀粉酶基因的质粒,基因两端的核苷酸序列已知,根据已知序列设计上下游引物;脱氧核苷三磷酸(d NTP)、*Taq* DNA 聚合酶,上下游引物,DNA marker,*Taq* 缓冲液(10×)等;PCR 扩增仪,台式高速离心机,Ep 管(0.5 mL 微量离心管),加样器,吸头等。

【操作步骤】

1. 按下列顺序将 PCR 反应体系各成分在一只无菌的标准 0.5 mL 新 Ep 管内混匀:

10×*Taq* 缓冲液	2.5 μL
dNTP 混合物	1 μL(各 2.5 mmol)
引物 1(上游引物)	1 μL(0.5 μmol)
引物 2(下游引物)	1 μL(0.5 μmol)
模板 DNA	约 10 ng(质粒),约 1 μg(基因组 DNA)
Taq DNA 聚合酶	1 μL(2.5 μ/μL)
去离子水	加至 25 μL

用手指头轻弹管壁数次,混匀后高速离心 5s,使反应液集中在管底,再加 1~2 滴矿物油封住溶液表面,防止样品蒸发。

2. 打开电源开关,按 PCR 仪操作说明设定运行程序,使 PCR 仪进入预热状态。

3. PCR 反应(在 PCR 仪上进行)待 PCR 仪预热后将上述反应混合液连同 Ep 管置于 PCR 仪 95℃池中加热 5 min,使 DNA 完全变性。按以下设置完成 25~35 个循环。

95℃	1 min	变性
50℃	2 min	复性
72℃	2 min	延伸

循环结束后,72℃延伸 10 min。置 4℃保存至电泳检测。

4. 电泳检测结果　将 PCR 扩增的产物用 0.7%~1.0%的琼脂糖凝胶电泳检查,用 DNAmarker 作相对分子质量指示。以能看到片段大小、条带清晰的结果为最佳。

【实验报告】

1. 实验结果　在紫外灯下观察琼脂糖凝胶电泳的结果，再通过成像系统将结果照相，并进行分析。

2. 思考题

(1) 聚合酶链式反应的原理是什么？末轮循环为何要延伸 10 min？

(2) 需在体外大量扩增已克隆到 pUC18 上的某一目的基因应如何设计实验步骤？

【注意事项】

1. 首次使用 PCR 仪前必须仔细阅读 PCR 仪使用说明书，严格按要求操作。

2. 除特别指出外，加入反应成分及每一步骤间隙均需在冰上进行。

3. 加入反应成分及聚合酶后都要充分混匀体系，并用离心机轻甩一次。

4. 引物的特异性要强。特别是鉴定菌种的引物要有严格的排他性，这种引物的确定事先要进行大量的数据分析和实验。引物的浓度一般在 10～50 pmol/μL，最适浓度通过预实验确定。浓度太低扩增产量过小；太高容易形成引物二聚体。

5. PCR 反应的温度与时间要根据不同引物、GC 比、碱基数目和扩增目的片断长度确定，特别是复性温度与时间更需注意。退火温度太低易出现非特异性扩增，一般为 Tm 值减去 5。

6. 循环次数一般为 25～35 个周期。循环次数越多，非特异产物也越多。因此，在满足产量的前提下，尽量减少周期数。

（蔡信之）

第八单元　免疫学技术

实验 1-37　免疫血清的制备

【目的要求】

学习抗原及动物免疫血清的制备方法。

【基本原理】

将微生物或其成分、产物等抗原注入动物体内，就可能刺激机体产生相应的抗体。细菌或病毒等颗粒性抗原可直接注射到动物体内，使其产生相应的抗体。可溶性抗原如血清及纯化的蛋白等，则普遍应用佐剂免疫法以改进机体的反应。佐剂的种类很多，最常用的是福氏佐剂（Freund's adjuvant）。待动物产生大量的抗体时，采出动物的血液，分离出血清，即得到含有抗体的抗血清。

制备特异性强、效价高的免疫血清对于微生物的鉴定、传染病的诊断与治疗、抗原分析等均有很大的作用。动物产生抗体的量，除了因动物的种类、年龄、营养状况及免疫途径不同外，还与抗原的种类、注射剂量、免疫次数、免疫的间隔时间有关。抗原剂量太小不足以引起应有的刺激，剂量太大易产生免疫耐受。在常规免疫中，抗原量一般为 0.1～1.0 mg/kg 体重。制备抗体一般需要多次注射抗原才能得到高效价的免疫血清。注射途径最常用的是静脉。

【实验器材】

健康家兔（2 kg 以上健康雄兔或未受孕的雌兔）；标准大肠杆菌 24 h 牛肉膏蛋白胨斜面培养物；牛肉膏蛋白胨斜面培养基，牛肉膏蛋白胨液体培养基；0.3%福尔马林，生理盐水，0.5%及 5.0%石炭酸或 1%硫柳汞，卡介苗（75 mg/mL），液体石蜡，羊毛脂，75%乙醇，碘酒；移液管，滴管，大试管，注射器（50 mL、5 mL、1 mL），针头（5 号、7 号），兔解剖台，兔头夹，止血钳，解剖刀，解剖剪刀，镊子，动脉钳，棉花球，硅胶管，双面刀片，量筒，无菌茄子瓶，载玻片，离心管，McFarland 比浊管等。

【操作步骤】

1. 免疫动物的选择　要制备特异性强、效价高的免疫血清，选择动物非常关键。通常选择对被测抗原十分敏感的动物。应选择刚成年、健康的动物。实验室常用的家兔最好选择兔龄在 9～24 个月，体重 2～3 kg，耳朵大，静脉粗，无脚癣的健康雄兔或未受孕的雌兔。免疫前将家兔标以记号并与其他兔隔开喂养，观察其健康状况数日。

2. 抗原的制备　取标准大肠杆菌纯种接种到 2 支牛肉膏蛋白胨培养基斜面上，一支用于移种，一支用于免疫，37℃恒温箱培养 15～18 h。用无菌生理盐水洗下菌苔，制成浓菌悬液。用无菌吸管吸取以上菌液，注入装有玻璃珠的无菌血清瓶内，边用无菌生理盐水稀释边振荡 10～25 min，分散菌块。以此配成 1 mL 含有 10 亿个细菌的菌悬液（也可用直径 4 mm 的接种环刮取一环约等于 1 mg，大肠杆菌 1 mg 约含有 10 亿个细菌）。并用 McFarland 比浊管以测定菌数（表 1-37.1）。加福尔马林液至 0.4%，置 60℃水浴 1 h 将菌杀死，用此菌悬液作抗原。

表 1-37.1　McFarland 比浊管配制法(mL)

试管号	1	2	3	4	5	6	7	8	9	10
1% $BaCl_2$	0.1	0.2	0.3	0.4	0.5	0.6	0.7	0.8	0.9	1.0
1% H_2SO_4	9.9	9.8	9.7	9.6	9.5	9.4	9.3	9.2	9.1	9.0
相当 1 mL 的细菌数	3×10^9	6×10^9	9×10^9	12×10^9	15×10^9	18×10^9	21×10^9	24×10^9	27×10^9	30×10^9

3. 佐剂的应用　佐剂又称免疫增强剂，和抗原同时或前后注射能增加抗原的免疫原性，提高抗体产量。仅需注射几次抗原-佐剂的混合物，就可以得到比单独注射抗原高出5倍的抗体，且在动物体内能维持更长时间。常用佐剂有：

① 水油乳剂即用 7∶3 或 8∶2 液体石蜡和羊毛脂配成，称为福氏不完全佐剂。

② 含有分枝杆菌(卡介苗)及其提取物的水油乳剂称为福氏完全佐剂。

③ 细菌内毒素和抗原一起注入，如伤寒杆菌和其他革兰氏阴性杆菌内毒素和抗原一起注入，亦可提高抗体水平。其他佐剂如琼脂、明胶、百日咳菌苗等也可应用。

4. 免疫动物的方法

(1) 无佐剂免疫法　细菌、红细胞等颗粒抗原不用佐剂，以静脉注射产生抗体。

① 抗原的选择　按表 1-37.1 中 McFarland 比浊管取已灭活的、浓度约 10×10^9/mL 个大肠杆菌菌悬液作抗原。

② 无菌试验　将 1 mL 上述经处理的菌悬液(抗原)接种于牛肉膏蛋白胨液体培养基内，37℃恒温箱培养 24～48 h，观察有无细菌生长。如无细菌生长即可放入冰箱备用。若有菌生长，则要在 60℃水浴中再处理。

③ 动物的免疫方法　选 3 kg 左右的健康家兔，放在家兔固定箱内或请助手将兔按在桌上不动，一手轻扶耳根，在耳外侧边缘静脉处，先用碘酒棉球，后用乙醇棉球涂擦消毒，用手指轻轻弹几下静脉血管，使其扩张。消毒细菌悬液瓶塞后用无菌注射器及 5 号针头吸取菌液，沿耳静脉平行方向刺入静脉血管，慢慢注入菌液。如针头确在静脉内，注入材料时容易推进，同时可观察到血管颜色变白；若不易推进，且局部有隆起时则表示针头不在血管中，应重新注射。注射完毕，在拔出针头前，先用干棉球按住注射处，然后拔出针头，并继续压迫血管注射处片刻，以防止血流溢出(图 1-37.1)。注射剂量与日程如表 1-37.2。耳静脉注射每隔 2～3 d 注射菌液一次，共五次。

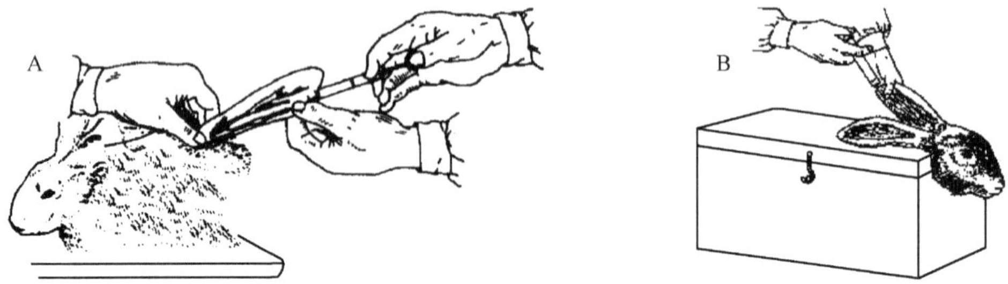

图 1-37.1　家兔耳静脉注射法

表 1-37.2　抗体制备的日程表

注射日期	菌　液	注射剂量/mL	注射途径
第 1 日	死菌	0.3	静脉
第 3 日	死菌	0.5	静脉
第 6 日	死菌	1.0	静脉
第 9 日	死菌	1.5	静脉
第 12 日	死菌	2.0	静脉
第 19 日、22 日	采血少量(1 mL)分离出血清，如凝集效价达 1∶2000 以上则停止动物进食，以无菌手续大量采血。		

④ 试血　通常末次注射后 7～10 d 从兔耳缘静脉抽取 1 mL 血，分离析出血清，用试管凝集反应测定抗血清效价。如效价不高，可继续注射抗原免疫，提高效价。如凝集效价达 1∶2000 以上则停止动物进食，以无菌手续大量采血。

(2) 福氏佐剂免疫法

本实验以烟草花叶病毒为抗原制备血清，卡介苗为福氏完全佐剂，按一定比例混合的液体石蜡和羊毛脂为不完全佐剂。

① 抗原制备　取烟草病叶加等量磷酸缓冲液匀浆，双层纱布过滤，滤液加 8%的正丁醇，搅拌净化。离心(3500 r/min，15 min)，上清液加 6%聚乙二醇(相对分子质量 6000)、3%NaCl，冰箱过夜，次日再用磷酸缓冲液抽提 3～4 次，离心(3000 r/min)，沉淀再悬浮于磷酸盐缓冲液中。纯化的病毒制剂经鉴别宿主、紫外光吸收、电子显微镜观察等，达到免疫纯度后才可使用。

② 佐剂抗原液制备　将无菌佐剂 1 份加入无菌研钵内，逐滴加入等量的抗原悬液(其中含卡介苗 3～4 mg/mL 佐剂、抗原用量 1 mg/kg)，边加边研磨，充分研磨使乳剂滴入水中不扩散为止。

③ 免疫方法　可溶性抗原以直接注入皮下、肌肉或淋巴等处为佳(表 1-37.3)。

表 1-37.3　抗体制备日程表

免疫次数[a]	注射抗原量[b]	注射途径
第 1 次	2 mL	前后足掌各注射 0.5 mL
第 2 次	3 mL	背部皮下 4 点
第 3 次	4 mL	同上
第 4 次	5 mL	同上
第 5 次	6 mL	同上

a. 每次注射间隔 1 周；b. 除第 1 次抗原为完全佐剂外，其他 4 次均为不完全佐剂。

也可以在 3 次皮下多点注射后，进行一次静脉注射，加强免疫。

5. 采血方法　采血前动物停食 12 h，可以得到澄清而不混浊的血清。家兔采血方法有耳静脉采血、心脏采血、颈动脉采血等。如欲保留免疫动物，可从耳静脉取血，取血后由静脉或肌肉缓慢注射等量 5%葡萄糖溶液，休息 2 个月左右，可以再次加强免疫后取血。如需大量血清，不保留该家兔，可用颈动脉、心脏放血的方法。

(1) 耳静脉取血法　首先使兔子活动，加速血液循环，然后固定兔子的机体和四

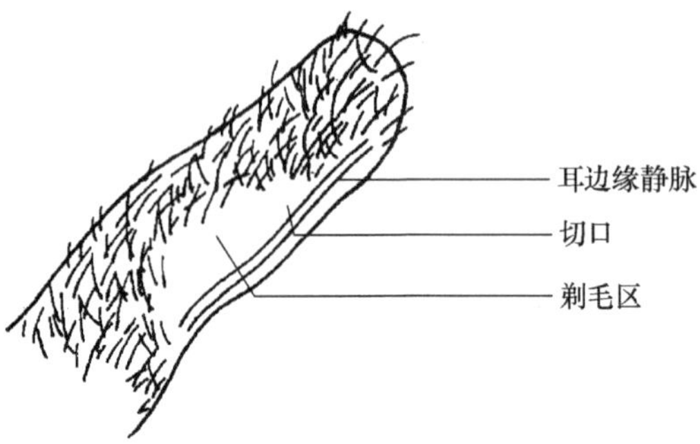

图 1-37.2　家兔耳边缘静脉放血切口图

肢，剪去耳缘静脉处的毛，用无菌棉花将皮肤擦干净，用 75％乙醇消毒，用消毒过的双面刀片或解剖刀将耳静脉割破，血液流出，用消毒大试管受血。如切口凝血，可用无菌棉球轻轻擦去切口凝血块，继续采血至所需量。取血完毕以无菌棉球压迫切口止血，如血流不止可用止血钳夹住止血（图 1-37.2）。

（2）心脏采血法　将家兔仰卧手术台上，用绳缚其四肢固定。在左前胸部靠近胸骨部位心脏搏动最剧烈处去毛，用碘酒棉球与乙醇棉球分别消毒后，用无菌注射器附 7 号针头在上述部位的肋骨间隙垂直刺入心脏，如位置准确可以感觉到针头随心脏博动而上下跳动，此时轻微抽移针筒即抽得血液。2.5 kg 家兔一次可取血 20～30 mL。立即将所抽提的血液以无菌手续注入已灭菌的大试管内。将试管尽量放成最大倾斜度，待血液凝固后置 37℃恒温箱中 30 min，使血清充分析出，然后放入 4～6℃冰箱中。

（3）颈动脉放血法　将兔子仰卧固定其四肢（可同时用少量乙醚麻醉），颈部剪毛消毒，在前颈部皮肤纵切开 10 cm 左右，用止血钳将皮分开夹住，剥离皮下组织后露出肌层，暴露出气管，在气管深侧处找到搏动的颈动脉，用刀柄加以分离，将颈动脉与迷走神经剥离长约 5 cm，用止血钳夹住血管壁周围的筋膜，远心端用丝线结扎，近心端用动脉钳夹住，然后用乙醇棉球消毒血管周围的皮肉，用无菌剪刀在丝线和动脉钳之间的血管上剪一 V 型缺口（约为血管断面的 1/2，切不可将血管全部剪断），取长 15 cm、直径 1.6 mm 的塑料管，将一端剪成针头样斜面，并将此端插入颈动脉中，用丝线将此管结扎固定于动脉上，另一端放入无菌试管或无菌茄子瓶中，慢慢松开动脉钳，血液即流入瓶中，直致动物死亡，无血液流出为止。一般 2500 g 家兔可放血 80～120 mL。

6. 分离血清及血清保存

（1）以无菌滴管吸取血液置无菌离心管中，4000 r/min 离心 20 min，离心沉淀除去红细胞，取上清液置无菌试管中，此即免疫血清，测其效价。

（2）在分离所得血清中徐徐加入 15％石炭酸防腐，使终浓度为 0.25％～0.5％。分装血清于试管或安瓿瓶中，标明血清名称、凝集效价及制备日期，保存于冰箱中备用。切忌反复冻融，以免降低血清的效价。

【实验报告】

1. 实验结果

（1）记录免疫家兔的操作过程及免疫过程中兔的反应。

（2）你制得的免疫血清凝集效价是多少？

（3）如何能获得特异性强、效价高的抗血清？

2. 思考题

（1）制备大肠杆菌抗原时加福尔马林液和 60℃加热 1 h 的目的是什么？

（2）为什么在制备免疫血清时所用器皿必须全部灭菌？

(3) 如果不用生理盐水来配制抗原,以这样的抗原免疫家兔成不成?为什么?

(4) 制备抗血清时,为何要分多次注射抗原?

【注意事项】

1. 制备单价特异性抗血清所用的抗原纯度越高越好,尽量除去抗原中可能存在的各种微量的杂蛋白。

2. 采血清前动物应停食 12 h,以减少血清中脂肪的含量,可避免样品在双向扩散时产生扩散圈干扰观察。

3. 采血时应让血沿管壁流入试管或瓶内,避免剧烈滴溅使血细胞破裂导致溶血。

4. 动物免疫存在个体差异,有的个体虽能产生抗体,但效价很低。制备免疫血清应至少免疫两只以上家兔。

5. 采血后若需要保留动物,则应在采血后由静脉缓慢注射等量的 5%葡萄糖溶液以补足失血量。采血后的动物需要经 2~3 个月休养,才能再次加强免疫与取血。

(陈旭健)

实验 1-38 凝集反应

【目的要求】

1. 了解血清学反应的基本原理和特异性。

2. 学习玻片凝集与微量滴定凝集的操作与观察结果的方法。

3. 观察凝集现象。

【基本原理】

血清学反应的基本组成成分除抗原与相应抗体以外,尚需加入电解质(一般用生理盐水)。电解质的主要作用是消除抗原抗体结合物表面的电荷,使其失去同电相斥的作用,变为互相吸引,否则即使抗原与抗体发生结合亦不能聚合成肉眼可见的凝聚块。

微量滴定凝集反应常在一定温度的温箱中进行,因为温度高可促进抗原颗粒的分子运动,使细菌与细菌之间相互碰撞的机会增多,使反应加速发生。一般放在 35℃温箱中进行,温度超过 60℃则引起抗体性质改变。

发生明显凝集反应(用++表示)的最高稀释度的倒数即为该免疫血清的效价。

【实验器材】

大肠杆菌和枯草杆菌琼脂斜面培养物,大肠杆菌和枯草杆菌菌液(9 亿/mL 大肠杆菌和枯草杆菌的生理盐水悬液,并经 60℃加温半小时);大肠杆菌免疫血清,生理盐水;载玻片,微量滴定板,微量移液器,接种环,恒温箱。

【操作步骤】

1. 玻片凝集法

(1) 在载玻片的一端和中间各加 1 滴 1∶10 稀释的大肠杆菌免疫血清,另一端加一滴生理盐水。

(2) 从大肠杆菌琼脂斜面上分别挑取少许细菌混入盐水与中间的血清内,一端的免疫血清内加入少许枯草杆菌,分别搅匀。

(3) 将载玻片略加摆动后静置室温中,1～3 min 后即可观察到中间的有凝集反应出现。两端盐水和枯草杆菌为对照,仍为均匀混浊。

2. 微量滴定凝集法

(1) 稀释血清(倍比稀释)。

① 在微量滴定板上标记 10 个孔,从 1～10。

② 第 1 孔中加 80 μL 生理盐水,其余各孔均加 50 μL 生理盐水。

③ 加 20 μL 大肠杆菌免疫血清于第 1 孔中,从第 2 孔开始作倍比稀释至第 9 孔,从第 9 孔中弃去 50 μL(置于另一空白孔中)。

④ 用微量移液器将第 1 孔内的液体吸上、放下三次,混合均匀后吸出 50 μL 注入第 2 孔,同法吸放三次,混匀后吸取 50 μL 移入第 3 孔,以此类推,直稀释至第 9 孔,混匀后自第 9 孔中吸出 50 μL 弃去(置于以上同一空白孔中)。倍比稀释中切勿使吸嘴向溶液吹气,以免产生气泡影响实验结果。

(2) 加菌液　每孔加大肠杆菌悬液加 50 μL,从第 10 孔(对照)加起,逐个向前加至第 1 孔(表 1-38.1)。

表 1-38.1　血清稀释度

孔　号	1	2	3	4	5	6	7	8	9	10
生理盐水/μL	80	50	50	50	50	50	50	50	50	50
抗血清量/μL	20	50	50	50	50	50	50	50	50	0
血清稀释度	1/5	1/10	1/20	1/40	1/80	1/160	1/320	1/640	1/1280	对照
细菌悬液/μL	50	50	50	50	50	50	50	50	50	50
最后稀释度	1/10	1/20	1/40	1/80	1/160	1/320	1/640	1/1280	1/2560	对照

(3) 反应　将滴定板水平轻轻摇晃混匀,置于 35℃温箱中 60 min,放冰箱过夜。

(4) 观察结果　不要摇动滴定板,观察滴定板孔底有无凝集块出现,阴性和对照孔的细菌在孔底沉下,形成边缘整齐、光滑的小圆块,阳性孔可见孔底形成边缘不整齐的凝集块。亦可用解剖镜观察。然后轻轻摇动滴定板,阴性孔内圆块分散成均匀的悬液;阳性孔内是很多小凝集块悬浮于不浑浊的液体中。

结果判定方法(图 1-38.1):

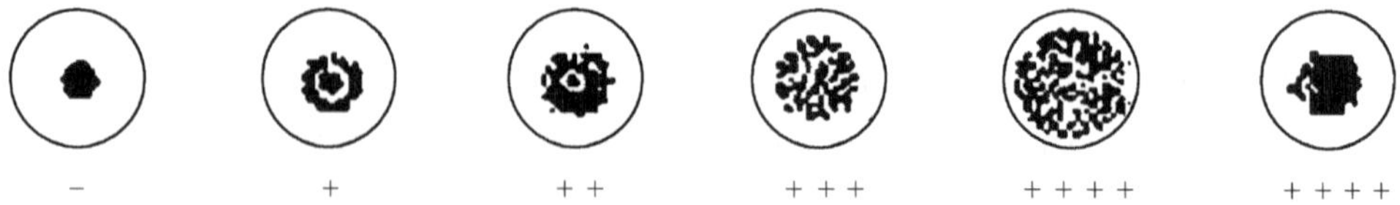

图 1-38.1　血清凝集反应强度示意图

(a) 全部凝集,凝集块完全沉于孔底,液体澄清,以"++++"记录。

(b) 大部分凝集,凝集块沉于孔底,液体基本透明,以"+++"记录。

(c) 部分(中度)凝集,液体半透明,以"++"记录。

(d) 很少凝集,液体基本混浊,以"+"记录。

(e) 不凝集,液体浑浊,以"-"记录。

取"++"的稀释度的倒数作为免疫血清的效价。

【实验报告】

1. 实验结果

(1) 将玻片凝集结果记录于表 1-38.2。

表 1-38.2 玻片凝集结果记录表

	大肠杆菌抗血清+大肠杆菌	生理盐水+大肠杆菌	大肠杆菌抗血清+枯草杆菌
画图表示			
阴性(-)或阳性(+)			

(2) 将微量滴定凝集结果记录于表 1-38.3。免疫血清效价是多少?

表 1-38.3 微量滴定凝集结果记录表

孔 号	1	2	3	4	5	6	7	8	9	10
血清稀释度										
结果										

2. 思考题

(1) 血清学反应为何要有适量电解质存在?玻片凝集的阳性反应端有无电解质?

(2) 稀释血清时要注意些什么?

(3) 为什么做微量滴定凝集反应时要将微量滴定板放于 35℃温箱中?

(4) 加抗原时为什么要从最后一孔加起?

【注意事项】

1. 所用载玻片、微量滴定板、移液管、滴管等均需洁净、干燥。

2. 抗体的倍比稀释应力求准确,并防止因在操作中产生气泡而影响实验准确性。

3. 凝集反应的微量滴定板从温箱和冰箱取出时忌摇动,以免影响对结果的初次判断。

(蔡信之)

实验 1-39 环状沉淀反应

【目的要求】

通过沉淀素的效价滴定,学习环状沉淀反应的操作方法及结果的观察。

【基本原理】

沉淀反应与凝集反应的原理基本相同,不同的是使用的抗原是可溶性的。单个抗原分子体积小,单位体积的溶液内所含的抗原量多,其总反应面积大,出现反应所需的抗体量多。因此,试验时是稀释抗原,而不是稀释抗体。

环状沉淀反应是使抗原与抗体在沉淀管内形成交界面，在此交界处出现一环状的乳白色沉淀物。出现环状沉淀反应的抗原最高稀释度的倒数即为沉淀素的效价。

【实验器材】

马血清(抗原)，兔抗马免疫血清(抗体)，正常兔血清，生理盐水；沉淀管，小试管，毛细吸管，吸管。

【操作步骤】

1. 取 1∶25 的马血清 1 mL 用生理盐水稀释成下列各浓度(表 1-39.1)。

表 1-39.1　马血清稀释表

试　管	1	2	3	4	5	6	7
生理盐水/mL	1	1	1	1	1	1	1
1∶25 马血清/mL	1	1#1*	1#2*	1#3*	1#4*	1#5*	1#6*
血清稀释度	1∶50	1∶100	1∶200	1∶400	1∶800	1∶1600	1∶3200

* 1#1、1#2…分别表示自第一管、自第二管中吸取 1 mL，余类推。

2. 将 9 支干燥而洁净的沉淀管插在试管架上。

3. 用毛细吸管吸取 1∶2 的兔抗马免疫血清加入沉淀管底部，每管约两滴。

4. 用另一毛细吸管吸取上面已稀释好的马血清，按表 1-39.2 加入各管。

表 1-39.2　环状沉淀试验表

试　管		1	2	3	4	5	6	7	8	9
兔抗马免疫血清(1∶2)		2 滴	2 滴	2 滴	2 滴	2 滴	2 滴	2 滴	2 滴	2 滴
马血清	稀释度	1∶50	1∶100	1∶200	1∶400	1∶800	1∶1600	1∶3200	生理盐水	兔血清 1∶50
	量(滴)	2	2	2	2	2	2	2	2	2

从最高稀释度加起，沿管壁徐徐加入，使之与下层兔抗马免疫血清之间形成界面，切勿摇动，第 8 管加生理盐水，第 9 管加稀释兔血清以作对照。

5. 于室温下静置 15～30 min 观察结果，看两液面交界处有无白色环状沉淀出现。

6. 结果记录方法：有白色环状沉淀者记"＋"号，没有沉淀者记"－"。最大稀释度的抗原与抗体交界面之间还有白色沉淀者，此管的稀释度的倒数即为沉淀素的效价。

【实验报告】

1. 实验结果　将实验结果记录在表 1-39.3 中。沉淀素的效价是多少？

表 1-39.3　环状沉淀结果记录表

试　管	1	2	3	4	5	6	7	8	9
抗原稀释度	1/50	1/100	1/200	1/400	1/800	1/1600	1/3200	生理盐水	正常兔血清
结果									

2. 思考题

(1) 试比较凝集反应与沉淀反应的异同。

(2) 环状沉淀试验有何特点？

(蔡信之)

实验 1-40 双向免疫扩散试验

【目的要求】

1. 学习双向免疫扩散试验的操作方法。

2. 观察抗原、抗体在琼脂中形成的沉淀线。

3. 了解双向免疫扩散试验的用途。

【基本原理】

抗原、抗体在凝胶中扩散并产生乳白色沉淀线的沉淀反应叫做双向免疫扩散反应(immunodiffusion)。将抗原与其相应抗体放在凝胶(如琼脂)平板中的邻近孔内使它们各自扩散,当扩散到两者浓度比例合适的部位相遇时即出现乳白色的沉淀线。双向免疫扩散试验不仅可对抗原或抗体进行定性鉴定和测定效价,还可对抗原或抗体进行纯度分析,并同时对两种不同来源的抗原或抗体进行比较,分析其所含成分的异同。

若在两孔内有两对或两对以上的抗原抗体系统,就能产生相应数量的沉淀线。因此,利用此法可进行抗原或抗体的纯度分析。

沉淀线形成的位置与抗原、抗体浓度有关,抗原浓度越大形成的沉淀线距抗原孔越远。抗体浓度越大形成的沉淀线距抗体孔越远。固定抗体的浓度稀释抗原,可根据已知浓度抗原沉淀线的位置测定未知抗原的浓度;反之固定抗原浓度,亦可测定抗体的效价。

观察两个邻近孔的抗原与抗体形成的两条沉淀线是交叉还是相连可判断两抗原是否有共同成分(图 1-40.1)。如同样的纯抗原 a 放在两个邻近的孔中,对应抗体放在中央孔中,两沉淀线在其相邻的末端会互相连接和融合;若是两个不同的抗原 a 和 b,则两沉淀线互相交叉;若两抗原是有部分相同成分 a 和 ab,两沉淀线除有相连部分外还有一伸出部分。

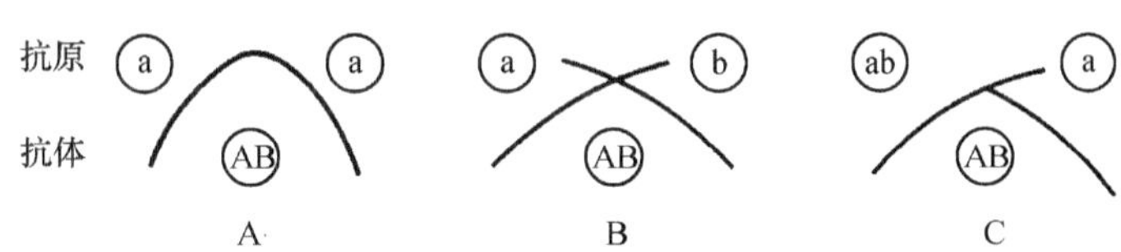

图 1-40.1 双向免疫扩散平板中沉淀线的类型

A. 相邻两孔的抗原相同;B. 抗原不同;C. 抗原有部分相同

【实验器材】

兔抗马血清,马血清,牛血清,山羊血清,人血清;1%离子琼脂(配法见附录三);方阵打孔器或单孔金属管(孔径约 2 mm),吸管,毛细滴管,2.5×7 cm 载玻片、注射针头,含湿滤纸或湿纱布的培养皿或带盖搪瓷盒。

【操作步骤】

1. 在沸水浴中融化 1%离子琼脂。

2. 冷至 50~60℃左右,吸 3.5~4 mL 加在载玻片(必须放在水平位置)上,使其均匀布满玻片又不流失。

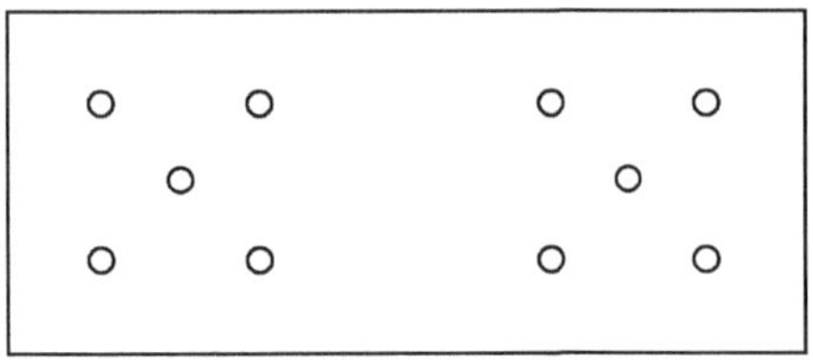

图 1-40.2　双向扩散模型

孔径约 2 mm；与中央的距离 7～8 mm

3. 琼脂凝固后取方阵型打孔器打孔，或单孔金属管按图 1-40.2 打孔，再用注射针头挑去孔中琼脂，每块琼脂板打两个方阵型。

4. 记号笔在琼脂板的底面将孔编号。

5. 用毛细滴管加兔抗马血清抗体于两个方阵型的中央孔中，第一方阵型的周围孔 1 加牛血清，孔 2 加马血清，孔 3 加羊血清，孔 4 加人血清。第二方阵型周围各孔加入的抗原与第一方阵型相同，但浓度均为 1∶20。

注意所加血清与抗血清不能溢出孔外。

6. 将玻片放入有湿滤纸的培养皿内。置 37℃温箱，24～48 h 后观察结果。

【实验报告】

1. 实验结果

(1) 抗体与抗原之间有沉淀线形成，为阳性结果，以“＋”表示；无沉淀线为阴性结果，以“－”表示。将结果记录于表 1-40.1 中(抗体为兔抗马血清)。

表 1-40.1　双向免疫扩散试验结果记录表

抗原孔	抗　原	未稀释抗原	稀释抗原
1	牛血清		
2	马血清		
3	羊血清		
4	人血清		

(2) 画下两个方阵型与所形成的沉淀线。

(3) 分别测量两个方阵型中抗原与沉淀线之间的距离，两者有何区别？

2. 思考题

(1) 根据所得结果分析马血清与牛血清、羊血清、人血清之间有无共同成分？

(2) 兔抗马血清的纯度如何？

此法与在液体中进行沉淀反应的技术相比，有哪些优越性？

【注意事项】

1. 应适时观察。若保温时间太短，无明显结果；若保温时间太长，则会使已形成的沉淀线解离或扩散而显得模糊。

2. 抗原和抗体的加样器不能混用，用后一定要用生理盐水清洗干净。加样应从低浓度向高浓度以顺时针方向逐孔加入。

3. 加样品时切忌将它加到孔的四周，以防形成多层次扩散。

(蔡信之)

第二部分 微生物学综合实验

实验 2-1 抗生素效价的测定

【目的要求】

学习生物法测定抗生素效价的基本原理和方法。

【基本原理】

抗生素效价的生物测定有稀释法、比浊法、扩散法三大类。管碟法是扩散法中最常用的一种，将已知浓度的标准抗生素溶液与未知浓度的样品溶液分别加到一种标准的不锈钢小管（牛津杯）中，在含有敏感试验菌的琼脂表面扩散，比较两者对供试菌的抑制作用，测量抑菌圈的大小，计算抗生素的浓度。在一定的浓度范围内，抗生素的浓度与抑菌圈直径在双周半对数表上（浓度为对数值，抑菌圈直径为数字值）成直线函数关系，根据样品的抑菌圈直径可在标准曲线上求得其效价。本法是利用抗生素抑制敏感菌的直接测定方法，符合临床使用的实际情况，且灵敏度很高，不需特殊设备，故被广泛采用。但此法操作步骤多、培养时间长、得出结果慢。尽管如此，由于它上述独特的优点仍被世界各国所公认，作为国际通用的方法被列入各国药典法规中。

【实验器材】

金黄色葡萄球菌，产黄青霉；培养基Ⅰ：牛肉膏蛋白胨琼脂培养基，培养基Ⅱ：培养基Ⅰ加0.5%无菌葡萄糖；0.85%生理盐水，50%葡萄糖；培养皿，牛津杯（或标准不锈钢小管），陶瓦圆盖，青霉素钠盐标准品等。

【操作步骤】

1. 0.2 mol/L 的 pH 6.0 磷酸缓冲液的配制　准确称取 0.8 g KH_2PO_4 和 0.2 g K_2HPO_4，用蒸馏水溶解并定容至 100 mL，转入试剂瓶中灭菌备用。

2. 标准青霉素溶液的配制　精确称取 15～20 mg 氨苄青霉素标准品，每毫克含 1667 单位（1667 U/mg，1U 即 1 国际单位，等于 0.6μg）。溶解在适量的 0.2 mol/L 的 pH 6.0 磷酸缓冲液中，然后稀释成 10 U/mL 的青霉素标准溶液，按表 2-1.1 配制成不同浓度的青霉素溶液，保存于 5℃备用。

表 2-1.1　不同浓度标准青霉素液的配法

试管编号	10 U/mL 工作液量/mL	pH 6 磷酸盐缓冲液/mL	青霉素含量/$U\cdot mL^{-1}$
1	0.4	9.6	0.4
2	0.6	9.4	0.6
3	0.8	9.2	0.8
4	1.0	9.0	1.0
5	1.2	8.8	1.2
6	1.4	8.6	1.4

3. 青霉素发酵液样品溶液的制备　用 0.2 mol/L 的 pH 6.0 磷酸缓冲液将青霉素发酵液适当稀释，备用。

4. 金黄色葡萄球菌菌液的制备　取用培养基Ⅰ斜面保存的金黄色葡萄球菌菌种，将其接种于培养基Ⅱ斜面试管上，于 37℃培养 18～20 h，连续转接 3～4 次，用 0.85%的生理盐水洗下，离心后，菌体用生理盐水洗涤 1～2 次，再将其稀释至一定浓度（约 10^9/mL，或用光电比色计测定，在波长 650 nm 处透光率为 20%左右即可）。

5. 抗生素扩散平板的制备　取无菌平皿 18 个，分别加入已融化的培养基Ⅰ20 mL，摇匀，置水平位置使其凝固，作为底层。另取培养基Ⅱ融化后冷却至 48～50℃，加入适量上述金黄色葡萄球菌菌液，迅速摇匀，在每个平板内分别加入此含菌培养基 5 mL，使其在底层上均匀分布，置水平位置凝固后，在每个双层平板中以等距离均匀放置牛津杯 6 个，用陶瓦圆盖覆盖备用。

注意控制金黄色葡萄球菌菌液浓度，以免它影响抑菌圈的大小。一般情况下，100 mL培养基Ⅱ中加 3～4 mL 菌液（10^9/mL）较好。

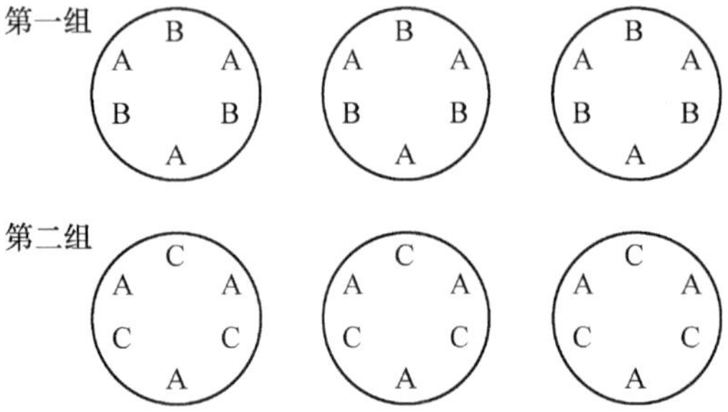

图 2-1.1　标准曲线的滴定示意图

A：示标准曲线的校正稀释度；B、C：示标准曲线上的其他稀释度

6. 标准曲线的测绘　取上述制备的扩散平板 18 个，每个平板上的 6 个牛津杯间隔的 3 个中各加入 1 U/mL 的标准品溶液，将每 3 个平板组成一组，共 6 组。在第一组的每个平板的 3 个空牛津杯中均加入 0.4 U/mL 的青霉素标准液，如此依次将 6 种不同浓度的标准液分别加入 6 组平板中（图 2-1.1）。

每一稀释度应更换一支吸管，每只牛津杯中的加入量为 0.2 mL 或用带滴头的滴管加样品，加样量以杯口水平为准。

全部盖上陶瓦盖后 37℃培养 16～18 h。打开皿盖，移去牛津小杯，精确测量各抑菌圈的直径，分别求得每组 3 个平板中 1 U/mL 标准品抑菌圈直径与其他各浓度标准品抑菌圈直径的平均值，再求出 6 组中 1.0 U/mL 标准品抑菌圈直径的平均值，总平均值与每组 1.0 U/mL 标准品抑菌圈直径平均值的差，即为各组的校正值。

例如，如果 6 组 1 U/mL 标准品抑菌圈直径总平均值为 22.6 mm，0.4 U/mL 的一组 9 个 1 U/mL 标准品抑菌圈直径平均为 22.4 mm，则其校正数应为 22.6－22.4＝0.2，如果 9 个 0.4 U/mL 标准品抑菌圈直径平均为 18.6 mm，则校正后为 18.6＋0.2＝18.8 mm。以浓度为纵坐标，以校正后的抑菌圈直径为横坐标，在双周半对数图纸上绘制标准曲线。

7. 青霉素发酵液效价测定　取扩散平板 3 个，在每个平板上的 6 个牛津杯间隔的 3 个中各加入 1 U/mL 的标准品溶液，其他 3 杯中各加入适当稀释的样品发酵液，盖上陶瓦盖后，37℃培养 16～18 h。精确测量每个抑菌圈的直径，分别求出标准品溶液和样品溶液所致的 9 个抑菌圈直径的平均值，按照上述标准曲线的制备方法求得校正数后，将样品溶液的抑菌圈直径的平均值校正，再从标准曲线中查出标准品溶液的效价，并换算成每毫升样品所含的单位数。

【实验报告】

1. 实验结果

(1) 绘制青霉素的标准曲线。

(2) 计算发酵液样品的效价。

2. 思考题

(1) 哪一生长期微生物对抗生素最敏感?

(2) 抗生素效价测定中,为什么常用管碟法测定? 管碟法有何优缺点?

(3) 抗生素效价测定为什么不用玻璃皿盖而用陶瓦盖?

(4) 制备双杯时为什么必须在水平桌面上,并选择平底的培养皿? 为什么各杯滴加量要一致?

【注意事项】

1. 选用培养皿规格力求一致,制备上、下层培养基平板加量务求一致,水平放置。

2. 选用牛津杯规格力求一致,放置要轻而平稳,分布均匀,加样务求精确。

(蔡信之)

实验 2-2　产蛋白酶和淀粉酶芽孢杆菌的分离及酶活力检测

【目的要求】

1. 学习从自然界中分离产酶微生物的方法;

2. 培养学生自行设计实验流程、判断实验结果的能力;

3. 对已学微生物实验技术进行综合训练。

【基本原理】

土壤中有产蛋白酶和淀粉酶的芽孢杆菌,将土样稀释、加热杀死非芽孢杆菌、平板划线分离,可获得纯菌单菌落,经革兰氏染色、芽孢染色可确定分离菌株是否为芽孢杆菌。再将单菌落点接在含酪素(酪蛋白)或淀粉的平板,有产蛋白酶能力的芽孢杆菌水解酪素生成酪氨酸,在酪素平板上菌落周围出现透明的水解圈。有产淀粉酶能力的芽孢杆菌可水解淀粉生成糊精和葡萄糖,在淀粉平板上菌落周围出现水解圈,滴加碘液后未水解的淀粉呈蓝色,水解圈无色。分离出的菌株通过产酶培养基发酵产酶,按特定方法检测分离菌株的酶活力。

【实验器材】

分离筛选的产蛋白酶和淀粉酶的芽孢杆菌;牛肉膏蛋白胨琼脂培养基,酪素培养基,产蛋白酶发酵培养基,淀粉培养基,产淀粉酶发酵培养基;0.05 mol/L 硼酸缓冲液(pH 8.0),0.4 mol/L 三氯乙酸溶液,0.6%酪蛋白溶液,碘原液,标准稀释碘液,比色稀碘液,2%可溶性淀粉溶液,pH 6.0 磷酸氢二钠-柠檬酸缓冲液,标准糊精液,革兰氏染色液,芽孢染色液，无菌水；三角瓶，烧杯，量筒，容量瓶，试剂瓶，载波片，大试管，培养皿，恒温摇床，培养箱，紫外分光光度计，漏斗，滤纸，接种环，水浴锅，试管架，显微镜，玻璃珠，移液管，涂布棒，乙醇灯等。

【操作步骤】(提示)

1. 土样处理　用 10 倍稀释法逐级稀释土样至适当稀释度，根据芽孢杆菌的耐热性，选择适宜的稀释度加热处理适当时间(一般于 75～80℃水中热处理 10～15 min)，以杀死无芽孢的细菌。

2. 平板划线　采用平板划线法将土样稀释液划线分离，37℃培养 24～48 h，获得单菌落，挑取表面干燥、粗糙、不透明、乳白色或微黄色的菌落。

3. 镜检　经革兰氏染色、芽孢染色、显微镜检查，确定所选菌落是否为芽孢杆菌。

4. 水解试验　挑取确定为芽孢杆菌的单菌落分别点接在酪素平板和淀粉平板，37℃培养 24～48 h 后观察酪素平板的水解圈，加卢氏碘液检测淀粉平板水解圈。

5. 产酶发酵　挑取具有较强酪素水解能力和淀粉水解能力的单菌落，接种到相应的产酶培养基，振荡通气，设定发酵时间、取样时间，检测蛋白酶和淀粉酶活力。

6. 酶活力检测

(1) 蛋白酶活力检测(紫外分光光度测定法)　蛋白质或多肽在 275 nm 波段处有最大的吸收值，利用蛋白酶同酪蛋白底物反应前后在三氯乙酸中可溶物的紫外吸收增值，可表示蛋白酶活力高低。

① 取 5 mL 用 pH 8.0 硼酸缓冲液制备的 0.6 %酪蛋白溶液于试管中，40℃预热 2 min后加 1∶20 以 pH 8.0 硼酸缓冲液稀释的酶液(取 1 mL 蛋白酶摇瓶发酵液，加 19 mL缓冲液)1 mL，40℃反应 10 min 后加 0.4 mol/L 三氯乙酸溶液以终止反应，沉淀残余底物，40℃保温 20 min，使沉淀完全，用漏斗加滤纸过滤，滤液用紫外分光光度计测定 275 nm的光密度。

② 另以先加三氯乙酸使酶失活后加酪蛋白的试管，按上述同样步骤测定光密度，作为空白对照。

③ 预先制作酪氨酸 275 nm 吸收光密度标准曲线(可由教师制备)。

④ 酶活力定义：以 1 min 内由酪蛋白释放的三氯乙酸可溶物在 275 nm 处的光密度与 1μg 酪蛋白相当时，其所需的酶量为 1 个单位。

$$酶活力(\text{U/mL}) = \frac{\text{O. D(酶)}}{10 \times \text{O. D(酶)}} \times n$$

式中：10 为反应时间 10 min；O. D(酶)为 1 μg/mL 的光密度；n 为酶液稀释倍数。

(2) 淀粉酶活力检测(Wohlgemuth Hagihara 改良法)　以 60℃1 h 内催化 2%可溶性淀粉成为糊精的克数表示酶活力。

① 吸取 1 mL 标准糊精溶液，置于盛有 3 mL 标准稀释碘液的试管中，作为比色的标准管。

② 在 25 mm×200 mm 试管中加入 2%可溶性淀粉 20 mL，pH 6.0 磷酸氢二钠-柠檬酸缓冲液 5 mL，在 60℃水浴中平衡 4～5 min，加入 1∶10 稀释的酶液(取 1 mL 淀粉酶摇瓶发酵液，加 9 mL pH 6.0 磷酸氢二钠-柠檬酸缓冲液)0.5 mL，充分混匀，立即记时，定时(间隔

10 min)取 1 mL 反应液加入预先盛有比色稀释碘液的试管中,当颜色反应由紫色逐渐变成棕橙色,与标准比色管颜色相同时即达到反应终点,记录反应总时间即为液化时间。

③ 酶活力定义:以 1 mL 酶液于 60℃,pH 6.0,在 1 h 内液化可溶性淀粉的克数为 1 个酶活力单位。

$$酶活力单位(g/mL) = (60/t \times 20 \times 2\% \times n) \div 0.5 = 48 \times n/t$$

式中,60 为反应时间 60 min;20 为可溶性淀粉溶液的毫升数;n 为酶液稀释倍数;0.5 为测定时所用酶液量;2%为可溶性淀粉浓度;t 为测定时记录的液化时间。

【实验报告】

1. 实验结果

(1) 绘出产蛋白酶或产淀粉酶的芽孢杆菌菌体及芽孢的形态图,并描述其单菌落的形态特征。

(2) 报告其酶活力及其他性能测定的结果。

2. 思考题

(1) 你所采用的实验流程是否合理? 实验中发现有何问题?

(2) 实验中的酶活力检测是否出现负结果? 如果有,试分析原因。

(3) 对所筛选的菌株如何进一步提高酶活力? 试提出设想。

【注意事项】

1. 残余底物务必沉淀、过滤完全,以免影响光密度测定的结果。

2. 划线分离获得的单菌落必须确保是纯培养,必要时进行多次分离。

(蔡信之)

实验 2-3　微生物的诱变育种

【目的要求】

以紫外线诱变获得酱油高产蛋白酶菌株为例,学习微生物诱变育种的基本方法。

【基本原理】

紫外线是常用的物理诱变因素。其主要作用是使 DNA 相邻的胸腺嘧啶形成二聚体,阻碍 DNA 的解链、复制和碱基的正常配对,引起突变。紫外线照射引起的 DNA 损伤可由可见光激活酶的作用修复,使胸腺嘧啶二聚体解开恢复原状。为避免光复活,紫外线处理时及处理后的操作均应在红光下进行,并将处理后的微生物于暗处培养。

诱变后的菌株经筛选和蛋白酶的测定、谷氨酸的检测后得到优良菌株。

【实验材料】

米曲霉斜面菌种;豆饼斜面培养基,酪素培养基;蒸馏水,0.5%酪蛋白;三角瓶,试管,培养皿,恒温摇床,恒温培养箱,紫外照射箱,磁力搅拌器,脱脂棉,无菌漏斗,玻璃珠,移液管,涂布棒,乙醇灯等。

【操作步骤】

1. 出发菌株选择及菌悬液制备

(1) 出发菌株选择 直接选用生产酱油的米曲霉菌株或高产蛋白酶的米曲霉菌株。

(2) 菌悬液制备 将出发菌株转接至豆饼斜面培养基中，30℃培养 3～5 d 活化。将孢子洗至装有 100 mL 0.1 mol/L pH 6.0 磷酸盐缓冲液的三角瓶中(内装玻璃珠)，30℃振荡 30 min，用垫有脱脂棉的无菌漏斗过滤，制成孢子悬液，调整浓度为 10^6 ～ 10^8 个/mL，冷冻备用。

2. 诱变处理 用物理方法或化学方法，诱变剂种类及剂量的选择可视具体情况决定，有时采用复合处理可获得更好的效果。本实验学习用紫外线照射的诱变方法。

(1) 紫外线处理 打开紫外灯(30W)预热 20 min。取 3 mL 菌悬液于直径 6 cm 无菌培养皿中，同时制作 5 份，分别处理。将培养皿平放在离紫外灯 30 cm(垂直距离)处的磁力搅拌器上，照射 1 min 后打开培养皿盖，开始照射处理，同时打开磁力搅拌器搅拌，计算时间，照射时间分别为 15 s、30 s、1 min、2 min、5 min。照射后，诱变菌液在黑暗中冷冻保存 1～2 h，然后在红灯下稀释涂菌进行初筛。

(2)稀释菌悬液 将诱变菌液按 10 倍逐级稀释至 10^{-6}，从 10^{-5} 和 10^{-6} 中各取 0.1 mL加到酪素培养基平板中(每个稀释度均做 3 个重复)，涂菌，待菌液渗入培养基后倒置，于暗处 30℃恒温培养 2～3 d。

3. 优良菌株筛选

(1) 初筛 观察在菌落周围透明圈大小，并测量其透明圈直径与菌落直径之比，选择其比值大且菌落直径也大的菌落 40～50 个，作为复筛菌株。

(2) 平板复筛 倒酪素培养基平板，在每个平皿的背面用红笔划 8 个扇形分区，1～7 区点种初筛菌株，第 8 区点种原始菌株作对照。培养 48 h 后即可见生长，若出现明显的透明圈，即可按初筛方法检测，选择数株优良菌株，进行摇瓶复筛。

(3) 摇瓶复筛 将初筛出的菌株接入米曲霉复筛培养基中培养：称取麦麸 85 g、豆饼粉(或面粉)15 g，加水 95～110 mL(称为润水)，水含量以手捏后指缝有水而不下滴为宜，于 500 mL 三角瓶中装入 15～20 g(料厚为 1～1.5 cm)，121℃高压蒸汽灭菌 30 min，分别接入初筛获得的优良菌株，30℃培养，24 h 后摇瓶一次并均匀铺开，再培养 24～48 h，共培养 3～5 d 后检测蛋白酶活性。

(4) 蛋白酶的测定

① 取样 培养后随机称取以上摇瓶培养物 1 g，加蒸馏水 100 mL(或 200 mL)，40℃水浴，浸酶 1 h，取上清浸液测定酶活性。另取 1 g 培养物于 105℃烘干测定含水量。

② 酶活性测定 30℃ pH 7.5 条件下水解酪蛋白(底物 0.5%酪蛋白)，每分钟产酪氨酸 1 μg 为一个酶活力单位。计算公式为：

$$(A_{样品}OD_{680\ nm}值 - A_{对照}OD_{680\ nm}值) \times K \times V/t \times N$$

K：标准曲线中光吸收为“1”时的酪氨酸微克数；

V：酶促反应的总体积；

t：酶促反应时间(min)；

N：酶的稀释倍数。

(5) 谷氨酸的检测　谷氨酸等氨基酸含量也是酱油优良菌株的重要指标之一，可用瓦勃氏检压法等方法测定。

【实验报告】

1. 试列表说明高产蛋白酶菌株的筛选过程和结果。
2. 你认为以上的筛选方法有什么优点，如何改进？

【注意事项】

1. 紫外线照射时注意保护眼睛和皮肤。
2. 用作诱变处理的菌液应充分分散，以免有的细胞接触诱变剂不均匀。
3. 诱变及诱变后的稀释、涂布等操作均要在红灯下进行，在黑暗中培养。

（陈旭健）

实验 2-4　微生物抗药性突变株的分离

【目的要求】

学习用梯度平板法分离抗药性突变株的原理和方法。

【基本原理】

抗药性突变株是指野生型菌株基因突变产生的对某些化学药物的抗性变异类型，可在加有相应药物的培养基平板上选出。抗药性突变是DNA分子的某一特定位置的结构改变所致，与药物的存在无关，药物的存在只是作为分离某种抗药性菌株的鉴别手段。在含有一定浓度抑制生长的药物平板上涂布大量的细胞群体，极个别抗性突变的细胞在平板上长成菌落。纯化后进一步进行抗性试验，就可以得到所需的抗药性菌株。

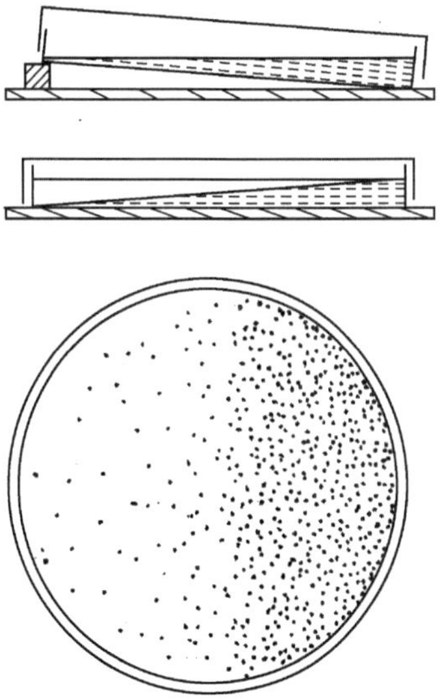

图 2-4.1　链霉素浓度梯度平板

为了便于选择适当的药物浓度，本实验用常用的梯度平板法分离大肠杆菌抗链霉素突变株。制备梯度平板(图 2-4.1)：先倒入不含药物的底层培养基，把培养皿斜放，凝固后将平皿平放，再倒入含有链霉素的上层培养基，便可得到链霉素浓度从一边到另一边逐渐降低的梯度平板。在平板上涂布经诱变处理的敏感菌，培养后从链霉素浓度较高的部位长出的菌落中可分离到抗链霉素突变株。

【实验材料】

大肠杆菌 Str^s；LB液体培养基，LB琼脂培养基；链霉素，70%乙醇；无菌吸管，烧杯，试管，玻璃涂棒，水浴锅等。

【操作步骤】

1. 接种大肠杆菌于盛有 5 mL LB 培养液的试管中，37℃振荡培养 24 h。

2. 在热水浴中融化 LB 琼脂培养基。

3. 倒 10 mL 已融化不含药物的 LB 琼脂培养基于无菌培养皿中，将培养皿一端垫起使培养基表面在垫起的一端刚到培养皿的底与边的交界处凝固(图 2-4.1 上)。

4. 在凝固的平板底部高琼脂一边标上“低”，放平后在底层培养基上加入每毫升含有 100 μg 链霉素的 LB 琼脂培养基 10 mL，凝固后制得链霉素浓度从一端的 0 μg/mL 到另一端的 100 μg/mL 的梯度平板(图 2-4.1 中)。

5. 用 1 mL 无菌吸管吸取 0.2 mL 大肠杆菌培养液加到梯度平板上。用无菌玻璃涂棒将菌液均匀涂布到整个平板表面。如用蘸有乙醇并经火焰灭菌的玻璃涂棒，可在火焰旁或伸进平皿在板盖上充分冷却以免烫死细胞。

6. 将平板于 37℃培养 48 h，结果如图 2-4.1 下。

7. 选择 1～2 个生长在梯度平板中部的单个菌落，用无菌接种环接触该菌落朝高药物浓度的方向划线。

8. 将平板倒置于 37℃培养 48 h。

【实验报告】

1. 实验结果 图示经一次培养和二次培养的梯度平板上大肠杆菌的生长情况。

2. 思考题

(1) 梯度平板中部的单个菌落被划线朝高药物浓度方向拉开是为了测试这些菌株的抗性水平。你能设计几种不同的方法来测试这些菌株的抗性水平吗?

(2) 是培养基中的链霉素引起了抗性突变吗？请设计一个实验加以说明。

(3) 梯度平板法除用于分离抗药性突变株以外，还有什么其他用途?

【注意事项】

1. 制备含药平板时，务必使药物与培养基充分混匀。

2. 严格无菌操作，勿将杂菌误认是抗药性大肠杆菌。

(陈旭健)

实验 2-5 营养缺陷型的筛选与鉴定

【目的要求】

学习营养缺陷型的诱变、筛选和鉴定的方法及其基本原理。

【基本原理】

细菌经诱变剂(紫外线、亚硝酸等)处理后可能产生某营养物质合成能力缺陷的营养缺陷型。营养缺陷型不能在基本培养基上生长。在基本培养基中添加青霉素，野生型因能生长而被杀死，营养缺陷型被保留，青霉素只能杀死生长中的细菌。将浓缩的缺陷型对应点接在基本培养基和完全培养基上，在完全培养基上生长而在基本培养基上不生长的菌落可能为缺陷型。把可能是缺陷型的菌落如上述方法重复 5～6 次，最后在基本培养基上不生长而在完全培养基上生长的菌落可确定为缺陷型。这一过程称为营养缺陷型的检出。然后分别添加营养物质于基本培养基中，接种检出的缺陷型，培养后在该种营养物质中生长即为该营养物质的缺陷型。此过程称营养缺陷型的鉴定。

【实验器材】

大肠杆菌(*E. coli*)；细菌基本培养基(见附录二)，LB 培养基(固体和液体，完全培养基，见附录二)，磷酸缓冲液(pH 7.0，见附录三)；氨苄青霉素，氨基酸，碱基混合物，维生素混合物；台式离心机，多用振荡器，磁力搅拌器，紫外灯(30W)，离心管，各种试管，培养皿，三角瓶，接种环，乙醇灯，无菌牙签，涂布器等。

【操作步骤】

1. 细菌悬液的制备　取一环大肠杆菌斜面菌种划线接种在 LB 固体平板上，37℃培养 12～16 h，挑取单菌落接入装有 3 mL LB 液体培养基的试管中，37℃，200 r/min 培养 12～16 h，取此培养液 0.5 mL 接入含有 50 mL LB 液体培养基的 250 mL 三角瓶中，37℃，200 r/min 培养 2～4 h(培养至对数期)，将培养液离心(3000 r/min，10 min)弃去上清液，菌体用磷酸缓冲液离心洗涤两次(离心条件同前)，最后用磷酸缓冲液悬浮细胞，用完全培养基平板菌落计数法计数，使细胞浓度控制在 10^7～10^8/mL。

2. 诱变处理　取上述菌悬液 2 mL 于小培养皿(直径 6 cm，内含搅拌子)中，将培养皿放置在磁力搅拌器上，在搅拌下接受紫外照射 2～5 min(紫外灯 30W，距离 30 cm，处理前先开灯稳定 10 min 以上)，照射完毕立即离心，收集细胞，并避光保存。

3. 营养缺陷型的浓缩　将上述诱变处理过的细菌接入含有 50 mL LB 培养基的 250 mL三角瓶，37℃，200 r/min 培养 2～4 h，离心收集细胞，并用基本培养基洗涤两次，用 4 mL 基本培养基悬浮细胞，取 2 mL 细胞悬液接入 50 mL 含有氨苄青霉素(终浓度 20～60 μg/mL)的基本培养基中，37℃200 r/min 培养 3～4 h，离心，取沉淀。用磷酸缓冲液洗涤两次后用磷酸缓冲液制成细胞悬液，并用磷酸缓冲液适当稀释，取 100～200 μL 磷酸稀释液涂 LB 固体平板，37℃培养 12～16 h。

4. 营养缺陷型的检出　将 LB 平板上每个菌落用无菌牙签分别点种在基本培养基和 LB 固体培养基的相应位置，37℃培养 12～16 h。将在 LB 培养基生长在基本培养基不生长的菌落继续接种在基本培养基和 LB 固体培养基的对应位置，如此传代 5～6 次，最后在 LB 上生长在基本培养基相应位置不生长的菌落即可确定为营养缺陷型菌株。

5. 营养缺陷型的鉴定　把检出的缺陷型用磷酸缓冲液悬浮制成菌悬液(10^6～10^8/mL)，取 100～200 μL 涂布在固体基本培养基表面，待表面干燥后在标定位置上放置少量氨基酸、碱基或维生素的结晶(或滤纸片)，37℃培养 12～16 h。缺陷型在所需的化合物周围出现混浊的生长圈(图 2-5.1)。现一般把几种化合物编为一组，按表 2-5.1 测定。可在一个培养皿上测定出一个营养缺陷型菌株对 21 种化合物的需要情况。若在放有 C 组化合物的周围出现生长圈，则这一缺陷型需要化合物 3；如在 C 组和 D 组的位置周围都生长，则这一种缺陷型所需要的化合物是 16；若在 C 组和 D 组之间生长，说明这一缺陷型同时需要 C、D 这两组化合物中的各一种。具体是哪两种，尚需进一步鉴定。

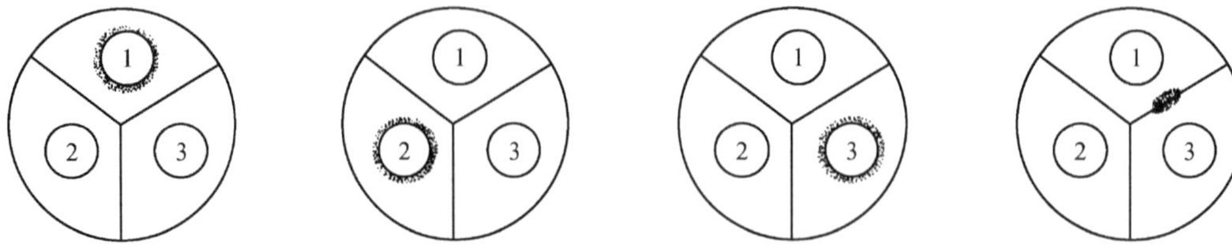

图 2-5.1 营养缺陷型生长谱测定

1. 氨基酸混合液;2. 核酸碱基混合液;3. 维生素混合液

表 2-5.1 营养缺陷型检测分组表

组 别	化合物代号					
A	1	7	8	9	10	11
B	2	7	12	13	14	15
C	3	8	12	16	17	18
D	4	9	13	16	19	20
E	5	10	14	17	19	21
F	6	11	15	18	20	21

【实验报告】

1. 实验结果 绘制营养缺陷型挑选的流程简图。

2. 思考题

(1) 营养缺陷型检出时应注意哪些问题?

(2) 营养缺陷型浓缩的机理是什么?

(3) 用点种法检出缺陷型时,为什么要先点基本培养基后点完全培养基?

【注意事项】

1. 紫外诱变后要避光操作、培养。

2. 操作的各个环节要无菌操作。

(张琪林)

实验 2-6 微生物原生质体融合

【目的要求】

掌握原生质体制备和融合的基本操作技术。

【基本原理】

把目的菌放在高渗溶液中,加入去壁酶(细菌常用溶菌酶,酵母常用蜗牛酶),可得到原生质体。把原生质体接种在高渗培养基上培养,它又可恢复细胞原貌,这一过程称为原生质体再生。给原生质体混合液中加入助融剂,两原生质体相互融合,产生重组体,并使原生质体再生细胞壁,获得重组子,这一过程称为原生质体融合。融合细胞可通过生理生化、遗传学等特征加以筛选、鉴定。

【实验器材】

酿酒酵母(*Saccharomyces cerevisiae*)的两种营养缺陷型菌株(可购买或通过筛选得到,如 met^-、lys^- 等);YEPD 培养基(见附录二),YEPD 高渗培养基(YEPD 中含 0.6 mol/L NaCl、1.2%琼脂),YNB 基本培养基(见附录二),YNB 高渗基本培养基(YNB 基本培养基含 0.6 mol/L NaCl),预处理液(EDTA-巯基乙醇液,用 0.1 mol/L EDTA 溶液配制 0.4%巯基乙醇溶液),原生质体融合助融剂(30%PEG6000、0.1 mol/L $CaCl_2$、pH 7.0),去壁酶液(1%蜗牛酶、0.6 mol/L NH_4Cl、50 mol/L 二硫苏糖醇,过滤除菌),生理盐水(0.85%NaCl),0.6 mol/L NaCl,无菌水;试管,三角瓶,培养皿,摇床,恒温培养箱,恒温水浴锅,离心机,接种环,移液管,乙醇灯等。

【操作步骤】

1. 原生质体制备

(1) 收集菌体　从斜面上取酵母菌两亲本菌株各一环,分别接种于 5 mL 装有 YEPD 液体培养基的试管中,30℃静置培养 24 h 后,吸取 0.3～0.5 mL 转接至装有 50 mL 新鲜 YEPD 培养基的 250 mL 三角瓶中,摇床 30℃培养至对数早期(14～16 h),细胞数达 10^7～10^8/mL。离心(4000 r/min,10 min),收集菌体。

(2) 菌体预处理　菌体用生理盐水洗两次(离心条件同前),弃上清液,于离心管中加入预处理液(其用量约为每克湿重菌体 4 mL 处理液),30℃,30 min,离心(1000 r/min),10 min,取沉淀物。

(3) 酶液处理去壁　于上述离心管中加入新鲜配制的酶液 5～10 mL(酶液用量约为 1%～2%),轻轻摇动,悬浮细胞,然后于 30℃摇床轻轻振荡(100 r/min)培养 50～60 min,每隔 20 min 取样于相差显微镜下观察,绘图并计数原生质体的形成率(按下列公式计算)。待 70%以上细胞都形成原生质体后,离心(2000 r/min,5 min)去除酶液,并用 0.6 mol/L NaCl 洗涤两次(离心条件同上),用 4 mL 0.6 mol/L NaCl 将原生质体制成悬液备用。

$$\text{原生质体形成率} = \frac{\text{原生质体数}}{\text{原生质体数} + \text{完整细胞数}} \times 100\%$$

2. 原生质体再生　采用双层培养法可大大提高原生质体的再生率。先在培养皿中铺一层含琼脂 2.0%的高渗 YEPD 再生培养基,放温箱中烘半小时,使其表面脱水。再将 10 mL 预先保温在 40℃,并混合了 1 mL 原生质体悬液的含 0.5%琼脂 YEPD 高渗再生培养基倒于底层平板上制成双层平板。亦可用涂布法,将纯化的原生质体悬液适当稀释后,吸取 0.2 mL 涂于含有 2.0%琼脂的 20 mL 高渗 YEPD 再生培养基平板上。对照用无菌水稀释原生质体,均匀涂布于 YEPD 表面。30℃培养 48 h,分别记录长出的菌落数,并按以下公式计算原生质体的再生率。

$$\text{原生质体再生率} = \frac{\text{高渗 YEPD 长出的菌落数} - \text{对照 YEPD 长出的菌落数}}{\text{显微镜计数的原生质体数}} \times 100\%$$

3. 原生质体融合　将双亲原生质体悬液(5×10^7～10×10^7 个/mL)各 3 mL 混合,离心(3000 r/min,10 min)弃上清液后,加入 3 mL 助融剂,轻轻振荡,悬浮原生质体并置 30℃恒温水浴保温 20 min。每隔 3～4 min 轻轻摇动一次,使助融剂与原生质体充分接触，然后立即加入 10 mL 高渗 YEPD 培养基，离心(2000 r/min，10 min)，弃去上清液获得融合沉淀物(即原生质体融合物)。

4. 融合子再生 用 0.6 mol/L NaCl 悬浮以上获得的原生质体融合物，并逐级稀释至 10^{-3}，分别从 10^{-2}、10^{-3} 中取 100～200 μL，分别加入 5 mL 融化并冷却至 40℃的 YEPD 半固体高渗再生培养基中，搓匀，倒于 YNB 基本培养基平板底层之上，铺平。

将以上培养物于 30℃培养 3～5 d，从长出的菌落中选出融合子。同时在基本培养基上作单独亲本株的原养型回复突变。另取等量稀释液用相同方法于再生完全培养基中培养后，计算菌落数。按下列公式计算融合率：

$$融合率 = \frac{融合子数 \times 稀释倍数}{再生完全培养基上长出的总菌落数 \times 稀释倍数} \times 100\%$$

5. 融合子稳定率计算 为保证融合子的稳定性，还需排除选择出的融合子为异核体的可能性，故从以上平板中选出的融合子菌落，需在基本培养基中进行多次的影印接种培养。最后将其保藏于 YEPD 培养基斜面上。可在最后一次影印接种时检测其融合子数，按以下公式计算融合子的稳定率。

$$融合子稳定率 = \frac{最后一代剩余的融合子数}{最初检出的融合子数} \times 100\%$$

6. 融合子的鉴定 用牙签挑取 YNB 高渗基本培养基平板上生长的菌落 100 个，同时点接在 YNB 基本培养基平板和 YEPD 完全培养基平板上，30℃，培养 2～4 d。在两种平板上同时生长的菌落为融合子，传代稳定后接种于固体完全培养基斜面上。进一步的鉴定可做生长谱验证。

【实验报告】

1. 实验结果

(1) 绘出菌体、原生质体及加入助融剂后的原生质体形态图。

(2) 计算原生质体制备率、再生产率和融合率。

2. 思考题

(1) 酶液的除菌为什么要用过滤法而不用其他方法?

(2) 原生质体操作过程中为什么要选用高渗培养基?

(3) 如何提高原生质体的制备率和再生率?

【注意事项】

1. 融合实验中双亲原生质体的量(每毫升所含原生质体的量)要基本一致。

2. 不同菌种，同一菌种的不同株系以及一个菌株培养的不同时期，对酶液的敏感性不同，故要通过预备实验，才能对采用哪个时期的菌体制备原生质体、对所用破壁酶的种类和用量，作出较正确的选择。

3. 原生质体对渗透压、温度、pH 和搅拌等十分敏感，因此所有培养、洗涤原生质体的培养基和试剂都要含有渗透压稳定剂。实验的操作应尽量温和，避免过高的温度和剧烈的搅拌、振荡等。

(张琪林)

实验 2-7 噬菌体的分离、纯化及其效价的测定

【目的要求】

1. 学习从自然环境中分离、纯化噬菌体及其效价测定的基本原理和常用方法。
2. 观察噬菌斑的形态和大小。

【基本原理】

噬菌体是专性寄生物，自然界中凡有细菌分布的地方均可发现其特异噬菌体的存在，噬菌体一般是伴随着寄主细菌分布的。粪便与阴沟污水中含有大量大肠杆菌，容易分离到大肠杆菌噬菌体；乳牛场有较多的乳酸杆菌，容易分离到乳酸杆菌噬菌体。

噬菌体 DNA(或 RNA)侵入细菌细胞后进行复制、转录和一系列基因的表达并装配成噬菌体颗粒后，通过裂解寄主细胞或通过“出芽”释放出来。在液体培养基内可使混浊的菌悬液变为澄清或比较清澈，此现象可指示有噬菌体存在；在有寄主细菌生长的固体琼脂平板上，噬菌体可裂解细菌或限制被感染细菌的生长从而形成透明的或混浊的空斑，称噬菌斑(图 2-7.1)，一个噬菌体产生一个噬菌斑。利用这一现象可将分离到的噬菌体进行纯化与测定噬菌体效价。

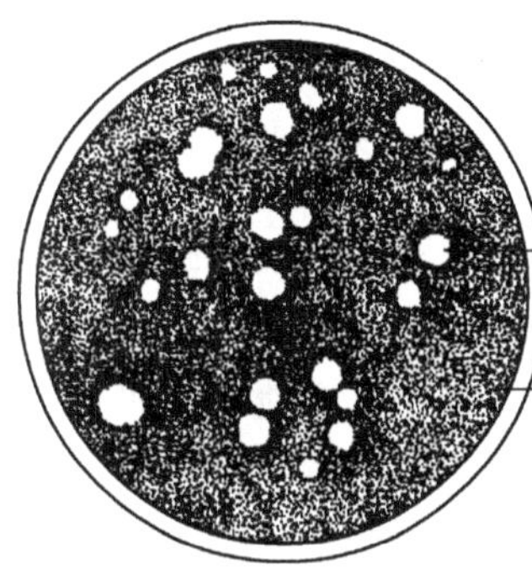

图 2-7.1 琼脂平板上的噬菌斑

噬菌体效价就是每毫升培养液中所含有感染性的活噬菌体的数量。其表示方法有两种：一种是以在液体试管中能引起溶菌现象(菌悬液由混浊变为澄清)的最高稀释度表示；另一种以在平板菌苔表面形成的噬菌斑数换算为每毫升样品中的噬菌体数表示。常用的测定噬菌体效价的方法有液体试管法和琼脂平板法两类。琼脂平板法又可分为单层法和双层法。效价测定一般用双层琼脂平板法，形成的噬菌斑形态、大小一致，清晰度高，计数准确，应用广泛。在含有特异寄主细菌的琼脂平板上，噬菌体侵入寄主细胞增殖后使寄主细胞裂解，释放大量的子代噬菌体再侵染周围细胞，反复多次，产生肉眼可见的噬菌斑，因此能进行噬菌体的计数。噬菌斑计数方法其实际结果难以接近 100%(一般偏低，因有少数活噬菌体可能未引起感染)，为了准确表达病毒悬液的浓度(效价或滴度)，一般不用病毒粒子的绝对数量而用噬菌斑形成单位(plaque forming units，简写 pfu)表示。

本实验是从阴沟污水分离大肠杆菌噬菌体，刚分离出的噬菌体常不纯，如表现在噬菌斑的形态、大小不一致等，然后再进一步纯化。

【实验器材】

大肠杆菌，阴沟污水，分离、纯化的大肠杆菌噬菌体；三倍浓缩的普通肉膏蛋白胨液体培养基，普通肉膏蛋白胨液体培养基，上层普通肉膏蛋白胨琼脂培养基(琼脂 0.7%)，底层普通肉膏蛋白胨琼脂平板(琼脂 2%)，无菌水；三角瓶，无菌玻璃涂棒，无菌吸管，无菌小试管，无菌滤器(孔径 0.22 μm)，恒温水浴箱，离心机，真空泵等。

【操作步骤】

(一) 噬菌体的分离

1. 制备菌悬液　37℃培养18 h的大肠杆菌斜面一支,加4 mL无菌水制成菌悬液。

2. 增殖培养　于装有10 mL三倍浓缩的肉膏蛋白胨液体培养基的250 mL三角瓶中,加污水样品20 mL与大肠杆菌悬液0.3 mL,37℃振荡培养12～24 h。

3. 制备裂解液　将以上培养液倒入50 mL无菌离心管,4000 r/min离心15 min。

将无菌滤器以无菌操作安装于无菌抽滤瓶上,常规操作连接真空抽滤装置。将离心上清液倒入滤器,开动真空泵过滤除菌,所得滤液经37℃培养过夜,以作无菌检查。

4. 确证试验　经无菌检查没有细菌生长的滤液作进一步检查证实噬菌体的存在。

(1) 于肉膏蛋白胨琼脂平板上加1滴大肠杆菌悬液,用无菌玻璃涂棒涂布均匀。

(2) 待平板菌液干后,分散滴加数小滴滤液于平板菌层上面,在同一平板的某一区域加一小滴生理盐水作对照,置37℃培养过夜。如果在滴加滤液处形成无菌生长的透明噬菌斑,而在对照的生理盐水处无噬菌斑,便证明滤液中有大肠杆菌噬菌体。

(二) 噬菌体的纯化

1. 接种　如证明确有噬菌体存在,则用接种环取滤液一环接种于液体培养基内,再加入0.1 mL大肠杆菌悬液,混匀。

2. 倒上层平板　取上层普通肉膏蛋白胨琼脂培养基,融化并冷却至48℃(可预先融化、冷却,放48℃水浴箱内备用),加入以上噬菌体与细菌的混合液0.2 mL,立即搓动试管混匀。并立即倒于底层普通肉膏蛋白胨琼脂平板上,铺匀。置37℃培养24 h。

3. 纯化　此法分离的单个噬菌斑,其形态、大小常不一致,需要进一步纯化。重复下述分离步骤,直至在平板表面的菌苔中出现形态、大小完全一致的噬菌斑。噬菌体纯化的操作比较简单,通常采用接种针(或无菌牙签)在单个的典型噬菌斑中刺一下,小心挑取噬菌体,接入含有大肠杆菌的液体培养基内,37℃培养24 h。

4. 过滤除菌　待管内菌液完全溶解后,过滤除菌,即得到纯化的噬菌体。

(三) 高效价噬菌体的制备

刚分离、纯化到的噬菌体往往效价不高,需要增殖。

将纯化的噬菌体滤液与普通肉膏蛋白胨液体培养基按1∶10混合,再加入大肠杆菌悬液适量(可与噬菌体滤液等量或1/2的量),培养,增殖,如此重复移种数次,最后过滤,可得到高效价的噬菌体制品。

(四) 噬菌体效价测定

1. 稀释噬菌体

(1) 编号　将4管含0.9 mL液体培养基的试管分别标写10^{-3}、10^{-4}、10^{-5}和10^{-6}。

(2) 稀释　用1 mL无菌吸管吸0.1 mL 10^{-2}大肠杆菌噬菌体,注入10^{-3}的试管中,搓动试管混匀。用另一支无菌吸管从10^{-3}管中吸0.1 mL加入10^{-4}管中,混匀,余类推,稀释至10^{-6}管。

2. 噬菌体与菌液混合

(1) 编号　将12支无菌空试管分别标写10^{-4}、10^{-5}、10^{-6}和对照各3支。

(2) 加噬菌体液和菌液　用无菌吸管分别吸取 10^{-4}、10^{-5}、10^{-6} 三种噬菌体稀释液各 0.1 mL 加入相应的无菌空试管内，每种稀释液重复 3 次，再加入 0.1 mL 大肠杆菌液于其中(采用低感染复数)，对照管加菌液和无菌水各 0.1 mL，轻轻混匀。

(3) 保温　将各试管置 37℃水浴保温 5 min，让噬菌体充分吸附并侵入菌体细胞。

3. 混合液与上层培养基混匀

(1) 融化　将 12 管上层培养基融化，标写 10^{-4}、10^{-5}、10^{-6} 和对照各 3 支。冷却至 48℃，并放入 48℃水浴箱内。

(2) 混匀　将 12 管混合液和对照管对号加入上层培养基试管内，立即搓动混匀。

4. 倒上层平板

(1) 倒上层培养基　将搓动混匀的上层培养基迅速对号倒于底层平板上，放在台面上摇匀，使上层培养基铺满平板。

(2) 培养　凝固后置 37℃培养 24 h。

5. 计数　观察平板中的噬菌斑(图 2-7.2)，将每一稀释度的噬菌斑形成单位(pfu)记录于表 2-7.1 内，选 30～300 个 pfu 数的平板计算每毫升未稀释的原液的噬菌体效价。

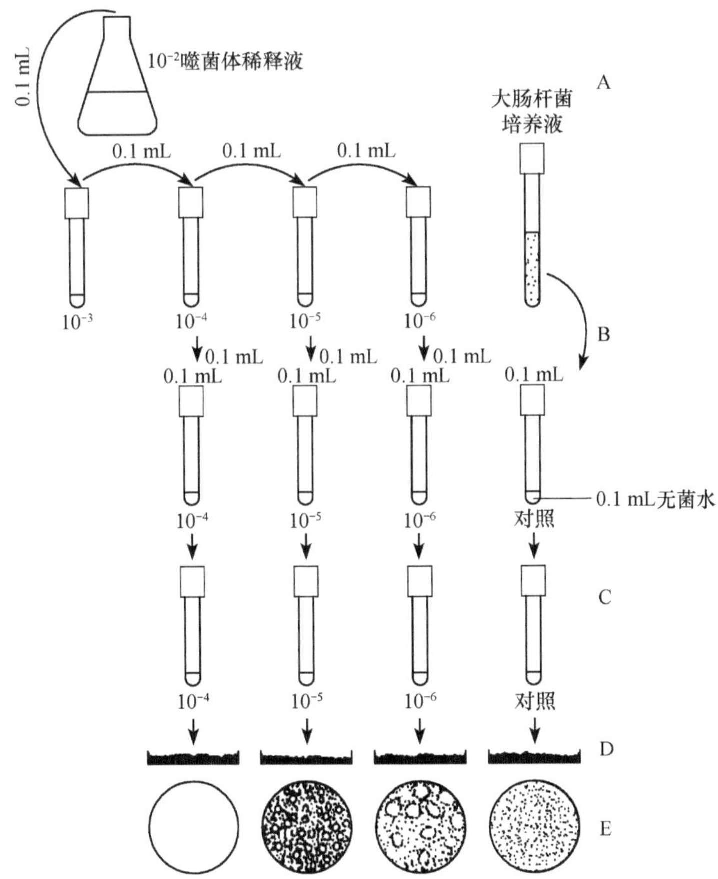

图 2-7.2　噬菌体效价测定图解

A. 稀释噬菌体；B. 将大肠杆菌与噬菌体混合；C. 将混合菌液加入上层培养基；D. 将上层培养基倒于底层平板上；E. 观察并计数噬菌斑

$$噬菌体效价 = pfu数 \times 稀释倍数 \times 10$$

表 2-7.1　噬菌斑形成单位(pfu)实验结果记录表

噬菌体稀释度	10^{-4}	10^{-5}	10^{-6}	对　照
pfu 数				

【实验报告】

1. 实验结果

(1) 仔细观察、比较平板上不同噬菌斑的形态特征，并绘图表示。

(2) 记录平板中各稀释度的 pfu 数于表 2-7.1 中。

(3) 测得的噬菌体效价是多少？

2. 思考题

(1) 能否用伤寒沙门氏菌(肠道菌)悬液作为寄主细胞分离大肠杆菌(肠道菌)的噬菌体，为什么？

(2) 若要分离化脓性细菌的噬菌体，取什么样品材料最容易得到？

(3) 比较分离纯化噬菌体与分离纯化细菌、放线菌基本原理和具体方法的异同。

(4) 新分离到的噬菌体滤液要证实确有噬菌体存在，除本实验用的平板法观察噬菌斑的存在以外，还可用什么方法？如何证明？

(5) 加大肠杆菌增殖的污水裂解液为什么要过滤除菌，不过滤的污水将会出现什么实验结果，为什么？

(6) 某抗生素工厂在发酵生产卡那霉素时发现生产不正常，主要表现为：发酵液变稀、菌丝自溶，氨态氮上升。你认为原因可能是什么？如何证实你的判断是否正确？

(7) 什么因素决定噬菌斑的大小？

(8) 准确测定噬菌体的效价，操作中需注意些什么？

(9) 计算噬菌体效价时，选择 30～300 个 pfu 的平板计数较好，为什么？

(10) 如果在测定的平板上，出现其他细菌的菌落，是否影响噬菌体效价测定？

【注意事项】

1. 用于制备噬菌体裂解液的除菌滤器和收液管等均须严格灭菌。

2. 噬菌体分离和纯化中制备的底层和上层琼脂培养基必须水平凝固。

3. 在采用双层琼脂平板法时，上层敏感菌液和噬菌体样品混匀与吸附时间不宜太长，一旦加入上层半固体琼脂后，要立即搓动混匀、浇注、铺平。

4. 操作要准确，注意各试管、平皿间要对应准确，切莫混淆。

5. 噬菌体与敏感菌液混匀后保温不宜过长，否则因个别菌体先裂解会影响结果。

6. 噬菌体菌体混合液加入琼脂半固体培养基后要立即搓动混匀，并迅速倒于平皿底层培养基之上，铺匀。

7. 掌握合适的琼脂浓度、噬菌体与菌体比例及指示菌细胞密度(以 10^7/mL 为宜)。

（蔡信之）

实验 2-8　动物病毒的鸡胚培养

【目的要求】

1. 了解动物病毒鸡胚培养的意义及用途。
2. 初步掌握病毒鸡胚培养的基本方法。

【基本原理】

鸡胚培养是用来培养某些对鸡胚敏感的动物病毒的一种培养方法，此方法可进行多种病毒的分离、培养、毒力测定、中和试验以及抗原和疫苗的制备等。

鸡胚培养技术比组织培养容易成功，也比接种动物来源容易，无饲养管理及隔离等的特殊要求，且鸡胚一般无病毒隐性感染，同时它的敏感范围很广，多种病毒均能适应，因此是一种常用的培养动物病毒的方法。

各种病毒接种鸡胚有其最适宜的途径，应注意选择（表 2-8.1）。本实验用痘苗病毒和鸡新城疫病毒接种鸡胚。痘苗病毒适宜于在绒毛尿囊膜上生长，培养后产生肉眼可见的白色痘疱样病变，似小结节或白色小片云翳状。鸡新城疫病毒适宜接种在尿囊腔和羊膜腔内，生长后鸡胚全身皮肤出现出血点，以脑后最显著。

表 2-8.1　几种常见病毒用鸡胚培养的接种途径

病　毒	接种途径			
	羊膜腔	尿囊腔	绒毛尿囊膜	卵黄囊
流行感冒病毒	++++	++++	+	+
腮腺炎病毒	++++	+		
流行性乙型脑炎病毒			++	+++
森林脑炎病毒				+++
淋巴球性脉络丛脑膜炎病毒			++	
狂犬病毒			++	
单纯疱疹病毒	+		+++	+
带状疱疹病毒			+	
鹦鹉热病毒	+	+	+	++++
鸡新城疫病毒	++++	++++	+	
脱脚病病毒			++++	
黄热病病毒			++	
天花病毒	+	+	+++	
牛痘苗病毒			+++	

注：表中++++、+++、++、+代表应用该接种途径时，鸡胚组织对病毒敏感性的强弱。

【实验器材】

无菌牛痘病毒液；受精鸡卵（保存于 10℃不超过 10 d）；2.5%碘酒，70%乙醇，10%甲醛溶液；孵卵器或恒温培养箱，照蛋器，齿钻，镊子，剪刀，注射器，钢针，蛋座木架，封蜡，无菌培养皿，无菌盖玻片。

【操作步骤】

1. 检查受精卵

(1) 受精卵的选择 以产后 5～10 d,保持在 10℃环境中的健康鸡受精卵为宜,用清水洗净擦干。

(2) 孵育 鸡胚发育最适环境为 37～38℃,保持相对湿度在 45%～60%左右。孵育时每天翻转鸡胚两次(接种病毒后温度应保持在 37℃)。保持空气新鲜,氧气供应不足会导致鸡胚大量死亡。

(3) 检卵 孵育后第 4 d 检卵,在照蛋器上可见清晰的血管和鸡胚暗影。死鸡胚不运动,血管不清晰。未受精卵不见鸡胚。以后每天检查一次,随时淘汰已死或将死鸡胚。

2. 接种方法 受精卵孵育 6～13d 长成胚胎,把病毒接种到羊膜腔(10 日龄)、尿囊腔(9～10 日龄)、绒毛尿囊膜(9～13 日龄)、卵黄囊(6～8 日龄)上,然后经过 2～5d 的培养,收获检出病毒。本实验采用孵育 12～13d 的鸡胚,用人工气室法接种绒毛尿囊膜(鸡胚及其膜腔位置见图 2-8.1)。

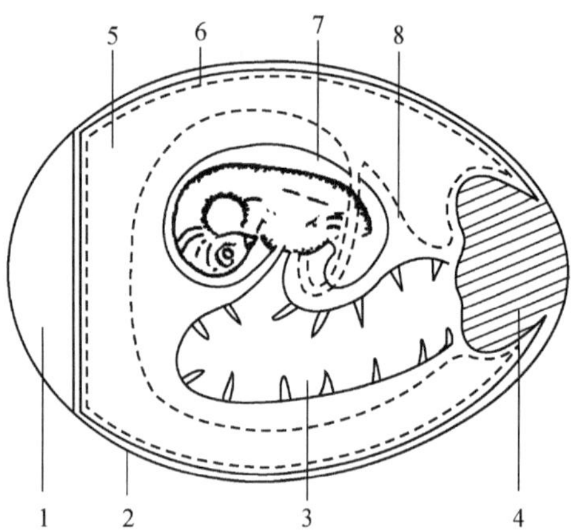

图 2-8.1 鸡胚及其膜腔位置

1. 气室;2. 蛋壳;3. 卵黄囊;4. 卵白;5. 尿囊腔;6. 绒毛尿囊膜;7. 羊膜腔;8. 胚外体腔

(1) 病毒接种材料处理 疑污染细菌的液体,加抗生素(青霉素 100～500 IU 和链霉素 100～500 μg)置室温中 1 h 或冰箱 12～24 h,高速离心取上清液,或经过滤器过滤除菌。如为患病动物组织应剪碎、研磨、离心取上清液,必要时加抗生素处理或滤过。

(2) 定位 取孵育 12～13 d 的鸡胚在照蛋器上照视,在检卵灯下画出气室及胚胎近气室端的绒毛尿囊膜发育好、待开窗部位。

(3) 开窗 于绒毛尿囊膜发育最佳部分,在蛋壳外划一等边三角形(边长 5～6 mm)。以碘酒、乙醇消毒后用齿钻或磨壳器切开。勿伤及壳膜。

(4) 钻孔 气室端消毒后用消毒大头针或钢针在其中心部位钻一孔。

(5) 造人工气室 用小镊子轻轻打开三角形卵壳。在三角形壳膜上滴 1 滴无菌生理盐水,用针轻轻划破壳膜。以洗耳球紧按气室小孔轻轻将空气吸出,使绒毛尿囊膜下陷形成人工气室。

(6) 接种 用注射器在开窗处滴加 0.05 mL 牛痘病毒液,直接滴在绒毛尿囊膜上。

(7) 培养 用揭下的卵壳或无菌盖片盖住卵窗,封以石蜡,再封气室孔。石蜡不能过热,以免流入卵内。勿倒置。于 36℃温箱或孵卵器中培养 48～72 h。逐日观察。

(8) 接种后检查 接种后 24 h 内死亡鸡胚,由于接种时鸡胚受损或其他原因死亡,应弃去。24 h 后每天照蛋 2 次,如发现鸡胚死亡立即放入冰箱。死亡的鸡胚置冰箱中 1～2 h即可取出收获材料并检查鸡胚病变。

3. 收获 原则上接种什么部位收获什么部位。

(1) 消毒 用碘酒消毒卵窗周围,用齿钻将卵窗钻开(卵上 1/3 部分)。

(2) 切取绒毛尿囊膜　用无菌剪刀沿人工气室界限剪去壳膜,露出绒毛尿囊膜。用无菌镊子将膜夹起,用无菌剪刀将绒毛尿囊膜剪下,放入盛有无菌生理盐水的培养皿中,观察病灶症状。用于传代或用 50%甘油保存于−20℃以下。

(3) 检查痘斑的形成情况　牛痘病毒在绒毛尿囊膜上可引起充血和灰白色坏死病灶。整个过程见图 2-8.2。

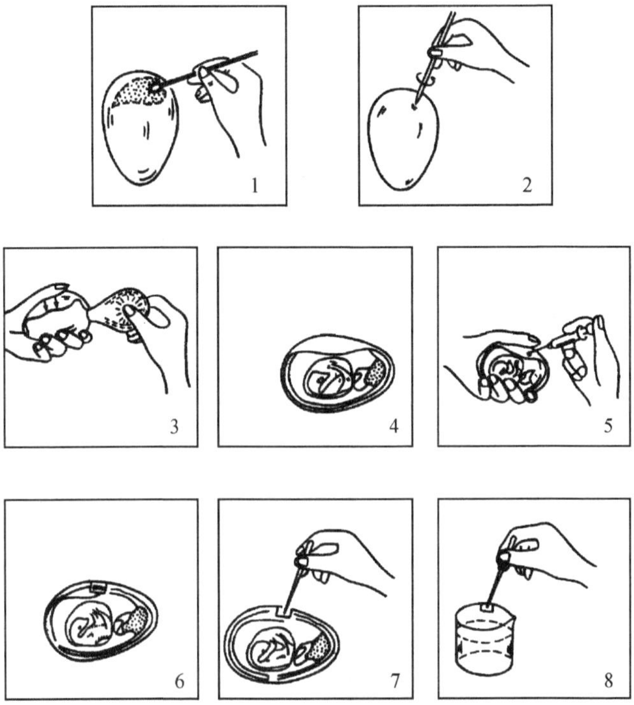

图 2-8.2　接种病毒于绒毛尿囊膜上的过程示意图

1. 消毒蛋壳;2. 钻孔;3. 从气室吸出空气;4. 绒毛尿囊膜下落形成人工气室;5. 注射接种材料;6. 覆盖卵窗;7. 打开卵壳;8. 将绒毛尿囊膜置于 10%甲醛溶液中

【实验报告】

1. 实验结果　观察并记录牛痘病毒在绒毛尿囊膜上出现的病变形态。

2. 思考题

(1) 除能在鸡胚中培养牛痘病毒外,还能用哪种方法对痘类病毒进行培养?试比较几种培养方法的优缺点。

(2) 能否用鸡胚培养噬菌体?能否用微生物细胞培养牛痘病毒?

【注意事项】

1. 鸡胚接种病毒应注意无菌操作,在超净台或无菌室进行。所用器械应严格无菌。

2. 实验中所用材料、器材等带毒物品均必须用消毒水浸泡处理,切勿污染环境。

3. 操作人员需用消毒液洗手后方可离开实验室。

(黄君红)

实验 2-9 芽孢杆菌属(*Bacillus*)种的鉴定

【目的要求】

掌握芽孢杆菌属有关种的鉴定方法和技术。

【基本原理】

本属细菌多数是中温菌,少数能耐高温。大部分是腐生菌,常见于土壤,少数是动物或昆虫致病菌。细胞杆状[(0.3~2.2)μm×(1.2~7.0)μm],菌体内会产生抗热的芽孢。大多数种能运动,具周生鞭毛。化能异养菌。好氧或兼性厌氧,过氧化氢酶阳性。该属细菌 DNA 的(G+C)%为 32~62 克分子%(Tm)。它在《伯杰氏系统细菌学手册》(第二版)中,是第 BXⅢ门厚壁菌门(Firmicutes)第Ⅲ纲芽孢杆菌纲(Bacilli)第 1 目芽孢杆菌目(Bacillales)第 1 科芽孢杆菌科(Bacillaceae)中的第 1 属。

本实验依据 Gordon 氏分类法,将芽孢杆菌属分为三群。第一群:芽孢囊不明显膨大,芽孢椭圆形或柱形,中生至端生,革兰氏阳性。本群包括常见的巨大芽孢杆菌(*B. megaterium*)、蜡状芽孢杆菌(*B. cereus*)和枯草芽孢杆菌(*B. subtilis*)等。第二群:芽孢囊膨大,芽孢椭圆形,中生至端生,革兰氏阳性、阴性或可变。这群包括多黏芽孢杆菌(*B. polymyxa*)、嗜热脂肪芽孢杆菌(*B. stearothermophilus*)等。第三群:芽孢囊膨大,芽孢球形,端生至次端生,革兰氏阳性、阴性或可变。这一群仅球形芽孢杆菌(*B. sphaericus*)一种。各个种的检索及特征的比较见表 2-9.3~表 2-9.8。

【实验器材】

标准菌种:枯草芽孢杆菌[*Bacillus subtilis*(Ehrenberg)Cohn],巨大芽孢杆菌(*Bacillus megaterium* de Bary);未知菌种:从土壤分离到的芽孢杆菌中挑选若干有代表性的菌株;培养基(见附录中"生理生化试验"的培养基);培养皿(9 cm),接种环,试管(15×150 mm),试管架,小试管(10×100 mm),乙醇灯,三角瓶(250 mL),手提式灭菌锅,烧杯(1000 mL),恒温培养箱(调节 30℃),pH 试纸(pH 5.5~9.0),恒温水浴锅,调节 pH 的酸、碱溶液等。

【操作步骤】

芽孢杆菌属分种的鉴定以形态特征及生理生化特性为主,并结合生态条件进行。其内容包括:

1. 个体形态的观察 根据芽孢杆菌属鉴定的要求,需进行以下几项染色观察:

(1) 革兰氏染色 用 24 h 菌龄染色。某些染色不定的菌株(例如高温芽孢菌)要重复多次才能判断。芽孢杆菌属大多数种是革兰氏阳性菌,少数种染色不定,个别种如日本甲虫芽孢杆菌(*B. popilliae*)和缓病芽孢杆菌(*B. lentimorbus*)是革兰氏阴性菌。

(2) 美蓝染色 取葡萄糖营养琼脂上的幼龄培养物,用 0.1%美蓝进行淡染色,观察原生质中有无聚 β-羟基丁酸颗粒。

(3) 芽孢染色 确定孢囊的形态(膨大、不明显膨大、梭状或鼓槌状);芽孢在孢囊中的位置(中生、端生或次端生),以及芽孢的形态(椭圆、柱状、圆形)。有时不必用芽孢染色法,而仅借助于革兰氏染色法就能观察到。

(4) 鞭毛染色　确定有无鞭毛,及鞭毛着生的位置。

(5) 测量菌体大小　利用革兰氏染色涂片进行菌体的大小的测量。菌体大小以微米为单位。每个菌株必须测量 10 个以上菌体的宽度和长度,求其平均值。例如巨大芽孢杆菌菌体大小为(1.2～1.5)μm×(2.0～5.0)μm。菌体的大小在芽孢杆菌鉴定中占重要地位。在第一群孢囊不膨大类群中,菌体宽度在 0.9 μm 以下的属一大类,它们包括地衣、枯草、坚强、凝结等芽孢杆菌。菌体宽度在 0.9 μm 以上的为另一大类,包括巨大、蜡样、蕈状、苏云金、炭疽等芽孢杆菌。

2. 群体形态(菌落形态和培养特征)的观察　不同种的细菌,在不同性质或状态的培养基上的生长特征各异,因此可作为鉴定细菌的依据之一。

(1) 在肉汤液体培养基上的形态　把试验菌接种在肉汤液体试管中,30℃培养 1～2 d,观察菌体是否形成菌膜、菌环或沉淀(絮状沉定,颗粒状沉淀),或者是均匀混浊。注意在观察前切勿摇动试管。

(2) 在肉汤琼脂固体培养基上的菌落形态。

① 斜面培养特征　用接种针挑取少量菌苔直线接种于肉汤琼脂斜面,30℃培养 2 d,观察接种线上菌苔的形态,如线状、有小刺、念珠状、扩展状或假根状等(图 1-18.1)。

② 在肉汤琼脂平板上的菌落特征　将菌种划线接种于肉汤琼脂平板上,培养 24 h,观察并记录单菌落的形态和特征(图 1-18.2)。

菌落形态:圆形,不规则形,菌丝体状,根状扩展等。

菌落质地:表面光滑,湿润,干燥,皱褶等。

菌落边缘:边缘整齐,缺刻状,波状或裂叶状等。

菌落的光学特性:透明,半透明,不透明。

菌落的颜色和是否分泌可溶性色素等等。

3. 生理生化试验

细菌个体微小,形态特征简单,在分类鉴定中单凭形态学特征是不能达到鉴定目的的,故必须借助许多生理生化指征加以鉴别。细菌对各种生理生化试验的不同反应,显示出各类菌种的酶系不同,因此所反映的结果也比较稳定,故可作为鉴定的重要依据。鉴定芽孢杆菌属的各个种需做以下生理生化试验:

(1) 过氧化氢试验。

(2) 需氧性试验。

(3) 糖发酵试验(木糖、葡萄糖、阿拉伯糖、甘露醇)。

(4) 甲基乙酰甲醇试验(V.P 试验),并测定 V.P 培养液生长后的 pH。

(5) 淀粉水解试验。

(6) 产糊精结晶试验(仅用于鉴定个别种)。

(7) 柠檬酸盐(或丙酸盐)的利用。

(8) 马尿酸盐水解。

(9) 二羟丙酮的形成。

(10) 明胶液化。

(11) 酪素水解。

(12) 酪氨酸水解。

(13) 石蕊牛奶反应。

(14) 硝酸盐还原试验。

(15) 苯丙氨酸脱氨试验。

(16) 卵磷脂酶测定。

(17) 耐盐性试验(2%、5%、7%NaCl)。

(18) 在酸性营养肉汤(pH 5.7)中的生长。

(19) 对溶菌酶(0.001%)的抗性试验。

(20) 对叠氮化钠(0.02%)的抗性试验。

(21) 细菌的最低及最高生长温度的测定。

总之，对一株未知菌进行鉴定，首先应根据形态特征，鉴别是属哪一大类(科或属)，再根据其生理生化特性，借助检索表确定是哪个种，并和标准种的特征加以比较，最后定出种名。实际上，在开始鉴定时往往可以依据许多种具有某些独特的特征就能比较快地加以鉴别。如芽孢球形，孢囊膨大的唯独球形芽孢杆菌一种；芽孢在孢囊内侧生的为侧孢芽孢杆菌；蕈状芽孢杆菌具有特殊的假根状菌落；苏云金芽孢杆菌多数亚种在菌体内产生伴孢晶体；嗜热脂肪芽孢杆菌生长温度为45～75℃，以耐高温的特征区别于其他种；多黏芽孢杆菌的孢囊膨大，能从甘油形成二羟丙酮；枯草芽孢杆菌和地衣芽孢杆菌的形态和生理特征很相似，可通过厌氧生长和丙酸盐的利用加以区别；巨大芽孢杆菌、腊样芽孢杆菌和苏云金杆菌之间比较接近，可通过厌氧生长、V.P反应、卵磷脂酶测定及抗溶菌酶等试验加以鉴别。在此基础上再进行逐项生理生化试验。

【实验报告】

1. 将实验结果分别填入表2-9.1、表2-9.2内。

表2-9.1　芽孢杆菌属鉴定记录表(1)——形态部分

1. 个体形态

菌株号					
菌体	宽/μm				
	长/μm				
	革兰氏染色				
	原生质均匀与否				
芽孢	形状				
	在菌体中的位置				
	孢囊膨大与否				
	伴孢晶体有无				
鞭毛					

2. 群体形态

菌株号					
琼脂平板上的菌落特征	形状				
	大小				
	边缘				
	光学特性				
	透明度				
	颜色				
试管液体中的培养特征	菌膜				
	混浊				
	沉淀				

表 2-9.2 芽孢杆菌属鉴定记录表(2)——生理生化特性

菌株号					
过氧化氢酶					
厌氧生长					
V.P 反应					
V.P 培养液生长后 pH					
生长温度	最高/℃				
	最低/℃				
生长条件	溶菌酶(0.001%)				
	叠氮化钠(0.02%)				
	培养基 pH 5.7				
	NaCl 2%				
	NaCl 5%				
	NaCl 7%				
碳源产酸	葡萄糖				
	阿拉伯糖				
	木糖				
	甘露糖				
淀粉水解					
酪素水解					
酪氨酸水解					
马尿酸盐水解(4w)					
柠檬酸盐利用					
丙酸盐利用					
卵磷脂酶					
还原 $NO_3^- \rightarrow NO_2^-$					
形成二羟丙酮					
形成吲哚					
苯丙氨酸脱氨					
石蕊牛奶					
鉴定结果					

2. 根据各菌种的特征，分别查阅芽孢杆菌属常见种的检索表(表 2-9.3)和本属各种的特征比较表(表 2-9.4～表 2-9.8)，将未知菌鉴定到种，并描述鉴定菌株的特征。

表 2-9.3　芽孢杆菌属(*Bacillus*)典型菌株的检索

群 1. 芽孢囊不明显膨大，芽孢椭圆形或柱状，中生到端生，革兰氏阳性

　A. 生长在葡萄糖营养琼脂上的幼龄细胞，用美蓝淡染色，原生质中有不着色的颗粒。

　　1. 严格好氧，V.P 阴性 …………………… 巨大芽孢杆菌(*B. megaterium*)

　　2. 兼性厌氧，V.P 阳性 …………………… 蜡状芽孢杆菌(*B. cereus*)

　　　a. 昆虫致病 …………………… 苏云金芽孢杆菌(*B. thuringiensis*)

　　　b. 菌落呈假根状 …………………… 蕈状芽孢杆菌(*B. mycoides*)

　　　c. 引起人、畜炭疽病 …………………… 炭疽芽孢杆菌(*B. anthracis*)

　B. 生长在葡萄糖营养琼脂上的幼龄细胞，用美蓝淡染色，原生质中没有不着色的颗粒。

　　1. 在 7% NaCl 中生长，石蕊牛奶不产酸

　　　a. pH 5.7 生长，V.P 阳性

　　　　(1) 水解淀粉，还原硝酸盐成亚硝酸盐

　　　　　(a) 兼性厌氧，利用丙酸盐 …………………… 地衣芽孢杆菌(*B. licheniformis*)

　　　　　(b) 好氧，不利用丙酸盐 …………………… 枯草芽孢杆菌(*B. subtilis*)

　　　　(2) 不水解淀粉，不还原硝酸盐成亚硝酸盐 …………………… 短小芽孢杆菌(*B. pumilus*)

　　　b. pH 5.7 不生长，V.P 阴性 …………………… 坚强芽孢杆菌(*B. firmus*)

　　2. 在 7% NaCl 中不生长，石蕊牛奶产酸 …………………… 凝结芽孢杆菌(*B. coagulans*)

群 2. 芽孢囊膨大，芽孢椭圆形，中生到端生，革兰氏阳性、阴性或可变

　A. 发酵葡萄糖产酸产气

　　1. V.P 阳性，由甘油形成二羟丙酮 …………………… 多黏芽孢杆菌(*B. polymyxa*)

　　2. V.P 阴性，不形成二羟丙酮 …………………… 浸麻芽孢杆菌(*B. macerans*)

　B. 不从葡萄糖产气

　　1. 水解淀粉

　　　a. 不形成吲哚，V.P 阴性

　　　　(1) 在 65℃不生长 …………………… 环状芽孢杆菌(*B. circulans*)

　　　　(2) 在 65℃生长 …………………… 嗜热脂肪芽孢杆菌(*B. stearothermophilus*)

　　　b. 形成吲哚，V.P 阳性 …………………… 蜂房芽孢杆菌(*B. alvei*)

　　2. 不水解淀粉

　　　a. 过氧化氢酶阳性，在营养肉汤中连续传代仍存活

　　　　(1) 兼性厌氧菌，在葡萄糖营养肉汤中 pH 低于 8.0 才能生长 …………… 侧孢芽孢杆菌(*B. laterosporus*)

　　　　(2) 好氧菌，在葡萄糖营养肉汤培养基中 pH 高于 8.0 能生长 …………… 短芽孢杆菌(*B. brevis*)

　　　b. 过氧化氢酶阴性，在营养肉汤中连续传代不能存活

　　　　(1) 还原硝酸盐为亚硝酸盐，分解酪素 …………………… 幼虫芽孢杆菌(*B. larvae*)

　　　　(2) 不还原硝酸盐为亚硝酸盐，不分解酪素

　　　　　(a)芽孢囊中含有一个伴孢晶体，在 2%NaCl 中能生长 …………… 日本甲虫芽孢杆菌(*B. popilliae*)

　　　　　(b)芽孢囊中不含伴孢晶体，在 2%NaCl 中不生长 …………… 缓病芽孢杆菌(*B. lentimorbus*)

群 3. 芽孢囊膨大，芽孢一般球形，端生到次端生；革兰氏阳性、阴性或可变

　A. 不水解淀粉，在非碱性培养基中也能生长，不从糖类发酵产酸 …………… 球形芽孢杆菌(*B. sphaericus*)

表 2-9.4　芽孢杆菌属(*Bacillus*)各种的比较

性质		巨大芽孢杆菌	腊状芽孢杆菌	苏云金芽孢杆菌	蕈状芽孢杆菌	炭疽芽孢杆菌
菌体	宽/μm	1.2～1.5	1.0～1.2	1.0～1.2	1.0～1.2	1.0～1.2
	长/μm	2～5	3～5	3～5	3～5	3～5
	革兰氏染色	+	+	+	+	+
原生质中不着色颗粒		+	+	+	+	+
芽孢	椭圆	+	+	+	+	+
	圆	V	－	－	－	－
	中生或近中生	+	+	+	+	+
	芽孢囊膨大	－	－	－	－	－
	伴孢晶体	－	－	a	－	－
运动性		a	a	a	－	－
过氧化氢酶		+	+	+	+	+
厌氧生长		+	+	+	+	+
V.P 反应		+	+	+	+	+
V.P 中的 pH		4.5～6.8	4.3～5.6	4.3～5.6	4.5～5.6	5.0～5.6
生长温度	最高/℃	35～45	35～45	40～45	35～40	40
	最低/℃	3～20	10～20	10～15	10～15	15～20
卵磷脂酶		－	+	+	+	+
抗溶菌酶(0.001%)		－	+	+	+	+
在 NaCl(7%)生长		+	+	+	a	+
pH 5.7 的培养基上生长		+	+	+	+	+
产酸	木糖	a	－	－	－	－
	葡萄糖	+	+	+	+	+
	阿拉伯糖	a	－	－	－	－
	甘露糖	+	－	－	－	－
淀粉水解		+	+	+	+	+
柠檬酸盐利用		+	+	+	a	b
还原 $NO_3^- \rightarrow NO_2^-$		b	+	+	+	+
苯丙氨酸脱氨		a	－	－	－	－
酪素水解		+	+	+	+	+
酪氨酸分解		a	+	+	a	－

注：具有指示特征的菌株百分数：＋＝85～100；a＝50～84；b＝15～49；－＝0～14；V＝易变特征。

表 2-9.5　芽孢杆菌属(*Bacillus*)各种的比较*

性质 \ 菌种		地衣芽孢杆菌	枯草芽孢杆菌	短小芽孢杆菌	坚强芽孢杆菌	凝结芽孢杆菌
菌体	宽/μm	0.6～0.8	0.7～0.8	0.6～0.7	0.6～0.9	0.6～1.0
	长/μm	1.5～3	2～3	2～3	1.2～4	2.5～5
革兰氏染色		+	+	+	+	+
原生质中不着色颗粒		−	−	−	−	−
芽孢	椭圆或柱状	+	+	+	+	+
	中生或近中生	+	+	+	V	V
	次端生或端生	−	−	−	V	V
	芽孢囊膨大	−	−	−	−	V
运动性		+	+	+	a	+
过氧化氢酶		+	+	+	+	+
厌氧生长		+	−	−	−	+
V.P反应		+	+	+	−	+
V.P中pH		5.0～6.5	5.0～8.0	4.8～5.5	6.0～6.8	4.2～4.8
生长温度	最高/℃	50～55	45～55	45～50	40～45	55～60
	最低/℃	15	5～20	5～15	5～20	15～25
卵磷脂酶		−	−	−	−	−
抗溶菌酶(0.001%)		−	b	a	−	−
pH 5.7的培养基上生长		+	+	+	−	+
在NaCl(7%)中生长		+	+	+	+	−
在叠氮化钠(0.02%)中生长		−	−			+
产酸	葡萄糖	+	+	+	+	+
	阿拉伯糖	+	+	+	b	a
	木糖	+	+	+	b	a
	甘露醇	+	+	+	+	b
淀粉水解		+	+	−	+	+
马尿酸盐水解(4 w)		−	−	+		
柠檬酸盐利用		+	+	+	−	b
丙酸盐利用		+	−	−	−	−
还原 $NO_3^- \rightarrow NO_2^-$		+	+	−	+	b
酪素水解		+	+	+	+	b
酪氨酸分解		−	−	−	b	−

* 表注同表 2-9.4。

表 2-9.6　芽孢杆菌属(*Bacillus*)各种的比较*

性质＼菌种		多黏芽孢杆菌	浸麻芽孢杆菌	环状芽孢杆菌	嗜热脂肪芽孢杆菌	蜂房芽孢杆菌
菌体	宽/μm	0.6～0.8	0.5～0.7	0.5～0.7	0.6～1.0	0.5～0.8
	长/μm	2～5	2.5～5	2～5	2～3.5	2～5
革兰氏染色		V	V	V	V	V
芽孢	椭圆	+	+	+	+	+
	中生或近中生	V	—	V	—	V
	次端生或端生	V	+	V	+	V
	芽孢囊膨大	+	+	+	+	+
运动性		+	+	a	+	+
过氧化氢酶		+	+	+	a	+
厌氧生长		+	+	a	—	+
V.P 反应		+	—	—	—	+
V.P 中的 pH		4.5～6.8	4.5～5.0	4.5～6.6	4.8～5.8	4.6～5.2
生长温度	最高/℃	35～45	40～50	35～50	65～75	35～45
	最低/℃	5～10	5～20	5～20	30～45	15～20
抗溶菌酶(0.001%)		a	—	b	—	+
pH 5.7 的培养基上生长		+	+	b	—	—
在叠氮化钠(0.02%)中生长					—	
在 NaCl(5%)中生长		—	—	a	b	b
在 NaCl(7%)中生长		—	—	b	—	—
在 NaCl(10%)中生长		—	—	—	—	—
产酸	葡萄糖	+	+	+	+	+
	阿拉伯糖	+	+	+	b	—
	木糖	+	+	+	a	—
	甘露醇	+	+	+	b	—
从碳水化合物产气		+	+	—	—	—
淀粉水解		+	+	+	+	+
柠檬酸盐利用		—	b	b	—	—
还原 $NO_3^- \rightarrow NO_2^-$		+	+	b	a	—
形成结晶糊精		—	+	—		
形成二羟丙酮		+	—	—	—	+
形成吲哚		—	—	—	—	+
酪素水解		+	—	b	a	+
酪氨酸分解		—	—	—	—	b

* 表注同表 2-9.4。

表 2-9.7　芽孢杆菌属(*Bacillus*)各种的比较*

菌　种		侧孢芽孢杆菌	短芽孢杆菌	球形芽孢杆菌
菌体	宽/μm	0.5～0.8	0.6～0.9	0.6～1.0
	长/μm	2～5	1.5～4.0	1.5～5.0
革兰氏染色		V	V	V
芽孢	椭圆	+	+	—
	圆	—	—	+
	中生或近中生	+	V	—
	次端生或端生	—	V	+
	有 C 状的边	+	—	—
	芽孢囊膨大	+	+	+
运动性		+	+	+
过氧化氢酶		+	+	+
厌氧生长		+	—	—
V.P 反应		—	—	—
V.P 中的 pH		5.0～6.0	8.0～8.6	7.4～8.6
生长温度	最高/℃	35～50	40～60	30～45
	最低/℃	15～20	10～35	5～15
抗溶菌酶(0.001%)		+	b	a
pH 5.7 的培养基上生长		—	b	b
在 NaCl(5%)中生长		a	—	+
在 NaCl(7%)中生长		—	—	b
在 NaCl(10%)中生长		—	—	—
在叠氮化钠(0.02%)中生长			—	
产酸	阿拉伯糖	—	—	—
	葡萄糖	+	+	—
	木糖	—	—	—
	甘露醇	+	a	—
淀粉水解		—	—	—
柠檬酸盐利用		—	b	b
还原 $NO_3^- \rightarrow NO_2^-$		+	a	—
形成二羟丙酮		—	—	—
形成吲哚		a	—	—
苯丙氨酸脱氨(3 w)		—	—	+
酪素水解		+	+	a
酪氨酸分解		+	+	—

* 表注同表 2-9.4。

表 2-9.8　芽孢杆菌(*Bacillus*)各种的比较*

菌　种		幼虫芽孢杆菌	日本甲虫芽孢杆菌	缓病芽孢杆菌
菌体	宽/μm	0.5～0.6	0.5～0.8	0.5～0.7
	长/μm	1.5～6.0	1.3～5.2	1.8～7.0
革兰氏染色		+	−	−
芽孢	椭圆	+	+	+
	圆	−	−	−
	中生或近中生	V	V	V
	次端生或端生	V	V	V
	芽孢囊膨大	+	+	+
	伴孢晶体	−	+	−
运动性		a	a	−
过氧化氢酶		−	−	−
厌氧生长		+	+	+
V.P 反应		−	−	−
V.P 中的 pH		5.5～6.2	5.7～6.2	5.9～6.9
生长温度	最高/℃	40	35	35
	最低/℃	25	20	20
抗溶菌酶(0.001%)		+	+	+
pH 5.7 的培养基上生长		−	−	−
在营养肉汤中生长		−	−	−
在 NaCl(2%)中生长		+	+	−
产酸	葡萄糖	+	+	+
	海藻糖	+	+	+
	阿拉伯糖	−	−	−
	木糖	−	−	−
	甘露醇	b	−	−
淀粉水解		−	−	−
柠檬酸盐利用		−	−	−
还原 $NO_3^- \rightarrow NO_2^-$		a	−	−
形成二羟丙酮		−	−	−
形成吲哚		−	−	−
苯丙氨酸脱氨(3 w)		−	−	−
酪素水解		+	−	−
分解明胶		+	−	−
酪氨酸分解		−	−	−

* 表注同表 2-9.4。

(黄君红)

实验 2-10　利用 Biolog 系统鉴定微生物

【目的要求】

1. 学习利用计算机微生物分类鉴定系统分类鉴定的基本原理和一般操作方法。

2. 学习使用 Biolog Microlog 软件，掌握数据库使用方法。

【基本原理】

微生物分类鉴定传统方法比较费时费力。近年来，国内外推出了多种成套鉴定系统，如法国的 API/ATB、丹麦的 Minibact、澳大利亚的 Microbact、日本的 Biotest 等，我国也建立了 SWF-A（上海市疾控中心）和 ARB-ID（解放军一八一医院）等系统。20 世纪 90 年代 BIOLOG 公司研制开发 BIOLOG 系统，用于微生物的快速鉴定。结合 16 S rRNA 序列分析和(G+C)mol%，可以在短时间内得到未知菌的分类鉴定结果。

Biolog 自动分析系统鉴定微生物的原理是根据不同种类的微生物利用碳源具有特异性，并且碳源代谢产生的酶能使四氮唑类物质（TV）由无色还原产生紫色。加上微生物利用碳源代谢使菌体大量繁殖，浊度也显著改变。从而在微孔板上形成该微生物特征性的反应模式或“指纹”。利用不同微生物的特征性指纹图谱建立数据库，将待鉴定微生物的图谱与数据库进行比对，即可得出鉴定结果。

BIOLOG 公司提供的微生物鉴定系统由微生物自动分析仪、计算机分析软件、浊度仪和鉴定板组成（图 2-10.1），其中鉴定板分五大类，即 GN2 板（鉴定革兰氏阴性好氧细菌）、GP2 板（鉴定革兰氏阳性好氧细菌）、AN 板（鉴定厌氧菌）、YT 板（鉴定酵母菌）、FF 板（鉴定丝状真菌）。

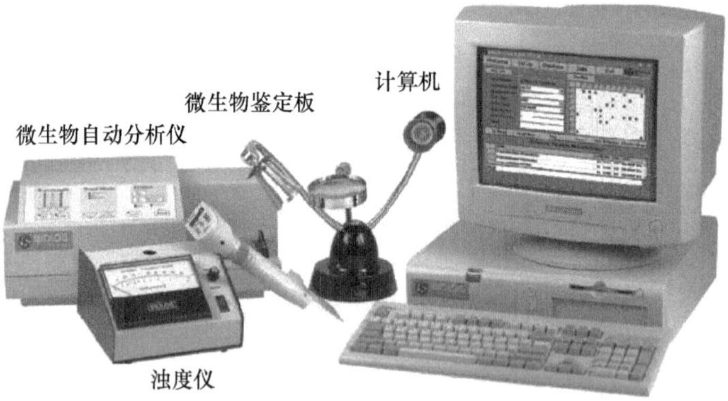

图 2-10.1　Biolog 微生物鉴定系统

【实验器材】

革兰氏阳性细菌、革兰氏阴性细菌、酵母菌和霉菌各 1 株。

Biolog 专用培养基：BUG 琼脂培养基，BUG+B 培养基，BUG+M 培养基，BUY 培养基，可由 BIOLOG 公司购买。2%麦芽汁琼脂培养基。

Biolog 专用菌悬液稀释液，脱血纤维羊血，麦芽糖，麦芽汁提取物，琼脂粉，蒸馏水等。

Biolog 微生物分类鉴定系统及数据库，浊度仪，读数仪，恒温培养箱，光学显微镜，pH 计，八道移液器，“V”型加样槽，试管等。

【操作步骤】

1. 斜面培养物准备 使用 Biolog 推荐的培养基和培养条件，培养待测微生物斜面。

好氧细菌用 BUG+B 培养基，厌氧细菌用 BUA+B 培养基，酵母菌用 BUY 培养基，丝状真菌用 2%麦芽汁琼脂培养基；选择不同微生物生长最适宜的培养温度，细菌培养 24 h，酵母菌 72 h，丝状真菌 10 d。检查并确认培养物为纯培养及其革兰氏染色结果。

2. 特定浓度菌悬液的制备 将对数期生长的斜面培养物转入 Biolog 专用菌悬液稀释液中，注意控制氧的浓度，对革兰氏阳性球菌或杆菌必须在菌悬液中加入 3 滴巯基乙酸钠和 1 mL 100 mmol/L 的水扬酸钠，使菌悬液浓度与标准悬液浓度具有同样的浊度。

3. 微孔板接种 不同种类的微生物选择不同的微孔板，G^+ 好氧细菌用 GP2 板，G^- 好氧细菌用 GN2 板，厌氧菌用 AN 板，酵母菌用 YT 板，丝状真菌用 FF 板。用八道移液器将菌悬液接种于微孔板的 96 孔中，接种量细菌 150 μL，酵母菌 100 μL，霉菌 100 μL。接种过程不能超过 20 min。

4. 微生物培养 按 Biolog 推荐的条件培养，并根据经验确定培养时间。

5. 结果读取 按操作说明读取培养实验结果，读数操作要按仪器提示进行，直至结果读完。如果认为自动读取的结果与实际明显不符，可以人工调整阈值以得到认为是正确的结果。应注意，对霉菌阈值的调整会导致颜色和浊度的阴阳性都发生变化。

读数结果直接输入计算机，用其附带的 Biolog 软件分析，获得鉴定到种的结果。

GN、GP 数据库是动态数据库，微生物总是最先利用最适碳源并产生颜色变化，颜色变化也最明显；对于不适碳源菌体利用较慢，相应产生的颜色变化也较慢，也不及最适碳源明显。这种数据库充分考虑了细菌利用不同碳源产生颜色变化速度不同的特点，在数据处理软件中采用统计学的方法使结果尽量准确。

酵母菌和霉菌是终点数据库，软件可以同时检测颜色和浊度的变化。

6. 结果解释 软件将按 96 孔板显示出的实验结果与数据库的匹配程度列出鉴定结果，并在 ID 框中显示。如果实验结果与数据库已鉴定的菌种都不能很好地匹配，则在 ID 框中就会显示“NO ID”。

【实验报告】

1. 实验结果 报告所选用的菌种、实验模式的选择及鉴定结果；并评估鉴定结果的准确性。若鉴定结果不理想，分析其可能原因。

2. 思考题

(1) 哪些因素影响 Biolog 微生物分类鉴定系统的特异性和准确性？

(2) 为何 Biolog 微生物鉴定板分为革兰氏阴性菌板 GN2 和革兰氏阳性菌板 GP2？

【注意事项】

1. 制备单克隆的纯培养物是获得可靠鉴定结果的首要条件，必须先纯化待测菌。

2. 革兰氏染色结果将作为进一步鉴定的依据。因此，染色结果至少重复两次。

3. 浊度直接影响实验结果，故浊度调整务必达到要求的特定的浊度。

（蔡信之）

第三部分　微生物学应用实验

实验 3-1　菌 种 保 藏

【目的要求】

掌握菌种保藏的常用方法及其基本原理。

【基本原理】

菌种保藏的目的是使菌种经保藏后不衰退、不混乱、不死亡、不污染杂菌，并保持其优良性状。菌种保藏的原理是创造一个适合于微生物休眠的环境，即低温、干燥、缺氧、避光和缺少营养，并尽量减少传代的次数，以利于降低菌种的变异率。

【实验器材】

细菌、酵母菌、放线菌和霉菌斜面菌种；牛肉膏蛋白胨培养基斜面(培养细菌)，麦芽汁培养基斜面(培养酵母菌)，高氏 1 号培养基斜面(培养放线菌)，马铃薯蔗糖培养基斜面(培养丝状真菌)；无菌水，液体石蜡，P_2O_5，新鲜牛奶或脱脂奶粉，10% HCl，干冰，95%乙醇，甘油，食盐，河砂，瘦黄土(有机物含量少的)；无菌试管，无菌吸管(1 mL 及 5 mL)，无菌滴管，接种环，40 目及 100 目筛子，干燥器，安瓿管，冰箱，冷冻真空干燥装置，乙醇喷灯，三角瓶。

【操作步骤】

下列各方法可根据实验室条件及需要选做。

(一) 斜面传代保藏法

1. 贴标签　取各种无菌斜面试管数支，将注有菌株名称和接种日期的标签贴在试管斜面的正上方、距试管口 2～3 cm 处。

2. 斜面接种　将待保藏的菌种用接种环以无菌操作移接至相应的试管斜面上，细菌和酵母菌宜采用对数生长期的细胞，而放线菌和丝状真菌宜采用成熟的孢子。

3. 培养　细菌 37℃恒温培养 18～24 h，酵母菌于 28～30℃培养 36～60 h，放线菌和丝状真菌置于 28℃培养 4～7 d。

4. 保藏　斜面长好后，可直接放入 4℃冰箱保藏。保藏温度不宜太低，否则斜面培养基因结冰、脱水而加速菌种的死亡。为防止棉塞受潮长杂菌，管口棉花应用牛皮纸包扎，或换上无菌胶塞，亦可用熔化的固体石蜡熔封棉塞或胶塞。

保藏时间依微生物种类而不同，酵母菌、霉菌、放线菌及有芽孢的细菌可保存 3～6 个月，不产芽孢细菌最好每月移种一次。此法缺点是容易变异，污染杂菌的机会较多。

(二) 半固体穿刺保藏法

这种保藏方法适用于保藏兼性厌氧的细菌和酵母菌。保藏期半年至一年。

1. 贴标签　将注有菌种和菌株名称及接种日期的标签贴于半固体直立柱试管上。

2. 接种　用穿刺接种法将菌接至半固体直立柱培养基中央，不要穿透底部。

3. 培养　在适宜温度下培养，使其充分生长。

4. 保藏　待菌种长好后用无菌橡皮塞代替棉塞，置4℃冰箱保藏。

（三）液体石蜡保藏法

1. 液体石蜡灭菌　在250 mL三角瓶中装入100 mL液体石蜡，塞上棉塞，并用牛皮纸包扎，121℃湿热灭菌30 min，连续灭两次，然后置于40℃温箱中14 d（或置于105～110℃烘箱中1 h），以除去石蜡中的水分，备用。

2. 接种培养　同斜面传代保藏法。

3. 加液体石蜡　用无菌滴管吸取液体石蜡以无菌操作加到已长好的菌种斜面上，加入量以高出斜面顶端约1 cm为宜。

4. 保藏　棉塞外包牛皮纸，将试管直立于4℃冰箱中保存。用此法霉菌、放线菌、有芽孢细菌可保藏2年左右，酵母菌可保藏1～2年，一般无芽孢细菌可保藏1年左右。

5. 恢复培养　用接种环从液体石蜡下挑取少量菌种，在试管壁上轻靠几下，尽量使油滴尽，再接种于新鲜培养基中培养。由于菌体表面粘有液体石蜡，生长较慢且有黏性，故一般需要连续转接两次才能获得良好的菌种。

（四）砂土管保藏法

1. 砂土处理

（1）砂处理　取河砂经40目过筛去除大颗粒，加10%HCl浸泡（用量以浸没砂面为宜）2～4 h除去有机杂质，然后倒去盐酸，用清水冲洗至中性，烘干或晒干，备用。

（2）土处理　取非耕作层瘦黄土（不含有机质），加自来水浸泡洗涤数次，直至中性，然后烘干，粉碎，用100目过筛，去除粗颗粒后备用。

2. 装砂土管　将砂与土按2∶1、3∶1或4∶1（W/W）比例混匀装入试管中（10 mm×100 mm），高约7 cm，加棉塞，外包牛皮纸，0.1 MPa，30 min，灭菌后烘干。

3. 无菌试验　每10支砂土管任抽一支，取少许砂土放入牛肉膏蛋白胨或麦芽汁培养液中，最适温度培养2～4 d，确定无菌生长才能用。有杂菌需重新灭菌，再作无菌试验，直至合格。

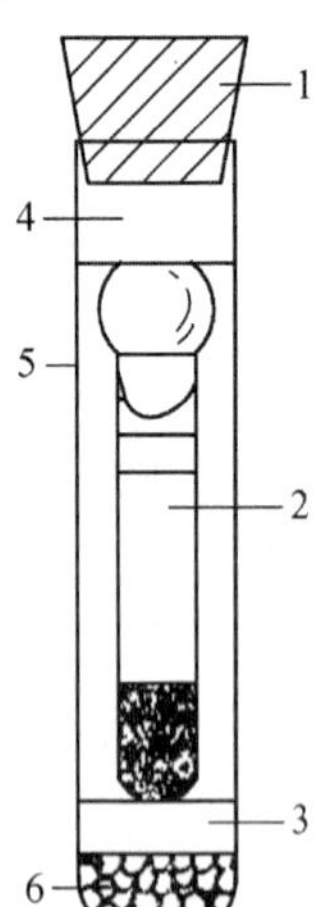

图3-1.1　砂土管

1. 橡胶塞；2. 砂土管；3、4. 棉花衬垫；5. 大试管；6. 干燥剂

4. 制备菌液　用5 mL无菌吸管分别吸取3 mL无菌水至待保藏的菌种斜面上，用接种环轻轻搅动，制成悬液。

5. 加样　用1 mL吸管吸取上述菌悬液0.1～0.5 mL加入砂土管中，用接种环拌匀。加入菌液量以湿润砂土达2/3高度为宜。

6. 干燥　将含菌砂土管放入干燥器，干燥器内用培养皿盛P_2O_5作干燥剂，再用真空泵连续抽气3～4 h加速干燥。将砂土管轻轻一拍，砂土呈分散状即达到充分干燥。

7. 保藏　砂土管可选择下列方法之一保藏：

（1）保存于干燥器中；

（2）用石蜡封住棉花塞后放入冰箱保存；

（3）将砂土管管口用火焰熔封后放入冰箱保存；

（4）将砂土管装入有$CaCl_2$等干燥剂的大试管中，塞上橡皮塞或木塞，再用蜡封口，放入冰箱中或室温下保存（图3-1.1）。

8. 恢复培养　使用时挑少许混有孢子的砂土，接种于斜面培养基上或液体培养基内培养即可，原砂土管仍可继续保藏。

此法适用于能产生芽孢的细菌及形成孢子的霉菌和放线菌，可保存 2 年左右。但不能用于保藏营养细胞。

（五）甘油保藏法

在基因工程中，常用此法保存含质粒载体的大肠杆菌，一般可保存半年至一年。

1. 甘油灭菌　将 10 mL 甘油置于 100 mL 三角瓶内，加棉塞，牛皮纸包扎，0.1 MPa 灭菌 20 min。

2. 接种与培养　挑取带质粒载体的大肠杆菌接种到装有 5 mL 含氨苄青霉素（100 μg/mL）的液体培养基的试管中，37℃振荡培养过夜。

3. 培养物与灭菌甘油混合　用无菌吸管吸取 0.85 mL 大肠杆菌培养液，置于 1.5 mL 无菌 EP 管中，再加入 0.15 mL 灭菌甘油，振荡混匀，置于乙醇-干冰或液氮中速冻。

4. 保藏　将已冰冻的含甘油的培养物置于－70℃或－20℃冰箱中保存。

5. 转接　到保藏期后，用接种环括取冰冻表面培养物接种到含氨苄青霉素的 LB 斜面上，37℃培养过夜。挑取斜面培养物到装有 2 mL 含氨苄青霉素的 LB 液体培养基的试管中，再加入等量含 30%灭菌甘油和氨苄青霉素的 LB 液体培养基，振荡混匀，分装于 1.5 mL 无菌 EP 管中，按上法冰冻保藏。

（六）冷冻干燥保藏法

1. 准备安瓿管　选外径 6～8 mm，壁厚 0.6～1.2 mm，长 10.5 cm 的硬质玻璃试管，经 10%HCl 浸 10 h 后用自来水洗净，用去离子水洗 2 次，烘干。将印有菌名和接种日期的标签放入安瓿管内，有字的一面朝向管壁。管口加棉塞，0.1 MPa，灭菌 30 min。

2. 制备脱脂牛奶　将新鲜牛奶煮沸，再置于冷水中冷却，除去上层油脂。离心（3000 r/min，4℃）15 min，再除去上层油脂。如选用脱脂奶粉，可将脱脂奶粉配成 20%乳液，然后分装，0.1 MPa，灭菌 30 min，并作无菌试验。

3. 准备菌种　选用无污染的纯菌种，培养时间，一般细菌为 24～28 h，酵母菌为 3 d，放线菌与丝状真菌 7～10 d。

4. 制备菌液及分装　吸取 3 mL 无菌牛奶直接加入斜面菌种管中，用接种环轻轻搅动菌落，摇动试管，制成均匀的细胞或孢子悬液。用无菌长滴管将菌液分装于安瓿管底部，每管装 0.2 mL。

5. 预冻　将安瓿管外的棉花剪去并将棉塞向里推至离管口约 1.5 mm 处（图 3-1.3），再通过乳胶管连接于总管的侧管上，总管则通过厚壁橡皮管及三通短管与真空表及干燥瓶、真空泵相连接（图 3-1.2），并将所有安瓿管浸入装有干冰和 95%乙醇的预冷槽中（此时槽内温度可达－50～－40℃），只需冷冻 1 h 左右，可使悬液冻结成固体。

6. 真空干燥　预冻后升高总管使安瓿管仅底部与冰面接触（约－10℃），以保持安瓿管内悬液仍呈固体。开启真空泵，应在 5～15 min 内使真空度达 66.7 Pa 以下，使被冻结的悬液开始升华，当真空度达 26.7～13.3 Pa 时，冻结样品逐渐被干燥成白色片状，使安瓿管脱离冰浴，在室温下（25～30℃）继续干燥，升温可加速样品中残余水分蒸发。总干燥时间应根据安瓿管数量、悬液装量及保护剂性质确定，一般 3～4 h 即可。

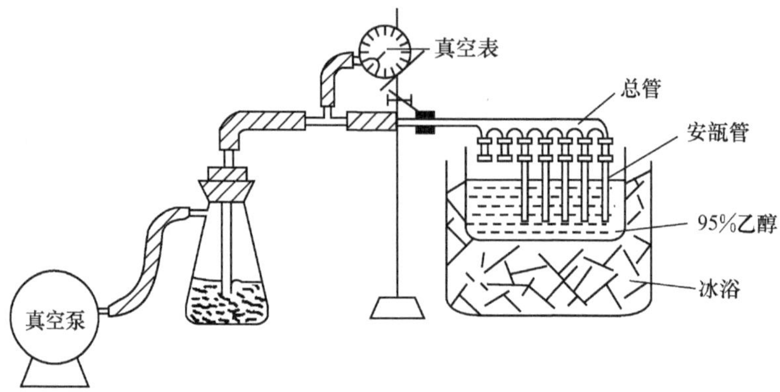

图 3-1.2 真空冷冻干燥装置

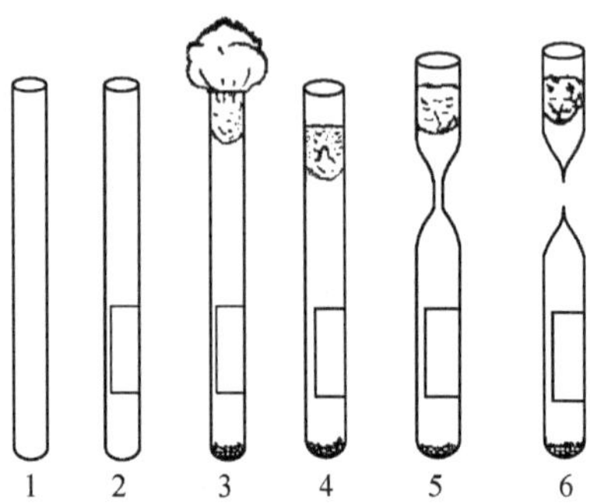

图 3-1.3 安瓿管的处理

1. 硬质玻璃安瓿管；2. 放置标签；3. 加棉塞；4. 棉塞推向管内的位置；5. 拉细颈；6. 熔封

7. 封口 样品干燥后继续抽真空达 1.33 Pa 时，在安瓿管棉塞的稍下部位用乙醇喷灯火焰灼烧，拉成细颈并熔封(图 3-1.3)。

8. 真空度检测 熔封的安瓿管真空度用高频电火花发生器检测，将发生器产生火花触及安瓿管上端(切勿直射菌种)，使管内真空放电。若安瓿管内发出淡蓝色或淡紫色电光，说明管内真空度符合要求。将真空度符合要求的安瓿管于 4℃冰箱保藏。

9. 恢复培养 用 75%乙醇消毒安瓿管外壁后在火焰上烧热安瓿管上部，将无菌水滴在烧热处，使管壁出现裂缝，放置片刻，让空气从裂缝中缓慢进入管内，将裂口端敲断，这样可防止空气因突然开口进入管内使菌粉飞扬。将合适的培养液加入冻干样品中使干菌粉充分溶解，再用无菌的长颈滴管吸取菌液至合适培养基中，放在最适温度下培养。

冷冻干燥保藏法综合利用了各种有利于菌种保藏的因素(低温、干燥和缺氧等)，是目前最有效的菌种保藏方法之一。

(七) 液氮超低温保藏法

1. 安瓿管准备 所用安瓿管应能经受温度突然变化而不破，一般用硼硅酸盐玻璃制品，规格 75×10 mm。洗净，烘干，编号，加棉塞，牛皮纸包扎，0.1 MPa，灭菌 30 min。

2. 冷冻保护剂准备 液氮保藏都必须加保护剂，常用终浓度为 10%(*V*/*V*)无菌甘油。

3. 制备菌悬液或带菌琼脂块 在长好菌的斜面试管中加入 5 mL 含 10%灭菌甘油的液体培养基制成悬液。用无菌吸管吸取 1 mL 菌悬液分装于无菌安瓿管中，熔封管口。

要保藏只长菌丝的霉菌，可用无菌打孔器从平板上切下带菌落的琼脂块(直径 8 mm)置于装有 10%灭菌甘油的液体培养基的无菌安瓿管中，熔封管口。

4. 预冷冻 菌种在置于液氮冰箱保藏前必须经慢速冷冻，防止细胞因快速冷冻形成冰晶而降低存活率。如实验室无控速冷冻机可将已封口安瓿管置－70℃冰箱保藏 4 h。

5. 保藏 将预冷冻的安瓿管迅速置于液氮罐(图 3-1.4,液相－196℃或气相－156℃)保藏。

6. 恢复培养 使用保藏菌种时,从液氮冰箱中取出安瓿管立即放入 40℃水浴中,轻轻摇晃使管中冰迅速融化。以无菌操作打开安瓿管,用无菌吸管将管中保藏物全部转移到有 2 mL 无菌液体培养基试管中,吸取 0.2 mL 菌悬液于斜面培养基上,保温培养。

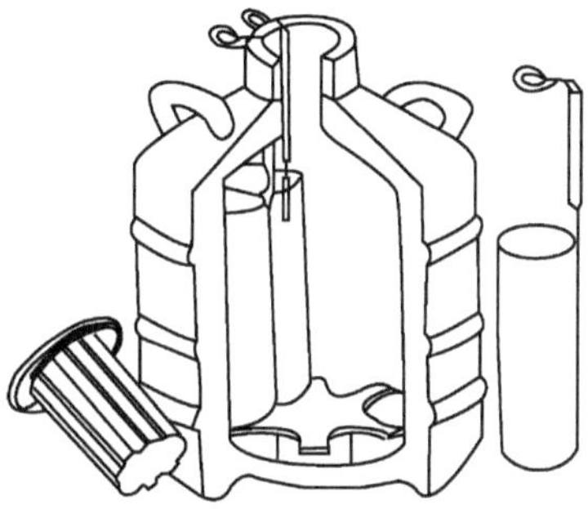

图 3-1.4 液氮冷冻保藏罐

【实验报告】

1. 实验结果

(1) 按以下项目列表(表 3-1.1)记录菌种保藏方法和结果。

表 3-1.1 菌种保藏实验记录表

接种日期	菌种名称		培养条件		保藏方法	保藏温度	操作要点	菌种生长情况
	中文名	学名	培养基	培养温度				

(2) 试述各种菌种保藏方法的优、缺点。

2. 思考题

(1) 如何防止菌种管棉塞受潮和杂菌污染?

(2) 冷冻干燥装置包括哪几个部件? 各个部件起什么作用?

(3) 现有一纤维素酶的高产霉菌菌株,你选用什么方法保存? 设计一个实验方案。

(4) 液氮保藏为何要用含保护剂的液体培养基制备菌悬液? 保护剂作用是什么?

【注意事项】

1. 从液体石蜡封藏的菌种管中挑菌后,接种环上带有油和菌,接种环在火焰上灭菌时要先在火焰边烤干再灼烧,以免菌液四溅,引起污染。

2. 真空干燥中安瓿管内样品应保持冻结状态,以防抽真空时样品产生泡沫外溢。

3. 熔封安瓿管时注意火焰大小要适中,封口处灼烧要均匀,若火焰过大,封口处易弯斜,冷却后易出现裂缝造成漏气。安瓿管需严格密封,以防漏气或液氮渗入。

4. 液氮与皮肤接触时,皮肤极易被"冷烧",操作要小心,最好戴皮手套和面具。

5. 从液氮冰箱取安瓿管时,为防止其他安瓿管升温,取出及放回时间不超过 1 min。

(蔡信之)

实验 3-2 水的细菌学检查

【目的要求】

1. 学习水的细菌学检查方法。

2. 了解细菌总数与大肠菌群数的检测原理及其在饮水中的重要性。

【基本原理】

水中细菌总数可说明水被有机物污染的程度。根据水中大肠菌群的数量可判断水源是否被粪便污染，并推测水源受肠道病原菌污染的可能性。因此，饮用水是否合乎标准，通常要测定水中细菌总数和大肠菌群数。大肠菌群是一群能发酵乳糖的无芽孢的革兰氏阴性杆菌，在乳糖培养基中经37℃培养24 h，能产酸产气。

我国于1985年实施的饮用水卫生标准(GB5749-85)规定：1 mL自来水的细菌总数不得超过100个；每升自来水中大肠菌群不超过3个。

水中细菌种类繁多，生长条件各异。在一种条件下要使水中所有的细菌都生长是不可能的。通常采用普通肉膏蛋白胨琼脂培养基，测得水中细菌总数的近似值。

【实验器材】

肉膏蛋白胨琼脂培养基，乳糖蛋白胨发酵管(内有倒置小套管)，伊红美蓝琼脂培养基；无菌三角瓶，无菌带塞玻璃瓶，无菌培养皿，无菌吸管，无菌试管，无菌过滤器，无菌水。

【操作步骤】

1. 水样的采取

(1) 自来水　先将自来水龙头用火焰灼烧3 min灭菌，再开放水龙头使水流5 min，以无菌三角瓶接取水样，迅速测定。

(2) 池水、河水或湖水　应取离岸边较远(5 m)、距水面10～15 cm的水样。先将无菌的带塞玻璃瓶口向下浸入水中，再翻转过来，除去玻璃塞，盛满后塞好瓶塞，从水中取出。有时需用特制的采样器取水样，采样时将采样器坠入所需深度，拉起瓶盖绳即可打开瓶盖，取到水样后再松开瓶盖绳，自行盖好瓶盖，然后用采样绳取出采样器。最好立即检查，否则需放入冰箱中保存，但不能超过24 h。

2. 细菌总数的测定

(1) 自来水

① 用无菌吸管分别吸取1 mL水样于两个无菌培养皿中。

② 分别倒约15 mL融化并冷至45℃左右的肉膏蛋白胨琼脂培养基，立即旋转混匀。

③ 另取一无菌培养皿，倾注肉膏蛋白胨琼脂培养基15 mL作对照。

④ 凝固后倒置于37℃培养箱中培养，24 h后计数菌落。两个平皿的平均菌落数即为1 mL水样的细菌总数。

(2) 池水、河水或湖水

① 稀释水样　取3支无菌试管，分别加9 mL无菌水。加1 mL水样到第一管内摇匀，再自第一管中取1 mL至第二管内，如此稀释到第三管，稀释度分别为10^{-1}、10^{-2}、10^{-3}。稀释倍数看水样污浊度而定，以培养后平板菌落数在30～300个的稀释度最为合适。若三个稀释度的菌数均多到或少到无法计数，则需增加或减少稀释倍数。一般中等污秽水样取10^{-1}、10^{-2}、10^{-3}三个稀释度，污秽严重的取10^{-2}、10^{-3}、10^{-4}三个稀释度。

② 吸取最后三个稀释度水样各1 mL加到无菌培养皿中，每一稀释度重复两次。

③ 各倾注15 mL已融化并冷却至45℃左右的肉膏蛋白胨琼脂培养基，立即摇匀。

④ 凝固后倒置于 37℃培养箱中培养 24 h。

⑤ 菌落计数方法

a. 先计算相同稀释度的平均菌落数。若其中一个培养皿有较大片状菌苔生长则不应采用,而应以无片状菌苔生长的培养皿作为该稀释度的平均菌落数。若片状菌苔的大小不到培养皿的一半,而其余的一半菌落又很均匀时,则可将此一半的菌落数乘以 2 代表全培养皿的菌落数,然后再计算该稀释度的平均菌落数。

b. 选择平均菌落数在 30～300,当只有一个稀释度的平均菌落数符合此范围时,则以该平均菌落数乘以其稀释倍数即为该水样的细菌总数(表 3-2.1,例 1)。

表 3-2.1 计算菌落总数方法举例

例次	不同稀释度的平均菌落数			两个稀释度菌落数之比	菌落总数/(个/mL)	备注
	10^{-1}	10^{-2}	10^{-3}			
1	1365	164	20	—	16 400 或 1.64×10^4	两位以后的数字采取四舍五入的方法去掉
2	2760	295	46	1.6	37 750 或 3.8×10^4	
3	2890	271	60	2.2	27 100 或 2.7×10^4	
4	无法计数	1650	513	—	513 000 或 5.1×10^5	
5	27	11	5	—	270 或 2.7×10^2	
6	无法计数	305	12	—	30 500 或 3.1×10^4	

c. 若有两个稀释度的平均菌落数在 30～300,则按两者菌落总数的比值决定。比值小于 2 取两者的平均数;大于 2 则取其中较小的菌落总数(表 3-2.1,例 2 及 3)。

d. 若所有稀释度的平均菌落数均大于 300,则应按稀释度最高的平均菌落数乘以稀释倍数(表 3-2.1,例 4)。

e. 若所有稀释度的平均菌落数均小于 30,则应按稀释度最低的平均菌落数乘以稀释倍数(表 3-2.1,例 5)。

f. 若所有稀释度的平均菌落数均不在 30～300,则以最接近 30 或 300 的平均菌落数乘以稀释倍数(表 3-2.1,例 6)。

3. 大肠菌群检测——滤膜法 滤膜法(图 3-2.1)是多管发酵法的替代方法,简单、快速,能测定大体积的水样,是大城市水厂常用的方法。但不适用于杂质多、易阻塞滤孔的水样。

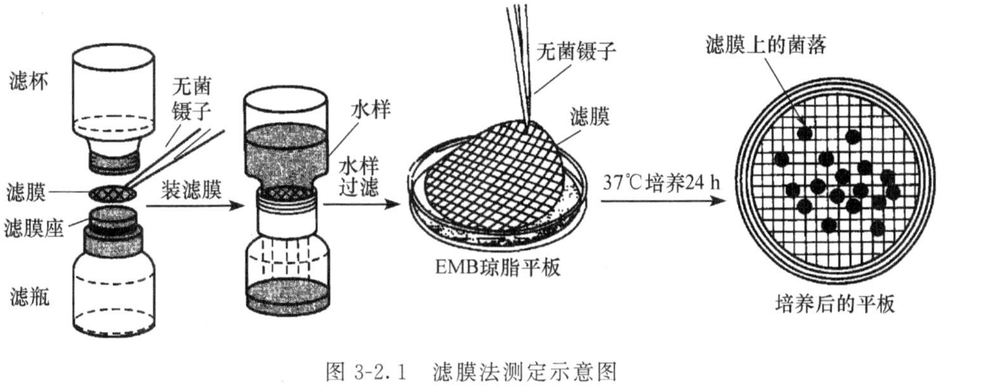

图 3-2.1 滤膜法测定示意图

(1) 滤膜清洗 将滤膜放入有蒸馏水的烧杯中煮沸三次，每次 15 min。前两次煮沸后需更换水，并洗涤 2～3 次，以洗去滤膜上残留的溶剂。

(2) 滤器灭菌 滤膜滤器 0.1 MPa 灭菌 20 min。

(3) 过滤水样 用无菌镊子将无菌滤膜贴在已灭菌的滤床上，粗糙面向上，固定好滤器。此滤器还可配合使用不同的滤膜、鉴别培养基或试剂，用以检测细菌总数、粪链球菌、沙门氏菌、金黄色葡萄球菌等。将真空抽滤设备如真空泵、抽滤龙头、大号注射针筒等连接到滤瓶上的抽气管。将清洁水样 333 mL 注入滤器中，加盖，抽滤。所滤水样量以培养后菌落数不多于 50 个为宜。

(4) 水样滤完后加入等量的无菌水连续抽滤，以冲洗滤器壁，滤后再抽气 5 s，关闭真空泵，取下滤膜，将没有细菌的一面贴在伊红美蓝平板培养基上，膜下不得有气泡，37℃倒置培养 22～24 h。

(5) 挑取符合下列特征的菌落进行涂片、革兰氏染色和镜检。

① 深紫黑色，具有金属光泽的菌落；

② 紫黑色，不带或略带有金属光泽的菌落；

③ 淡紫红色，中心颜色较深的菌落。

(6) 凡镜检为革兰氏染色阴性、无芽孢的杆菌，每个菌落接种一支乳糖蛋白胨发酵管，经 37℃培养 24 h 产酸产气者为大肠菌群阳性。

(7) 结果计算 1 L 水样中大肠菌群数＝滤膜上生长的大肠菌群菌落数×3。

【实验报告】

1. 实验结果

(1) 细菌总数测定 将自来水和池水、河水或湖水细菌总数测定结果填入下表。

表 3-2.2 自来水细菌总数测定结果

平 板	菌落数	1 mL 自来水中细菌总数
1		
2		

表 3-2.3 池水、河水或湖水细菌总数测定结果

稀释度	10^{-1}		10^{-2}		10^{-3}	
平板	1	2	1	2	1	2
菌落数						
平均菌落数						
计算方法						
细菌总数/mL						

(2) 大肠菌群检查 1 升水样中的大肠菌群数是多少？

2. 思考题

(1) 检测自来水的细菌总数时为什么要做空白对照试验？如果空白对照的平板有少数几个菌落说明什么？有很多菌落又说明什么？

(2) 据自来水的细菌总数和大肠菌群数测定结果，你所测定的水样是否符合饮用水的卫生标准？你所测定的水源水的污染程度如何？

(3) 用滤膜法检查大肠菌群有什么优点？

【注意事项】

1. 自来水取样时一定要避免在取样中造成污染。

2. 池水、河水或湖水取样时要注意取样的位置，使其水样具有代表性。

3. 倾注培养基时一定要注意温度，以免因温度太高而杀死一部分细菌。并要及时旋转混合均匀，以防培养后菌落分布不匀。

4. 滤膜必须紧贴培养基，防止膜下有气泡。

(蔡信之)

实验 3-3　牛乳中细菌的检查

【目的要求】

1. 了解牛乳的消毒和细菌学检查的重要性及卫生质量判断标准。

2. 学习牛乳的巴斯德消毒法、细菌学检查方法。

【基本原理】

从健康母牛体内刚挤出的牛奶含有少量的正常的起始微生物。但将牛奶装入未消毒的器具及在分装、运输中，会被很多其他微生物甚至致病菌污染。且牛乳含有丰富的营养物质(糖类、蛋白质、脂肪、无机盐和维生素等)，其中的微生物会很快繁殖。因此，奶制品一定要消毒。牛乳样品的细菌含量可反映母牛的健康状况和牛乳生产与保藏的条件。

牛乳的细菌学检查方法有下列三种：

(1) 显微镜直接计数法——涂片面积与视野面积之比估算法。

(2) 美蓝还原酶试验法。

(3) 标准平板计数法。

显微镜直接计数法适用于含有大量细菌的牛乳，生鲜牛乳可用此法检查。如果显微镜检查，每个视野只有 1～3 个细菌左右，此牛乳则为一级牛乳；如果牛乳中有很多长链的链球菌和白细胞，通常是来自患乳房炎的母牛；若一个视野中有很多不同的细菌，则往往说明是使用了脏器具保存牛乳。我国生鲜牛乳的微生物指标规定，细菌数一级≤500 000 个/mL，二级≤1 000 000 个，四级≤4 000 000 个。由于上述方法不够精确，一般不用作消毒牛乳的卫生检查。

美蓝还原酶(methylene blue reductase)试验法是测定牛乳质量的一种定性检测法，操作简便，不需特殊设备。美蓝是一种氧化还原指示剂，在厌氧环境中它被还原成无色(无色亚甲基蓝)。如果牛乳中有细菌生长繁殖，将使其中溶解氧减少，氧化-还原电势降低。根据加入的美蓝颜色变化的速度，可鉴定该牛乳的质量。其标准规定为：

(1) 在 30 min 内美蓝被还原成无色者质量很差，系四级奶。

(2) 在 30 min 至 2 h 被还原者为差，属三级奶。

（3）在 2～6 h 被还原者，为中等，是二级奶。

（4）在 6～8 h 被还原者，为好，一级奶。

标准平板计数法是用于牛乳微生物计数的常规方法，较敏感，有少量细菌也能得出较正确的结果。我国消毒牛乳卫生标准用标准平板计数法，细菌总数＜30 000 个/mL。

【实验器材】

生牛乳 10 mL，质差生牛乳 10 mL，肉膏蛋白胨琼脂培养基；美蓝溶液（1∶250 000），无菌水；无菌培养皿，1 mL 与 10 mL 无菌吸管，10 μL 微量加样器与吸嘴，载玻片，美蓝染液缸（Levowitz-weber 染料配法见附录一），显微镜，水浴锅，试管架，吸水纸。

【操作步骤】

1. 显微镜直接计数法

（1）在白纸上画出 1 cm^2 的方块，然后将玻片放在纸上。

（2）用 10 μL 的微量加样器吸取混匀了的生牛乳样品，放在玻片 1 cm^2 区域的中央。

（3）用无菌接种针将牛乳涂匀，并涂满 1 cm^2 的范围。

（4）将涂片晾干，再置涂片于沸水浴中的试管架上，用蒸气热固定 5 min，待干。

（5）浸于美蓝染液缸内染色 2 min。

（6）取出玻片，用吸水纸吸去多余的染料，晾干。

（7）再用水缓缓冲洗，晾干。

（8）油镜下观察细菌数，共数 30～50 个视野。

（9）计算

$$每毫升牛乳的细菌总数=平均每个视野的细菌数\times 500\,000$$

因为，一般油镜的视野直径为 0.16 mm。一个视野的面积 $=0.08^2\times 3.1416=0.02\ mm^2=0.0002\ cm^2$。1 cm^2 的视野数 $=1.0\div 0.0002=5000$。又因为，每 1 cm^2 的牛乳量为 0.01 mL，则每一视野中的牛乳量为 $=1/100\times 1/5000=1/500\,000$ mL。所以，1 mL 牛乳中的细菌数＝一个视野的细菌数×500 000＝50 个视野的细菌数÷50×500 000。

2. 美蓝还原酶试验法

（1）标记两支无菌试管 1 和 2。

（2）分别向两支试管加入 10 mL 生鲜牛乳样品和质差牛乳样品。

（3）分别向两管各加入 1 mL 美蓝溶液，盖紧管塞。

（4）轻轻倒转试管约 4 次，置 37℃水浴中，并记录培养时间。

（5）待试管在水浴中稳定 5 min 后，取出。轻轻倒转一次后再放回水浴中。

（6）每隔 30 min 观察记录试管中美蓝颜色的变化，从蓝到白指示剂还原作用完成。当试管中的奶至少 4/5 变白为还原作用的终点，记录此时间。

3. 巴斯德（巴氏）法消毒牛乳

牛乳的消毒目前有超高温瞬时消毒法和巴斯德消毒法两种，超高温瞬时杀菌是指湿热温度 135～150℃时，加热 3～5 s。在很短的时间内牛奶的营养物质不会被破坏，但能有效地杀死微生物。巴氏消毒法在实际应用中，其温度范围较广，一般在 63～90℃。例如，80℃为 15 min，90℃为 5 min，63℃为 30 min。本实验采用 80℃，15 min。

(1) 将水浴锅的温度调到 80℃。

(2) 将生牛乳样品用力摇匀,使微生物均匀分布。

(3) 用无菌的 10 mL 吸管吸取 5 mL 生牛乳样品放入无菌试管内,然后将试管放入 80℃的水浴锅中(水面要超过牛乳的表面)。

(4) 保持 15 min,并不时摇动。

(5) 到 15 min 立刻取出试管,用自来水冲试管外壁,使其中的牛乳迅速冷却。

4. 标准平板计数法

(1) 将巴氏消毒的牛乳样品充分摇匀,按实验 3-2 中池水的稀释法进行稀释,使稀释度为 10^{-2}、10^{-3}和 10^{-4}。

(2) 用 1 mL 无菌吸管从最大稀释度开始各取 1 mL 于已标明稀释度的无菌平皿中。

(3) 各平板倾注约 15 mL 已融化并冷却至 45℃左右的肉膏蛋白胨琼脂培养基,立即放桌上旋转混匀。

(4) 凝固后倒置于 37℃培养箱内,培养 24 h。

(5) 选择长有 30~300 个菌落的平板计数,并算出 1 mL 牛乳的细菌总数。

(6) 普通生牛乳样品的检查同上法,但稀释度为 10^{-3}、10^{-4}和 10^{-5}。

【实验报告】

1. 实验结果

(1) 显微镜直接计数法　平均每个视野的菌数是多少? 每毫升健康母牛刚挤出的乳细菌总数是多少? 普通生牛乳呢?

(2) 美蓝还原酶试验法　根据观察将结果填表 3-3.1 中,并判断两个生牛乳样品质量是"很差"、"差"、"中等",还是"好"。

表 3-3.1　美蓝还原酶试验实验结果记录表

	管 1	管 2
还原时间/min		
牛乳样品的质量		

(3) 将标准平板计数法结果填表 3-3.2 中。

表 3-3.2　标准平板计数实验结果记录表

样　品	不同稀释度的菌落数				每毫升牛乳菌数
	10^{-2}	10^{-3}	10^{-4}	10^{-5}	
巴氏消毒牛乳					
生牛乳					

2. 思考题

比较所检查的巴斯德消毒牛乳和生牛乳,说明巴氏消毒效果,其细菌总数是否符合卫生标准? 所检查的生牛乳在显微镜下观察到的属于哪一种情况?

(蔡信之)

实验 3-4 食品中细菌总数及大肠菌群的检测

【目的要求】

学习食品中细菌总数和大肠菌群检测的意义和方法。

【基本原理】

食品的微生物学指标主要包括细菌总数、大肠菌群和致病菌三个项目。其中细菌总数和大肠菌群是最重要、最常检的检验项目。

细菌总数是指食品检样经过处理，在一定条件下培养后所得 1 g 或 1 mL 检样中所含细菌菌落的总数。细菌总数主要作为食品被污染程度的标志，也可以观察细菌在食品中繁殖的动态，以便对被检样品进行卫生学评价时提供依据。

每种细菌都有一定的生理特性，培养时应用不同的营养及温度、培养时间、pH、需氧性质等条件满足其要求，才能分别将各种细菌都培养出来。但在实际工作中，一般都只用一种常用的方法作细菌菌落总数的测定。所得结果只包括一群能在营养琼脂上生长的中温性需氧菌的菌落总数。

大肠菌群指一群在 37℃、24 h，能发酵乳糖产酸、产气，需氧或兼厌氧的革兰氏阴性、无芽孢杆菌。主要来源于人畜粪便，作粪便污染指示菌以评价食品的卫生质量。

食品中大肠菌群数以每 100 mL(g)检样内大肠菌群最可能数(MPN)表示。

【实验器材】

肉汤蛋白胨培养；乳糖胆盐发酵管，伊红美兰琼脂，乳糖发酵管，蛋白胨水；75%乙醇；移液管(1 mL、10 mL)，广口瓶，锥形瓶，玻璃珠，培养皿，试管，乳钵，水浴锅，均质器，载玻片等；生理盐水。

【操作步骤】

(一) 食品中细菌总数测定

1. 检样稀释及培养

(1) 以无菌操作将检样 25 g(或 25 mL)剪碎后放于有 225 mL 无菌生理盐水的无菌三角瓶(预置适量玻璃珠)或无菌乳钵内，充分振摇或研磨制成 1∶10 的均匀稀释液。

(2) 用 1 mL 无菌吸管吸取 1∶10 稀释液 1 mL，沿管壁徐徐注入有 9 mL 无菌生理盐水试管内，振摇试管，混合均匀，做成 1∶100 稀释液。

(3) 另取 1 mL 无菌吸管，按上法操作制备 10 倍递增稀释液，每次换用 1 支吸管。

(4) 根据食品卫生标准要求或对标本污染情况的估计，选择 2～3 个适宜稀释度，分别用该稀释度的移液管吸 1 mL 稀释液注入无菌平皿内，每个稀释度做两个平皿。

(5) 及时将凉至 46℃的肉汤蛋白胨琼脂培养基(可放置 50℃水浴保温)约 15 mL 倾注入平皿内，并迅速转动平皿使之混合均匀。

(6) 琼脂凝固后，将平皿倒置于 37℃培养 24 h(肉、水产品，乳和蛋品为 48 h)，计数平皿菌落数。乘以稀释倍数即得每克(或每毫升)样品所含菌落数。

2. 菌落计数方法 同实验 3-2“水的细菌学检查”中的“⑤菌落计数方法”。

（二）食品中大肠菌群测定

1. 检样稀释

（1）以无菌操作将检样 25 mL(g)放于含有 225 mL 无菌生理盐水的无菌三角瓶（预置适量玻璃珠）或无菌乳钵内，充分振摇或研磨，制成 1∶10 均匀的稀释液。固体检样最好用均质器，以 800～1000 r/min 的速度处理 1 min，制成 1∶10 均匀稀释液。

（2）用 1 mL 无菌吸管吸取 1∶10 稀释液 1 mL，注入含 9 mL 无菌生理盐水的试管内，振摇试管混匀，作为 1∶100 的稀释液。

（3）另取 1 mL 无菌吸管，按上法作 10 倍递增稀释液，每次换用 1 支无菌吸管。

（4）根据食品卫生标准要求或对检样污染估计选三个稀释度。也可直接接种样品。

2. 乳糖发酵试验　将待检样品接种于乳糖胆盐发酵管内，接种量在 1 mL 以上者用双倍乳糖胆盐发酵管，1 mL 及 1 mL 以下者用单倍乳糖胆盐发酵管。每一稀释度接种 3 管，置 37℃培养 24 h。如所有乳糖胆盐发酵管都不产酸、不产气，则可报告大肠菌群阴性，如有产酸、产气者，则按下列程序进行。

3. 分离培养　将产酸、产气的发酵管分别划线接种在伊红美兰琼脂平板上，置 37℃培养 24 h，观察菌落形态，并做革兰氏染色和复发酵试验。

4. 复发酵试验　在上述平板上挑取可疑大肠菌群菌落进行革兰氏染色，同时接种乳糖发酵管，置 37℃培养 24 h，观察产酸、产气情况，凡乳糖管产酸、产气，革兰氏染色阴性、无芽孢的短杆菌，即可报告为大肠菌群阳性。

5. 报告　根据复发酵试验为大肠菌群阳性的管数，查 MPN 检索表，报告每 100 mL(g)大肠菌群最可能数（表 3-4.1）。

表 3-4.1　大肠菌群最可能数(MPN)检索表

阳性管数			MPN/100 mL(g)	95%可信限	
1 mL(g)×3	0.1 mL(g)×3	0.01 mL(g)×3		下限	上限
0	0	0	<30	<5	90
0	0	1	30		
0	0	2	60		
0	0	3	90		
0	1	0	30	<5	130
0	1	1	60		
0	1	2	90		
0	1	3	120		
0	2	0	60		
0	2	1	90		
0	2	2	120		
0	2	3	160		
0	3	0	90		
0	3	1	130		
0	3	2	160		
0	3	3	190		
1	0	0	40		
1	0	1	70	<5	200
1	0	2	110	10	210
1	0	3	150		

续表

阳性管数			MPN/100 mL(g)	95%可信限	
1 mL(g)×3	0.1 mL(g)×3	0.01 mL(g)×3		下限	上限
1	1	0	70		
1	1	1	110	10	230
1	1	2	150	30	360
1	1	3	190		
1	2	0	110		
1	2	1	150	30	360
1	2	2	200		
1	2	3	240		
1	3	0	160		
1	3	1	200	30	360
1	3	2	240		
1	3	3	290		
2	0	0	90		
2	0	1	140	10	360
2	0	2	200	30	370
2	0	3	260		
2	1	0	150		
2	1	1	200	30	440
2	1	2	270	70	890
2	1	3	340		
2	2	0	210		
2	2	1	280	40	470
2	2	2	350	100	1500
2	2	3	420		
2	3	0	290		
2	3	1	360		
2	3	2	440		
2	3	3	530		
3	0	0	230	40	1200
3	0	1	390	70	1300
3	0	2	640	150	3800
3	0	3	950		
3	1	0	430	70	2100
3	1	1	750	140	2300
3	1	2	1200	300	3800
3	1	3	1600		
3	2	0	930	150	3800
3	2	1	1500	300	4400
3	2	2	2100	350	4700
3	2	3	2900		
3	3	0	2400	360	13 000
3	3	1	4600	710	24 000
3	3	2	11 000	1500	48 000
3	3	3	≥24 000		

注：本表采用1 mL(g)、0.1 mL(g)、0.01 mL(g)3个稀释度，每个稀释度3管；检样量如改用10 mL(g)、1 mL(g)、0.1 mL(g)时表内数字相应降低10倍；如改用0.1 mL(g)、0.01 mL(g)、0.001 mL(g)时表内数字相应增加10倍，其余类推。在检测含有二氧化碳的饮料时，一定要将二氧化碳全部逸出，否则在进行大肠菌群测定时，二氧化碳进入小倒管会造成假阳性。

【实验报告】

1. 实验结果

(1) 将食品中菌落总数记录于表 3-4.2 中。

表 3-4.2　食品中菌落总数记录表

平板号	10^{-1}	10^{-2}	10^{-3}	10^{-4}	10^{-5}	10^{-6}	备　注
1							
2							
平均数							

所选两个稀释度之比为：

1 mL(g)样品中细菌总数是多少？

(2) 将食品大肠菌群数记录于表 3-4.3 中。

表 3-4.3　食品中大肠菌群数记录表

接种量	管　号	发酵反应结果	有无典型菌落	革兰氏染色结果	复发酵反应结果	最后结论
1 mL	1					
	2					
	3					
0.1 mL	1					
	2					
	3					
0.01 mL	1					
	2					
	3					

待测食品中大肠菌群数是多少？

2. 思考题

(1) 食品品质检测中测定大肠菌群有何卫生学意义？

(2) 怎样正确报告菌落计数的结果和食品中大肠菌群测定的结果？

（黄君红）

实验 3-5　空气中微生物的检测

【目的要求】

1. 了解空气中微生物的分布，比较实验室和无菌室空气中微生物的数量和种类。

2. 学习空气中微生物的检测和计数的基本方法。

【基本原理】

由于气流、灰尘和水沫的流动，人类和动物的活动等原因，空气中有相当数量的微生物存在。空气的含菌量对发酵生产、科学实验、人民生活影响很大。

根据空气采样方法，可将检测空气中微生物的方法分为沉降法、过滤法、撞击法。

沉降法是将培养基平板在空气中暴露一定时间，培养后计数生长的菌落，计算 1 m^3 被检空气中细菌的数量。按奥梅梁氏计算法，100 cm^2 培养基表面 5 min 沉降下的微生物数，相当于 10 L 空气中所含的微生物数。该法操作简单，使用普遍。由于只有一定大小的颗粒在一定时间内才能降到培养基上，所测结果比实际数少，也无法测定空气量。仅能粗略检测空气中微生物的种类与数量。

过滤法是使定量的空气通过某种液体吸收剂(图 3-5.1)，吸收空气中的尘粒及其表面的微生物，然后取此吸收剂定量培养，计数菌落。

撞击法以缝隙采样器(图 3-5.2)等与真空泵连接使空气以一定流速穿过狭缝撞击在琼脂平板表面，狭缝长度为平皿半径，平板与缝的间隙为 2 mm，平板以一定转速旋转，使细菌均匀分布在平板上。平板转动一周后取出，37℃培养 48 h，计数菌落。根据菌落数、采样时间、空气流量计算单位空气含菌量。

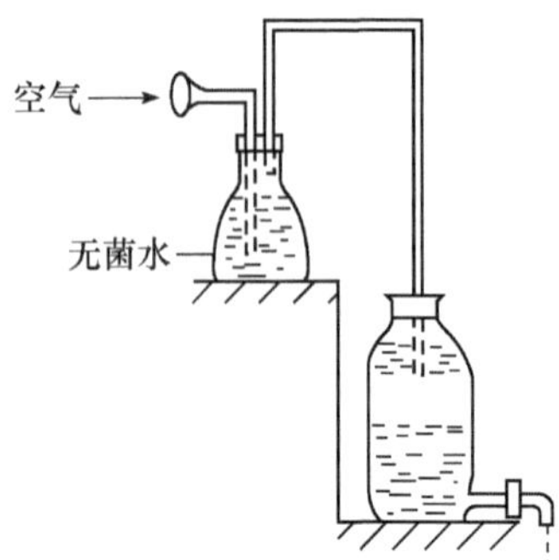

图 3-5.1　过滤法装置

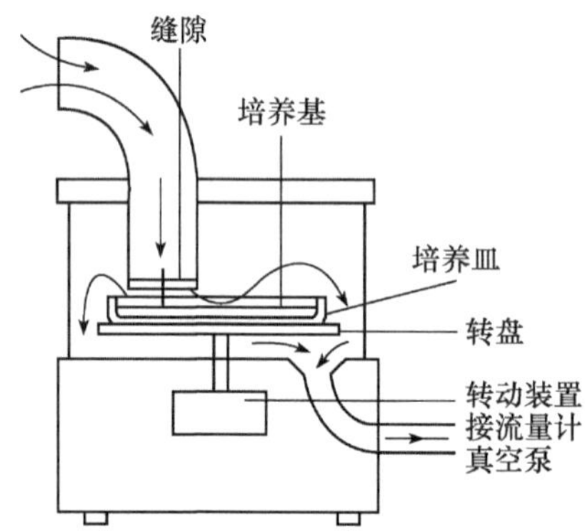

图 3-5.2　通过狭缝收集空气样品装置

【实验器材】

牛肉膏蛋白胨培养基，马铃薯蔗糖培养基；无菌水，无菌平皿若干套，三角瓶，玻璃瓶(4 L，下端有侧管)，吸管，乙醇灯，培养箱等。

【操作步骤】

(一) 沉降法

1. 倒平板　临用前将培养基融化，冷却至 50℃左右，各倒平板 3 个备用。

2. 检测　打开无菌平板的皿盖，在无菌室和无人走动的普通实验室分别暴露 5 min，盖上皿盖。每个处理均设 3 个重复。

3. 培养　将细菌和真菌培养基平板分别在 37℃和 28℃倒置培养 1～2 d 后连续观察，注意不同菌落出现的顺序及大小、形状、颜色、干湿等变化，计数菌落。

4. 计算　根据奥氏公式计算 1 m^3 被检空气中的细菌或霉菌数。

$$\text{空气中的细菌或霉菌数}/m^3 = N\times 100\times 100/\pi r^2$$

式中：N 为平板上菌落数；r 为平皿底半径。

(二) 过滤法

1. 将仪器按图 3-5.1 安装，在下面蒸馏水瓶装满 4 L 水，三角瓶装 50 mL 无菌水。

2. 打开蒸馏水瓶下口塞使瓶内水慢慢流出，环境中空气被吸入经喇叭口进入三角瓶水中，4 L 水流完，4 L 空气中的微生物就被过滤在 50 mL 无菌水中。

3. 从三角瓶中吸取 1 mL 无菌水于无菌培养皿内，重复三皿，倒入融化并冷至 45℃左右的琼脂培养基，旋转混匀，凝固后保温培养。

4. 培养 48 h 后计数平板上菌落，按下式计算每升空气中的细菌数。

空气中的细菌数/L＝1 mL 吸收剂(水)培养后菌落数(三皿平均)×50/4

(三) 撞击法

可据此法实验原理测定无菌空气管道中无菌空气的含菌量。检测前先用 75%乙醇棉球消毒压缩空气排气口，并使无菌空气排空 1 min，再将制备好的琼脂平板打开皿盖使平板培养基表面对准排气口 1 min，盖好皿盖，37℃培养 24 h 计数细菌，28℃培养 48 h 计数霉菌。每种培养基重复三皿。根据以下公式计算单位体积空气含菌量。

$$空气中的菌数(个/m^3)=1000\times N/(V\times t)$$

式中：V 为空气流量(L/min)；t 为采样时间(min)；N 为平均菌落数。

【实验报告】

1. 将沉降法结果记在表 3-5.1 中，分析不同环境微生物种类和数量有差异的原因。

表 3-5.1 不同环境空气中微生物测定结果记录表

采样环境	培养基类型	菌落平均数	菌落类型	特征描写						
				大小	形状	干湿	隆起度	透明度	颜色	边缘
无菌室	细菌培养基									
	真菌培养基									
普通实验室	细菌培养基									
	真菌培养基									

2. 将过滤法实验结果记录在表 3-5.2 中。

表 3-5.2 过滤法实验测定结果记录表

平　板	菌落数	空气中的细菌数/L
1		
2		
3		
平均		

3. 将撞击法实验结果记录在表 3-5.3 中。

表 3-5.3 撞击法实验测定结果记录表

平　板	菌落数	细菌数/(个/m³)	平　板	菌落数	霉菌数/(个/m³)
1			1		
2			2		
3			3		
平均			平均		

(黄君红)

实验 3-6　从病死虫体内分离杀虫微生物

【目的要求】

学习从病死虫体中分离病原细菌和病原真菌的方法。

【基本原理】

自然界中许多昆虫都会被病原菌感染患病死亡，可利用这些病原菌进行害虫的生物防治。从病死虫体内分离病原微生物是获得杀虫微生物的较好方法。球孢白僵菌是应用广泛的杀虫真菌，苏云金芽孢杆菌是一种研究得较多、应用较广的杀虫细菌。本实验通过这两种菌的分离、培养、纯化等，介绍从病死虫体内分离杀虫微生物的方法。

【实验材料】

染病昆虫（白僵蚕、白僵松毛虫、染病菜青虫等）；马铃薯葡萄糖培养基，肉膏蛋白胨培养基；棉蓝染色液，石炭酸复红染色液，无菌水，生理盐水（0.85%NaCl），0.1%升汞溶液，95%乙醇，75%乙醇，香柏油，二甲苯；显微镜，擦镜纸，载玻片，接种环，无菌解剖盘，解剖针，乙醇灯，镊子，剪刀，培养皿，试管，吸管，丝线，玻璃珠等。

【操作步骤】

1. 分离病原真菌　以应用广泛的球孢白僵菌（*Beauveria bassiana*）为例进行实验。

（1）虫体表面消毒　将病死虫浸于 0.1%升汞中消毒 5 min，再用无菌水冲洗 3 次。

（2）接种　置染病松毛虫或家蚕于无菌盘内，用无菌解剖刀剖开虫体，用无菌小剪刀从虫体的不同部位剪下 2～3 小块病组织，用解剖针分别将其接入马铃薯葡萄糖培养基平板上。亦可利用生长在虫体体液内的菌体和或虫体表面的孢子接种。

（3）培养　将接种物置于高湿度的恒温培养箱内，26℃，培养 5 d，待其生长出新菌丝和分生孢子后，制作装片镜检。

（4）镜检　在载玻片中央滴上棉蓝染色液，取一小块含有菌丝和孢子的琼脂，放入棉蓝染色液中，乙醇灯下微热，使琼脂融化，然后盖上盖玻片，即可置显微镜下观察。观察并记录菌丝、分生孢子梗、孢子的形态和培养特征。球孢白僵菌菌丝细长，无色透明，直径 1.5～2.0 μm，有隔和分支。分生孢子梗多次分叉，聚集成团，呈花瓶状，分生孢子呈球形或卵形，着生于小梗顶端。

（5）纯化　转接斜面前必须确定培养物是否为同一真菌。通过镜检若发现不纯，可取菌丝或孢子接种到上述平板培养基中分离培养，直至获得纯培养。亦可用稀释分离的方法，把分生孢子作 10 倍系列稀释，取其最后 3 个稀释度，分别吸取 0.1 mL 于马铃薯葡萄糖培养基平板涂布培养，26℃，培养 5 d，选择生长健壮、无污染的菌落，接入马铃薯葡萄糖培养基斜面培养至孢子丰满（约 8 d），取出放 4℃冰箱中备用。要证明该菌株的杀虫特性，需接入虫体内检测其杀虫活性。

2. 分离病原细菌　以应用广泛的苏云金杆菌（*Bacillus thuringiensis*）为代表操作。

（1）虫体消毒　采集频临死亡、已停止进食、上吐下泻、虫体呈褐色或刚死亡不久、虫体呈黑色但并不膨大的病死虫，为防止消毒液渗入体腔，用丝线结扎死虫的口腔和肛门。将虫体浸入 75%乙醇数秒钟，再转至生理盐水中洗涤 3 次。亦可将虫体直接浸入 95%乙醇中立即提起经火焰点燃数秒钟后转入生理盐水洗涤。以消毒虫体表面。

(2) 虫尸体液制备和处理　将消毒后的虫体置于无菌平皿中,在无菌条件下用无菌小剪刀从虫体背面或腹面纵向解剖,取出体液放入盛有玻璃珠和 10 mL 无菌水的三角瓶中充分振荡 10 min,即为虫尸体液。用此体液涂片,经石炭酸复红染色后用显微镜观察,或不染色直接用相差显微镜检查,如有苏云金杆菌典型的芽孢与伴孢晶体可初步确定为苏云金杆菌。确定后再用稀释法分离纯化,将虫尸体液于 75～80℃热水中处理 10～15 min,再用 10 倍稀释法稀释至 10^{-6},从最后 3 个稀释液分别取 0.1 mL 加至牛肉膏蛋白胨培养基平板上,涂布均匀,倒置培养。可同时用 10^{-1}稀释液划线分离。

(3) 培养及观察　30℃培养 72 h 后观察并记录其形态,选择不透明、有皱纹、边缘不规则的菌落,挑取单菌落涂片,石炭酸复红染色 2 min,镜检。苏云金杆菌杆状,两端钝圆,芽孢囊不膨大,芽孢卵圆形着生于细胞一端,另一端形成菱形或正方形的伴孢晶体。确定为苏云金杆菌后接到新鲜培养基中,30℃培养 72 h 后放 4℃冰箱保存。

【实验报告】

1. 实验结果

(1) 绘出分离到的病原真菌的菌体形态图,并描述其菌落特征。

(2) 绘出分离到的病原细菌的菌体、芽孢、伴孢晶体形态图,并描述其菌落形态。

2. 思考题

(1) 苏云金杆菌的主要特点有哪些? 如何识别?

(2) 球孢白僵菌的主要特点是什么? 怎样识别?

(3) 采集病死虫应注意哪些问题?

(4) 试用学到的知识,设计一个从感病虫体中分离出杀虫病毒的实验方案。

(5) 退化菌株的复壮有哪些方法? 应如何设计实验?

【注意事项】

1. 选择染病虫体时不要采集死亡较久的虫体,以免其他微生物侵入组织干扰分离。感染球孢白僵菌虫体表面有许多白色菌丝与孢子,虫体僵硬;感染细菌的虫体软化从褐变黑,体内黏液状,发出恶臭。

2. 在分离选择时,除要注意选择生长健壮者外,还要选择生长快的菌落。

3. 在分离病原菌的过程中,注意无菌操作。

(陈旭健)

实验 3-7　真菌的单孢子分离方法

【目的要求】

了解真菌单孢子分离的原理;掌握一种简易有效的单孢子分离方法。

【基本原理】

用自制的厚壁磨口毛细吸管吸取已适当萌发的孢子悬液,多点点接在作为分离湿室的培养皿盖的内壁，再在显微镜低倍镜下逐个检查。发现某液滴内仅有一个萌发的孢子作一记号，在其上盖一小块营养琼脂片让其发育成微小菌落，最后把它移接至斜面培养基上，经培养后即获得由单孢子发育而成的纯种。

【实验材料】

米曲霉(*Aspergillus oryzae*)；查氏培养基，4%水琼脂；显微镜，血球计数板，厚壁磨口毛细吸管(自制)，移液管，培养皿，三角瓶(内装玻璃珠)，玻管，乳胶管，脱脂棉等。

【操作步骤】

1. 分离器材的制作与准备

(1) 厚壁磨口毛细滴管制作　选一段细玻璃管或废移液管，一端在灯火焰上烧红变软使管壁增厚，用镊子将滴管的尖端拉成很细的厚壁毛细管状。在合适的部位用金刚砂片割断。毛细滴管口必须是厚壁状并用细砂轮片或金刚砂片仔细磨平(图 3-7.1)。

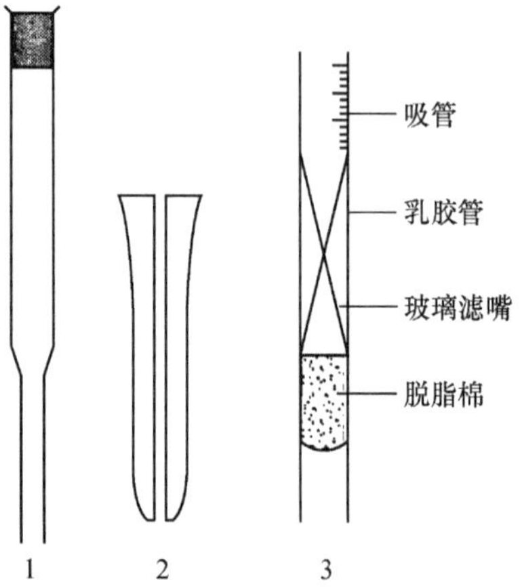

图 3-7.1　厚壁磨口毛细滴管和简易孢子过滤装置

1. 毛细滴管；2. 管口部分(放大)；3. 简易孢子过滤装置

(2) 毛细滴管的标定　磨制好的滴管应标定体积。精确的标定是在一定体积内灌装满水银，称水银重量，再查出某温度下水银的密度求出体积(体积＝质量/密度)；另一不很精确的方法是在 100 μL 吸管中吸满水，用待测毛细滴管吸取其中的水，用吸水纸吸去毛细管中的水，如此反复吸 10 次，若共吸去的水为 0.05 mL(50 μL)，则可求得该毛细滴管体积约为 5 μL。

(3) 毛细滴管的检验和灭菌　符合要求的毛细滴管，在玻片上滴样时其中的液体要流得均匀、快速，点形圆整，每点的面积应略小于低倍镜视野。一般要求每微升孢子悬液可点 50 小滴。经检验合格的在其尾端塞上少许棉花，用牛皮纸包扎，灭菌备用。

(4) 分离湿室准备　在直径 9 cm 的无菌培养皿中倒入 8～10 mL 4%水琼脂作保湿剂。在皿盖外壁用黑墨水笔整齐地画 56 个直径约 3 mm 小圈作点样记号(图 3-7.2)。

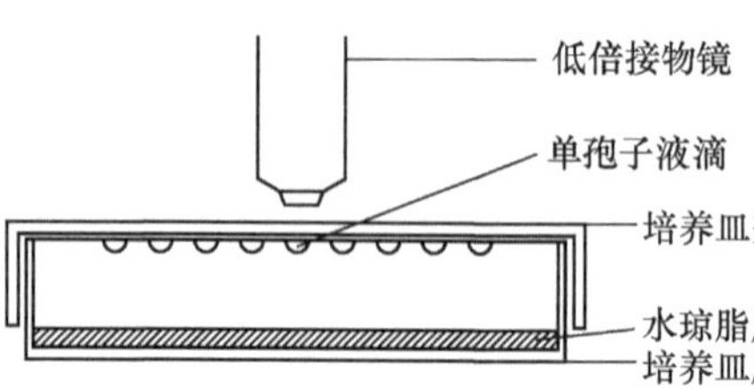

图 3-7.2　单孢分离湿室与镜检示意图

2. 分离方法

(1) 萌发孢子悬液制备　用接种环挑取斜面上生长良好的米曲霉孢子若干环，接入盛有 10 mL 查氏培养液和玻璃珠的三角瓶中，振荡 5 min 左右使孢子充分散开。在 10 mL 吸管口上套上一无菌的简易过滤装置(图 3-7.1)。从三角瓶中吸取孢子悬液若干毫升至无菌试管中。经血球计数板准确计数后，用查氏培养液调节孢子悬液浓度至每毫升含 5～15 万个孢子。然后将它放入 28℃温箱中培养 8 h 左右，使孢子适度发芽。

（2）点样 点样前先检查分离湿室的皿盖上是否有冷凝水，若有，可用微火在背面加热将其除去。然后用厚壁磨口毛细滴管吸取上述萌发的孢子悬液数微升，快速轻巧地把它一一点在皿盖内壁的记号处。

（3）检出单孢子液滴 把点样后的分离湿室放在显微镜载物台上，用低倍镜依次检查每一液滴内有无孢子。若某液滴内只有一个萌发的孢子，则在皿盖上另作一记号。

（4）盖培养基薄片 在温度 45～50℃的无菌培养皿内倒少量融化的查氏琼脂培养基，迅速铺开形成均匀的薄层。凝固后用无菌小刀切成若干小片（25 mm^2），小心挑取，盖在有标记的单孢子液滴上，盖上皿盖。

（5）培养 将分离湿室在 28℃温箱中培养 24 h 左右，使单孢子长成一个微小菌落。

（6）移接 用微型小刀小心挑取长有微小菌落的琼脂薄片，移接到新鲜查氏培养基斜面上，28℃培养 4～7 d，可获得由单孢子发育成的斜面菌种。

【实验报告】

1. 实验结果

（1）将单孢子分离的结果记录于表 3-7.1 中。

表 3-7.1 单孢分离结果记录表

孢子悬液/mL	每皿点样数/点	每皿萌发单孢子数/个	每皿形成微菌落数/个	成功率/%

（2）观察并记录斜面菌种生长情况。

2. 思考题

（1）简易单孢子分离法有何优点？

（2）是否可用 20%甘油或营养琼脂代替水琼脂作保湿剂？为什么？

（3）分离单孢子前为何让孢子萌发？

【注意事项】

1. 制成的毛细滴管要求壁厚管口平整；液滴要小而圆，面积应小于低倍镜的视野。

2. 孢子悬液浓度应控制在每毫升 5 万～15 万个，以提高点样液滴的单孢子几率。

（陈旭健）

实验 3-8 抗生素抗菌谱及抗生菌抗药性的测定

【目的要求】

学习抗生素抗菌谱的测定方法；了解常见抗生素的抗菌谱。

【基本原理】

抗生素是生物新陈代谢中产生的或人工衍生的，很低浓度就能特异地抑制他种生物的生命活动，甚至杀死他种生物的化学物质。各种抗生素都有一定的抗菌谱。本实验通过液体扩散法，测定抑菌圈的直径表示抗生素的抗菌谱。通过抗生菌在不同浓度的抗生素中的生长情况测定其抗药性。

【实验材料】

金黄色葡萄球菌(*S. aureus*)、大肠杆菌(*E. coli*)斜面菌种(野生株及不同抗药程度的抗链霉素菌株 3 株);牛肉膏蛋白胨培养基斜面;氨苄青霉素、氯霉素、卡那霉素、链霉素和四环素;培养箱,镊子,圆滤纸片(直径 8.5 mm)或牛津杯、培养皿。

【操作步骤】

1. 供试菌准备　将金黄色葡萄球菌(代表革兰氏阳性菌)和大肠杆菌(代表革兰氏阴性菌)接种于牛肉膏蛋白胨琼脂斜面,37℃培养 24 h,用 5 mL 无菌水制成菌悬液。

2. 配制所需浓度的抗生素　将抗生素配制成以下浓度:氨苄青霉素 100 μg/mL(溶于水),氯霉素 200 μg/mL(溶于乙醇),卡那霉素 100 μg/mL(溶于水),链霉素 100 μg/mL(溶于水),四环素 100 μg/mL(溶于乙醇),配制好的溶液经 0.45 μm 滤膜无菌过滤后备用。

3. 抗生素抗菌谱测定　用液体扩散法,分别吸取供试菌悬液 0.5 mL 加于牛肉膏蛋白胨琼脂平板,涂布均匀(大肠杆菌、金黄色葡萄球菌各涂一块),待平板表面干后在皿底用记号笔分成 6 等份,每一等份标明一种抗生素(图 3-8.1),无菌水作对照,用滤纸片法或杯碟法测定。用无菌镊子将滤纸片浸入抗生素溶液中,取出后在瓶内壁除去多余的药液,以无菌操作将纸片对号放到接好供试菌的平板的小区内,或将牛津杯置于供试菌平板上,加入一定量抗生素溶液,37℃培养 24 h,测定抑菌圈直径,用抑菌圈大小表示抗生素的抗菌谱。

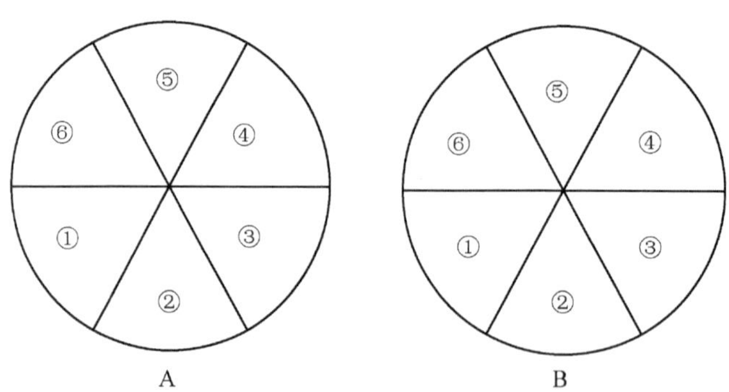

图 3-8.1　抗生素抗菌谱的测定示意图

A. 大肠杆菌;B. 金黄色葡萄球菌

① 氨苄青霉素;② 链霉素;③ 卡那霉素;④ 氯霉素;⑤ 四环素;⑥ 无菌水

4. 抗生菌抗药性测定

(1) 制备链霉素药物平板　取 4 套无菌培养皿,皿底标记编号,从链霉素溶液(100 μg/mL)中分别吸出 0.2、0.4、0.6 和 0.8 mL 加入各培养皿,再分别倒入冷至 50℃的牛肉膏蛋白胨培养基各 15 mL,迅速混匀,制成药物平板。在每个皿底划分成 4 份,编号。

(2) 抗药性测定　在 1～3 号空格分别接不同抗药性的抗链霉素菌 3 株,在 4 号接野生型菌株作对照,37℃培养 24 h 后观察菌生长情况,"+"表示生长,"−"表示不生长。

【实验报告】

1. 实验结果

(1) 将抗生素的抗菌结果填入表 3-8.1 中。

表 3-8.1　抗生素的抗菌实验结果记录表

抗生素	抗菌谱(抑菌圈直径/mm)		作用机制
	金黄色葡萄球菌	大肠杆菌	
氨苄青霉素			
链霉素			
卡那霉素			
氯霉素			
四环素			
对照(无菌水)			

(2) 根据以上结果说明供试抗生素的抗菌谱。

(3) 记录不同大肠杆菌的抗药性测定结果。

2. 思考题

(1) 抗生素对微生物的作用机制有几种？举例说明之。

(2) 如供试菌为酵母菌、放线菌或霉菌,应如何测定抗生素的抗菌谱?

【注意事项】

1. 供试菌液涂布于平板后,待菌液稍干再加入滤片或牛津杯。

2. 制备含菌平板和药物平板时,注意将菌液充分涂匀和把药物与培养基充分混匀。

(陈旭健)

实验 3-9　固定化活细胞的制备及其发酵试验

【目的要求】

1. 了解微生物细胞固定化的原理及其优缺点。

2. 学习制备固定化微生物活细胞的基本方法。

3. 了解固定化活细胞发酵产酶的特性。

【基本原理】

固定微生物活细胞的原理是将微生物活细胞利用物理或化学的方法,使细胞与固体的水不溶性支持物(载体)相结合使其既避免细胞破碎又保持细胞的活性。微生物细胞被固定在载体上,它们在反应结束后可反复使用,也可储存较长的时间,使其活性不变。

微生物细胞的固定化常用的载体有:①多糖类(纤维素、琼脂、葡聚糖凝胶、藻酸钙、K-角叉胶等);②蛋白质(骨胶原、明胶);③无机载体(氧化铝、活性炭、陶瓷、磁铁、二氧化硅、高岭土、磷酸钙凝胶等);④合成载体(聚丙烯酰胺、聚苯乙烯、酚醛树脂等)。选择载体的原则以无毒、廉价、强度高为好。微生物细胞固定的方法常用的有吸附法、包埋法和共价交联法三类。

吸附法是将细胞直接吸附于隋性载体上，分物理吸附法与离子结合法。物理吸附法是利用硅藻土、多孔砖、木屑等作载体将微生物细胞吸附住。离子结合法是利用微生物细胞表面的静电荷在适当的条件下可以和离子交换树脂进行离子结合和吸附制成固定化细胞。吸附法的优点是操作简便、载体可再生；缺点是细胞与载体的结合力弱，pH、离子强度等外界条件变化都可以造成细胞的解吸附而从载体上脱落。

包埋法是将微生物细胞均匀地包埋在水不溶性载体的紧密结构中，细胞不至漏出，而底物和产物可以进入和渗出。细胞和载体不起任何结合反应，细胞处于最佳生理状态。

因此，酶的稳定性高，活力持久。所以目前微生物细胞的固定化大多采用包埋法。

共价交联法是利用多功能或双功能交联剂，使载体和微生物细胞相互交联起来，成为固定化活细胞。常用的最有效的交联剂是戊二醛，这是一种双功能的交联剂，在其分子中的一个功能团与载体交联，另一个功能团与细胞交联。此法最为突出的优点是固定化细胞稳定性好，共价交联剂和载体都很丰富。

到目前为止，尚无一种可用于所有种类微生物细胞固定化的通用方法。因此，对某种特定的微生物细胞必须选择其合适的固定化方法和条件。

【实验器材】

枯草芽孢杆菌生产淀粉酶菌种。

产淀粉酶种子培养基：葡萄糖 10 g，$CaCl_2 \cdot 2H_2O$ 0.1 g，$NH_4H_2PO_4$ 5 g，$FeSO_4 \cdot 7H_2O$ 0.1 g，柠檬酸钠 0.5 g，水 1000 mL，pH7.2，121℃湿热灭菌 20 min。产淀粉酶发酵培养基：酵母膏 1 g，葡萄糖 10 g，$FeSO_4 \cdot 7H_2O$ 0.1 g，$MnSO_4 \cdot H_2O$ 0.5 g，柠檬酸钠 0.5 g，$CaCl_2 \cdot H_2O$ 0.1 g，水 1000 mL，pH 7.2～7.4，121℃湿热灭菌 20 min。

4%海藻酸钠溶液，0.05 mol/L $CaCl_2$ 水溶液，0.24 mol/L 柠檬酸缓冲液(pH 6.0)，无菌生理盐水(0.85%NaCl)；玻璃管流化床反应器(直径 3 cm，高20 cm，管外套加循环水套)，空气滤器，空气流量计，恒流泵，磁力搅拌器，10 L 发酵罐(或恒温摇床)，水浴锅，500 mL 三角瓶，试管，比色用带孔穴白瓷板。

【操作步骤】

1. 菌体准备 按无菌操作将无菌种子培养基按每瓶 100 mL 分装于 500 mL 三角瓶中，将活化的枯草芽孢杆菌 α-淀粉酶菌株接种于培养液中，37℃、120 r/min 振荡培养 16 h 作菌种。按 10%的接种量接种于装有无菌发酵培养基的 10 L 发酵罐中(或接种于大三角瓶中恒温摇床培养)。维持 37℃搅拌培养至对数生长后期(约 24 h)，离心收集菌体，用无菌生理盐水洗涤 2 次。将收集的菌糊用生理盐水制成 10 g/100 mL 菌悬液。

2. 固定化活细胞的制备

(1) 海藻酸钠凝胶固定化细胞的制备 在 37℃条件下，将菌悬液与经 115℃灭菌 30 min 的 4%海藻酸钠溶液等体积混合，放在磁力搅拌器上保持低速搅拌。以细塑胶管连接恒流泵和菌体海藻酸钠悬液，在恒流泵的输送下，菌体海藻酸钠悬液经直径为 2～3 mm 的玻璃滴管滴入低速而连续磁力搅拌的 0.05 mol/L $CaCl_2$ 溶液中，置 4℃冰箱过夜。取出后经无菌生理盐水洗涤 2 次，制成直径约 1 mm 的固定化枯草杆菌细胞胶珠，菌体包埋在海藻酸钙凝胶中，即制成固定化细胞。

取 2 粒胶珠溶于 10 mL pH 5.0 的柠檬酸缓冲液中进行平板活细胞计数，并制片镜检，分别记录计数结果。

(2) K-角叉胶固定化细胞的制备 K-角叉胶是一种从海藻中分离出来的多糖，其化学组成为β-D-半乳糖硫酸盐和 3,6-脱水-α-D-半乳糖交联而成。热 K-角叉胶经冷却或经胶诱生剂如 K^+、NH_4^+、Ca^{2+}、Mg^{2+}、Fe^{3+} 及水溶性有机溶剂诱导形成凝胶。K-角叉胶固定微生物细胞有许多优点，如凝胶条件粗放、凝胶诱生剂对酶活性影响很小、细胞回收方便。因此，目前多选用它作载体。

称取 1.6 g K-角叉胶于小烧杯中，加无菌去离子水调成糊状，再加入其余的水(总量为 40 mL)，火上加温至融化，冷却至 45℃左右，加入 10 mL 预热至 31℃左右的枯草杆菌培养液。混合后倒入带有小喷嘴的塑料瓶中或注射器外套并与小针头相接，通过直径为 1.5～2.0 mm 的小孔，以恒定的流速滴加到装有已预热至 20℃ 2% KCl 溶液的平皿中制成凝胶珠，浸泡 30 min 后，将凝胶珠转入 300 mL 锥形瓶中。用无菌去离子水洗涤 3 次后，加入 200 mL 产酶发酵培养基，置 37℃温箱培养 72 h，观察结果。取两粒胶珠置于无菌生理盐水中浸泡，然后放 4℃冰箱保存，留作计数活细胞。

3. 固定化活细胞连续发酵生产淀粉酶 先将玻璃管流化床反应器灭菌，然后在进气口连接空气流量计和空气过滤器。在水循环外套的入口处连接水浴锅和温水循环装置，使固定化细胞反应器温度维持在 37℃。在玻璃管硫化床反应器内装入 70 g 固定化细胞胶珠。开启恒流泵后发酵培养液便流进反应器，反应器中供给无菌空气。培养后的发酵液自反应器顶部流出，收集发酵液，于 4℃冰箱保存，用于测定 α-淀粉酶活性。

4. α-淀粉酶活性的测定 收集的发酵液可直接进行 α-淀粉酶的活性测定，也可经超滤浓缩 5～10 倍后测定浓缩液的酶活性。

(1) 吸取 1 mL 标准糊精液，转入装有 3 mL 标准碘液的试管中，以此作为比色的标准管(或者吸取 2 mL 转入比色用白瓷板的空穴内，作为比色标准)。

(2) 在 2.5 cm×20 cm 试管中加入 2%可溶性淀粉液 20 mL，加 pH 6.0 的柠檬酸缓冲液 5 mL，在 60℃水浴中平衡约 5 min，加入酶液 0.5 mL，立即计时并充分混匀。定时(隔 10 min)取出 1 mL 反应液于预先盛有比色稀碘液的试管内(或取出 0.5 mL 加至预先盛有比色稀碘液的白瓷板空穴内)，当颜色反应由紫色逐渐变为棕橙色，与标准色相同时即为反应终点，记录反应总时间为液化时间。以未发酵的培养液作为测定酶活性的空白对照液。

(3) 计算淀粉酶活力 以 1 mL 酶液于 60℃、pH 6.0 的条件下，在 1 h 内液化可溶性淀粉的克数为 1 个酶活力单位。

$$\text{酶活力(U/mL)}=(60/t\times 20\times 2\%\times n)\div 0.5=48\times n/t$$

式中：t 为反应时间(分钟)，n 为酶液稀释倍数，0.5 是酶液用量，20×2%为淀粉用量(克)。

【实验报告】

1. 实验结果

(1) 记录所收集发酵液的淀粉酶活性，并根据测定结果阐述固定化细胞产酶特点。

(2) 试说明两种固定方法的结果有什么不同？解释原因。

(3) 说明两粒包埋胶珠的平板活细胞计数结果和显微镜计数结果。

2. 思考题

(1) 制备固定化活细胞的操作中,应重点掌握哪几个技术环节?

(2) 从结果分析,这两种方法哪种对于测定淀粉酶更适合?分析原因。

(3) 你认为利用固定化活细胞测定酶活力有哪些优点?

【注意事项】

1. 将菌体海藻酸钠悬液滴入 $CaCl_2$ 溶液中时要逐滴滴入,不要连成线状,对 $CaCl_2$ 溶液要低速轻轻地磁力搅拌,以形成均匀的胶珠。

2. 要控制培养基中磷酸盐的浓度,防止过高。流加的培养基要保持一定浓度的钙离子,以维持海藻酸钙凝胶的稳定性。

3. 测定淀粉酶活性的可溶性淀粉和标准糊精液要低温保存,注意防腐,标准管应在使用的当天配制,并注意防腐和冰箱低温保存。

(陈　龙)

实验 3-10　微生物发酵培养基配方的正交试验

【目的要求】

1. 学习利用正交试验确定微生物发酵培养基的配方。

2. 通过正交试验产量方差分析选出适合本实验菌株发酵赖氨酸的最优培养基配方。

【基本原理】

选择微生物发酵培养基配方的工作量很大,从原料的种类到各原料之间的浓度配比需要经很多次实验才能确定。利用数理统计中的正交表安排这类试验,高效、快速。只需做少量有代表性的试验就能考察全面情况,达到预期目的。正交表设计合理,便于进行数理统计分析。它有两个特点:①试验因子均衡搭配,每个试验因子的各个水平(浓度)在整个正交表中竖行出现的次数相同,任何两个因子之间的不同水平搭配在正交表中横行出现的次数也相同,这就是正交性;②试验结果可以综合比较,各因子搭配均匀,各水平对试验结果影响几率均等,整体试验的所有数据有可比性,还可将每个因子的作用单独考察,逐个评定每个因子对试验结果影响的大小,从中选出最优搭配方案。

有不同的正交表可供选用。本实验选 $L_{18}(2^1\times3^7)$正交表。"L"代表正交表,"18"表示需做实验次数,$2^1\times3^7$ 表示该正交表最多允许安排 1 个两水平的因子和 7 个三水平的因子。考察赖氨酸发酵培养基中六种原料对发酵产量的影响,通过正交试验选出六种原料的最优配比。发酵培养基的原料为试验因子,各原料选定浓度为各因子水平。

【主要器材】

北京棒杆菌(*Corynebacterium pekinense*)A. S. 1. 403。

种子培养基　完全培养液(CM):葡萄糖 5 g,牛肉膏 5 g,酵母膏 5 g,蛋白胨 10 g,氯化钠 5 g,加水定容至 1000 mL,调 pH 7.2。分装后灭菌:0.07 MPa,15 min。需斜面试管 1 支,2 mL/支装液体试管一支,40 mL/瓶装液体 CM 1 瓶。

发酵原料：葡萄糖，$(NH_4)_2SO_4$，玉米浆，毛发水解液，尿素，麸皮水解液，KH_2PO_4，$MgSO_4 \cdot 7H_2O$，糖蜜，$MnSO_4 \cdot 4H_2O$，$FeSO_4 \cdot 7H_2O$，$CaCO_3$。

L-赖氨酸标准溶液：L-赖氨酸(层析纯)置于 80～90℃烘箱中烘干 2 h。称取 20 mg，用蒸馏水定容至 100 mL，配成 0.2 mg/mL 浓度的标准溶液。

茚三酮试剂 A 液：茚三酮 0.5 g 溶于 37 mL 乙二醇甲醚(A. R)；B 液：$CuCl_2 \cdot 2H_2O$ 0.68 g 溶于 13 mL 1 mol/L 柠檬酸(pH1.3)溶液中。将 A 液和 B 液混匀，再加蒸馏水定容至 100 mL。置于棕色瓶内保存备用。

三角瓶 250 mL(×20)；8 层纱布(通气塞)(×20)；往复恒温摇床；光电比色计；离心机；试管；移液管；计算器。

【操作步骤】

1. 表头设计 根据需要选用正交表，在正交表表头列号排定实验因子，制订试验方案，这一过程称表头设计。本实验选用 $L_{18}(2^1 \times 3^7)$ 正交表(表 3-10.1)，考察尿素、KH_2PO_4、硫酸镁、硫酸锰、硫酸亚铁、硫酸钙 6 种因子不同水平对赖氨酸发酵产量的影响。该表头共 8 列，6 种因子各占 1 列，余下 2 列估计试验误差，因子顺序随机排列。

表 3-10.1 试验因子的表头设计

列号	1	2	3	4	5	6	7	8
浓度/% 水平 \ 因子	尿素	KH_2PO_4	硫酸镁	硫酸锰	硫酸亚铁	—	碳酸钙	—
1	0.5	0.10	0.06	0.01	0		3	
2	1.0	0.15	0.08	0.02	0.02		4	
3	—	0.20	0.12	0	0.01		5	

2. 发酵培养基配制

(1) 基础配方：葡萄糖 50 g，糖蜜 10 g，玉米浆 10 g，$(NH_4)_2SO_4$ 15 g，毛发水解液 10 mL，pH 7.2。(按 500 mL 的用量配制)加水定容至 400 mL。

(2) 尿素配成 25%母液，共 40 mL。

(3) KH_2PO_4、$MgSO_4$、$MnSO_4$、$FeSO_4$ 分别配成 2.5%母液，各 40 mL。其中，KH_2PO_4 溶液酸性较强，可先用碱调 pH 7.2，然后定容至 40 mL。

(4) $CaCO_3$ 按每瓶用量分别称量、装入小试管单独灭菌，烘干。接种时倒入各瓶。

按表 3-10.2 将 18 瓶培养基配好，用 8 层纱布塞住瓶口，并用牛皮纸包扎，0.07 MPa (101 bf/in^2)高压灭菌 15 min。注意：$CaCO_3$ 必须单独灭菌。

3. 接种与发酵 将 A. S. 1.403 菌株在斜面培养基上传代活化 1 次，用接种环取新鲜菌体 1 环接于试管装的 CM 中，32℃摇床振荡培养 16 h。次日将此液体种子接入瓶装液体 CM 中，32℃摇床振荡培养 8 h，此即为发酵用的菌种。

摇瓶发酵的培养基装量为 25 mL，接种量为 1 mL。接种后，8 层纱布平展包扎于瓶口，以利通气培养。摇瓶置于摇床上振荡(往复式，120 r/min)发酵 2 天。

4. 发酵产量测定

(1) 赖氨酸标准曲线制备 赖氨酸在酸性(pH<3.0)条件下与茚三酮反应产生特有的深红色，且红色深浅在一定范围内与赖氨酸含量成正比，用波长 475 nm 比色测定。

表 3-10.2　摇瓶发酵培养基的配制

试验号 \ 毫升 \ 列号 / 因子	1 25%尿素	2 2.5% KH_2PO_4	3 2.5% $MgSO_4 \cdot 7H_2O$	4 2.5% $MnSO_4 \cdot 4H_2O$	5 2.5% 硫酸亚铁	7 碳酸钙*(g)	自来水	基础配方
1	1.0	1.0	0.6	0	0.2	0.75	2.2	20.0
2	1.0	1.0	0.8	0.1	0.1	1.0	2.0	20.0
3	1.0	1.0	1.2	0.2	0	1.25	1.6	20.0
4	1.0	1.5	0.6	0	0.1	1.25	1.8	20.0
5	1.0	1.5	0.8	0.1	0	0.75	1.6	20.0
6	1.0	1.5	1.2	0.2	0.2	1.0	0.9	20.0
7	1.0	2.0	0.6	0.1	0.2	1.0	1.1	20.0
8	1.0	2.0	0.8	0.2	0.1	1.25	0.9	20.0
9	1.0	2.0	1.2	0	0	0.75	0.8	20.0
10	0.5	1.0	0.6	0.2	0	1.0	2.7	20.0
11	0.5	1.0	0.8	0	0.2	1.25	2.5	20.0
12	0.5	1.0	1.2	0.1	0.1	0.75	2.1	20.0
13	0.5	1.5	0.6	0.1	0	1.25	2.3	20.0
14	0.5	1.5	0.8	0.2	0.2	0.75	1.8	20.0
15	0.5	1.5	1.2	0	0.1	1.0	1.7	20.0
16	0.5	2.0	0.6	0.2	0.1	0.75	1.6	20.0
17	0.5	2.0	0.8	0	0	1.0	1.7	20.0
18	0.5	2.0	1.2	0.1	0.2	1.25	1.0	20.0

* 碳酸钙称量后装于小试管中，单独灭菌后再倒入摇瓶培养基中。

按表 3-10.3 加入 0.2 mg/mL 浓度的赖氨酸标准溶液，加蒸馏水补足至 2 mL，再加茚三酮试剂 4 mL。充分摇匀。套上试管帽，以防水分蒸发。置于沸水浴中加热 20 min，立即冷却至室温，用 475 波长测定其吸光度。以吸光度为纵坐标，赖氨酸毫克数为横坐标，制作赖氨酸标准曲线。

表 3-10.3　赖氨酸标准溶液配制与比色测定

试管号	标准溶液配制					比色测定
	0.2 mg/mL 赖氨酸溶液		蒸馏水/mL	茚三酮/mL		A_{475}(nm)
	取样体积/mL	赖氨酸量/mg				
0	0	0	2.0	4	加热 20 min	
1	0.2	0.04	1.8	4		
2	0.4	0.08	1.6	4		
3	0.6	0.12	1.4	4		
4	0.8	0.16	1.2	4		
5	1.0	0.20	1.0	4		
6	1.2	0.24	0.8	4		

(2) 赖氨酸产量测定　将赖氨酸发酵液取出，4000 r/min 离心 10 min。取上清液适当稀释，吸取赖氨酸稀释液 1 mL 于试管中，加入蒸馏水 1 mL，加入茚三酮试剂 4 mL，摇匀，套上试管帽，沸水浴加热 20 min，冷至室温，475 nm 波长比色。根据所测得的吸光度

从标准曲线中查出赖氨酸的含量(mg),再换算成 g/100 mL 培养基。

【实验报告】

1. 实验结果

(1) 将 18 瓶摇瓶发酵产量的测定结果记录于表 3-10.4 右侧。

表 3-10.4 摇瓶发酵产量记录及方差分析

水平 / 列号 / 因子 / 实验号		1	2	3	4	5	6	7	8	发酵产量
		尿素	磷酸二氢钾	硫酸镁	硫酸锰	硫酸亚铁	—	碳酸钙	—	(y_i)/(mg/mL)
1		1	1	1	1	1	1	1	1	
2		1	1	2	2	2	2	2	2	
3		1	1	3	3	3	3	3	3	
4		1	2	1	1	2	2	3	3	
5		1	2	2	2	3	3	1	1	
6		1	2	3	3	1	1	2	2	
7		1	3	1	2	1	3	2	3	
8		1	3	2	3	2	1	3	1	
9		1	3	3	1	3	2	1	2	
10		2	1	1	3	3	2	2	1	
11		2	1	2	1	1	3	3	2	
12		2	1	3	2	2	1	1	3	
13		2	2	1	2	3	1	3	2	
14		2	2	2	3	1	2	1	3	
15		2	2	3	1	2	3	2	1	
16		2	3	1	3	2	3	1	2	
17		2	3	2	1	3	1	2	3	
18		2	3	3	2	1	2	3	1	
发酵产量的方差分析	ΣK_1 ΣK_2 ΣK_3									Σy_i = 18 瓶产量之和 $(\Sigma y_i)^2$= $(\Sigma y_i)^2/18$= S 误差= S_6+S_8= f 误差=2+2=4 S 误差/f 误差= 查 F 分布表： $F_{0.05}(1.4)=7.71$ $F_{0.05}(2.4)=6.94$ $F_{0.01}(1.4)=21.20$ $F_{0.01}(2.4)=18.00$
	$(\Sigma K_1)^2$ $(\Sigma K_2)^2$ $(\Sigma K_3)^2$									
	$\Sigma(\Sigma K_j)^2/n$									
	S_j									
	f_j									
	S_j/f_j									
	F 检验									
	显著性									

ΣK_j=对应水平的发酵产量相加之和 n=相同水平的重复实验次数 f_j(自由度)=因子水平数−1
S_j(偏差平方和)$=\Sigma(\Sigma K_j)^2/n-(\Sigma y_i)^2/18$ F 检验$=(S_j/f_j)/(S$ 误差$/f$ 误差)

(2) 对 18 瓶赖氨酸发酵产量进行方差分析(详见表 3-10.4)。

(3) 计算最优发酵配方的赖氨酸产量的(预期)平均值及其变动半径。

(4) 根据对产量的分析结果,选出本实验的最优配方。并按选出的配方配制 5 瓶发酵培养基,再次发酵,加以验证。

2. 思考题

(1) 正交表中的因子与水平排列有何特点?

(2) 正交试验的发酵配方的配制应注意什么?

(3) 如何根据实验目的选用正交表?设计一个四因子、四水平的正交试验方案。

【注意事项】

实验的关键是正交试验培养基的配制。各原料及其各种浓度应严格按正交表规定的要求,对号入座,不能随意破坏表中的正交性。否则方差分析就失去了意义,分析得到的结论很可能是错误的。

附:正交试验结果分析举例

(1) 方差分析(表 3-10.5)

表 3-10.5 $L_{18}(2^1 \times 3^7)$ 正交试验产量的方差分析举例

列号 / 水平 / 因子 / 实验号	1	2	3	4	5	6	7	8	发酵产量
	A	B	C	D	E	—	F	—	(y_i)/(mg/mL)
1	1	1	1	1	1	1	1	1	17.9
2	1	1	2	2	2	2	2	2	23.4
3	1	1	3	3	3	3	3	3	20.4
4	1	2	1	1	2	2	3	3	4.1
5	1	2	2	2	3	3	1	1	3.0
6	1	2	3	3	1	1	2	2	3.1
7	1	3	1	2	1	3	2	3	10.1
8	1	3	2	3	2	1	3	1	9.3
9	1	3	3	1	3	2	1	2	2.5
10	2	1	1	3	3	2	2	1	27.0
11	2	1	2	1	1	3	3	2	26.8
12	2	1	3	2	2	1	1	3	21.5
13	2	2	1	2	3	1	3	2	23.1
14	2	2	2	3	1	2	1	3	18.1
15	2	2	3	1	2	3	2	1	24.8
16	2	3	1	3	2	3	1	2	17.9
17	2	3	2	1	3	1	2	3	15.8
18	2	3	3	2	1	2	3	1	16.9
方差分析 ΣK_1	93.8	137.0	100.1	91.9	92.9	90.7	80.9	98.9	$\Sigma y_i=285.7$ $(\Sigma y_i)^2=81\ 624.49$ $(\Sigma y_i)^2/18=4535$ 为提高 F 检验的可靠性,将 S_3、S_4 和 S_5 并入误差项计算 $\therefore S_{误差}=10+3+8+15+7=43$ $f_{误差}=2+2+2+2+2=10$ $S_{误差}/f_{误差}=43/10=4.3$
ΣK_2	191.9	76.2	96.4	98.0	101.0	92.0	104.2	96.8	
ΣK_3	—	72.5	89.2	95.8	91.8	103.0	100.6	90.0	
$(\Sigma K_1)^2$	8798.44	18769.0	10 020.01	8445.61	8630.64	8226.49	6544.81	9781.21	
$(\Sigma K_2)^2$	36 825.6	5806.44	9292.96	9604.00	10 201.0	8464.00	10 857.6	9370.24	
$(\Sigma K_3)^2$	—	5256.25	7956.64	9177.64	8427.24	10 609.0	10 120.4	8100.00	
$\Sigma(\Sigma K_j)^2/n$	5069	4972	4545	4528	4543	4550	4587	4542	
S_j	534	437	10	3	8	15	52	7	
f_j	1	2	2	2	2	2	2	2	
S_j/f_j	534	218.5	5	1.5	4	7.5	26	3.5	
F 检验	124.2	50.8					6.0		
显著性	高度显著(**)	高度显著(**)					显著(*)		

查 F 分布临界值:$F_{0.05}(1.10)=4.96$ $F_{0.01}(1.10)=10.04$ $F_{0.05}(2.10)=4.10$ $F_{0.01}(2.10)=7.56$

(2) 试验结论　分析结果表明，A、B 为影响试验结果的高度显著因子，F 为显著因子，C、D 和 E 为不显著因子（F 检验值大于 $F_{0.05}$ 临界值者为显著因子，大于临界 $F_{0.01}$ 值者为高度显著因子）。试验得到的最优发酵配方是 $A_2B_1F_2C_0D_0E_0$，C、D、E 不是显著影响因子，可根据实际情况任选水平，以“0”为下标表示可任选水平。

(3) 最优配方的发酵产量平均值及其变动半径的计算

① 试验数据总平均 u=数据总和/数据总个数=$\Sigma y_i/N$

② 最优配方的产量平均 $u_{优}$=总平均+显著因子在该条件下出现水平的效应。

③ 最优配方的产量平均的变动半径

$$\delta_a=\sqrt{Fa(1\cdot\tilde{f}_{误})\cdot\frac{\tilde{S}_{误}}{\tilde{f}_{误}\cdot n_e}}$$

式中：$Fa(1\cdot\tilde{f}_{误})$ 是相应的 F 临界值（可从 F 分布表中查得）

$$\tilde{S}_{误差}=S_{误差}+\text{不显著因子偏差平方和}(S_j)\text{之和}$$

$$\tilde{f}_{误}=f_{误差}+\text{不显著因子自由度}(f_j)\text{之和}$$

$$n_e(\text{有效重复数})=\text{数据总个数}/(1+\text{显著因子自由度之和})$$

例：将表 3-10.5 方差分析结果代入上述公式

$$L_{18}(2^1\times3^7)\text{正交试验发酵产量总平均}\ u=\Sigma y_i/N=285.7/18=15.9$$

$$u_{优}=u+(A_2+B_1+F_2)\text{显著因子的水平效应}$$

$$=15.9+[(191.9/9-15.9)+(137/6-15.9)+(104.2/6-15.9)]=29.7$$

$$F_{0.05}(1\cdot10)=4.96(\text{查表})\quad\tilde{S}_{误}=10+3+8+15+7=43$$

$$\tilde{f}_{误}=2+2+2+2+2=10$$

$$n_e=\frac{18}{1+(1+2+2)}=3\qquad\delta_{0.05}=\sqrt{4.96\times\frac{43}{10\times3}}=2.7$$

根据计算，有 95% 的把握预测最优配方 $A_2B_1F_2C_0D_0E_0$ 的赖氨酸发酵产量=29.7±2.7(mg/mL)。

（蔡信之）

实验 3-11　微生物摇瓶发酵条件的筛选

【目的要求】

1. 学习对正交试验中各因子之间交互作用的分析和重复试验数据的处理。

2. 通过正交试验，研究培养基的糖浓度、发酵温度和时间对赖氨酸产量的影响，并考察三个试验因子之间的交互作用，选出本实验菌株的摇瓶发酵最优条件。

【基本原理】

多因子试验中的某些因子不仅可以单独对试验发生影响，而且各因子间还会相互影响，联合作用，共同对试验的考察指标产生协同效应。此现象称试验因子的交互作用。交互作用在微生物培养基的配方和发酵条件研究中很常见。例如培养基的碳源与氮源之间、有机氮与无机氮之间、发酵的时间与温度之间都可能发生交互作用。忽视这些交互作用就可能得出与真实情况不相符的实验结论，以致对实验结果难以解释。因此，进行这类试验时应选用能够考察交互作用的正交表安排实验。

为提高试验的可靠性，在可能条件下应做重复试验。无重复的试验中，误差评定只有一种依据，即只依靠正交表中那些不安排试验因子的列号(空号)作为评定误差大小的依据。对于重复试验还有第二种误差评定依据，即利用对重复试验数据的方差分析，将操作误差和系统误差同时从试验结果中剔除，提高试验结果的可信度。

本实验选用 $L_8(2^7)$ 正交表安排培养基的糖浓度、发酵温度和发酵时间三个因子的试验。目的是考察：①各因子对试验结果影响；②各因子之间的交互作用。为使试验结果更可靠，重复试验 1 次，即按正交表做 8×2＝16 次试验。$L_8(2^7)$ 是两水平的正交表，其方差分析可简化，即直接利用每因子的两水平的产量差进行方差分析。

【主要器材】

北京棒杆菌(*Corynebacterium pekinense*)A. S. 1. 403；种子培养基与发酵原料、标准赖氨酸溶液及赖氨酸测定试剂、器皿均同实验 3-10。

【操作步骤】

1. 表头设计　正交表中的交互作用列号的排定可从有关资料中查得。用于考察交互作用的正交表头设计与非交互作用的表头设计不同之处在于交互作用项所在的列号不得安排试验因子。本实验的表头设计详见表 3-11. 1。

表 3-11. 1　$L_8(2^7)$ 正交试验的表头设计

列　号	1	2	3	4	5	6	7
水平＼因子	葡萄糖浓度(*A*)	发酵温度(*B*)	*A*×*B*	发酵时间(*C*)	*A*×*C*	*B*×*C*	—
1	10%	30℃		60 h			
2	15%	34℃		72 h			

注：*A*×*B* 表示 *A* 与 *B* 的交互作用，其余类推。

2. 发酵培养基配制　糖蜜 10 g，玉米浆 10 g，硫酸铵 15 g，尿素 4 g，毛发水解液 10 mL，KH_2PO_4 0. 5 g，$MgSO_4 \cdot 7H_2O$ 0. 1 g，$CaCO_3$ 20 g(单独灭菌后加入培养基)，pH 7. 2。加水定容至 500 mL，调 pH 后分成两半，一半加入 10%葡萄糖，另一半加入 15%葡萄糖。待葡萄糖完全溶解后按正交表的要求分装摇瓶，每瓶装量 25 mL/250 mL 三角瓶，共计8×2＝16 瓶，8 层纱布做瓶塞。0. 07 MPa 灭菌 15 min。

3. 接种与发酵　菌种培养与接种操作同实验 3-10。

接种后按表 3-11. 2 规定的试验号将摇瓶分成两组：一组 8 瓶，置于 30℃摇床间振荡培养；另一组 8 瓶，置于 34℃摇床间振荡培养。发酵 60 h 的摇瓶按时取出后，离心取上清液贮于冰箱暂存，待 72 h 的发酵摇瓶取出后一起测定赖氨酸产量。

表 3-11.2 Ls(2^7)正交试验

试验号 \ 列号	1	2	3	4	5	6	7	赖氨酸产量/(mg/mL)	
水平 \ 因子	A(葡萄糖)	B(温度)	A×B	C(时间)	A×C	B×C	误差估计项	y_1	y_2
1	1(15%)	1(30℃)	1	1(60 h)	1	1	1		
2	1(15%)	1(30℃)	1	2(72 h)	2	2	2		
3	1(15%)	2(34℃)	2	1(60 h)	1	2	2		
4	1(15%)	2(34℃)	2	2(72 h)	2	1	1		
5	2(10%)	1(30℃)	2	1(60 h)	2	1	2		
6	2(10%)	1(30℃)	2	2(72 h)	1	2	1		
7	2(10%)	2(34℃)	1	1(60 h)	2	2	1		
8	2(10%)	2(34℃)	1	2(72 h)	1	1	2		

4. 赖氨酸发酵产量测定 操作同实验 3-10。

【实验报告】

1. 实验结果 将赖氨酸发酵产量的测定数据记录于表 3-11.2 右侧。按实例中的公式进行方差及交互作用分析、最优条件的产量(预期)平均值及其产量变动半径的计算。

2. 思考题

(1) 什么是交互作用？有交互作用的因子如何进行表头设计？

(2) 重复试验的方差分析与不重复试验的方差分析有什么不同？

【注意事项】

各因子交互作用列号的排定因正交表而异。有关交互作用列表可从有关资料中查阅。交互作用列号应按规定对号入座，凡已安排交互作用的列号不得安排其他试验因子。

附：Ls(2^7)正交试验结果分析实例

为简化计算可将产量数据化为整数。对赖氨酸产量数据进行加、减、乘或除，并不影响方差分析的准确性。在本例中将摇瓶的赖氨酸发酵产量减去 30(y_i-30)，得到简化后的数据列于表 3-11.3 右侧。

表 3-11.3 Ls(2^7)正交试验结果的方差分析实例

试验号 \ 列号	1	2	3	4	5	6	7	发酵产量 (y_i-30)*/(mg/mL)		
水平 \ 因子	A	B	A×B	C	A×C	B×C	误差估计项	y_1'	y_2'	$y_1'+y_2'$
1	1	1	1	1	1	1	1	−5	−4	−9
2	1	1	1	2	2	2	2	0	−2	−2
3	1	2	2	1	1	2	2	0	3	3
4	1	2	2	2	2	1	1	−5	−6	−11
5	2	1	2	1	2	1	2	0	1	1
6	2	1	2	2	1	2	1	10	12	22

续表

试验号 \ 列号 / 因子	1 A	2 B	3 $A\times B$	4 C	5 $A\times C$	6 $B\times C$	7 误差估计项	发酵产量 $(y_i-30)^*/(\mathrm{mg/mL})$ y_1'	 y_2'	 $y_1'+y_2'$
7	2	2	1	1	2	2	1	5	5	10
8	2	2	1	2	1	1	2	0	−1	−1
方差分析 ΣK_1	−19	12	−2	5	15	−20	12	* 为便于计算，发酵产量中的每个数据均减去30。重复试验误差计算： $S_{误}=\Sigma(y_1-y_2)^2/2$ $=10.5$ 自由度 $f_e=8\times(2-1)$ $=8$ 将小于误差估计项的 S_j 并入误差项，于是 $S_{总误}=S_{误}+S_j+S_2+S_4$ $=26.18$ $f_{总误}=8+1+1+1=11$ $S_{总误}/f_{总误}=26.18/11$ $=2.38$		
ΣK_2	32	1	15	8	−2	33	1			
$\Sigma K_1-\Sigma K_2$	−51	11	−17	−3	17	−53	11			
$(\Sigma K_1-\Sigma K_2)^2$	2601	121	289	9	289	2809	121			
S_j	162.56	7.56	18.06	0.56	18.06	175.56	7.56			
f_j	1	1	1	1	1	1	1			
V_j	162.56	7.56	18.06	0.56	18.06	175.56	7.56			
F_j	68.3		7.59		7.58	73.56	—			
显著性	高度显著(**)		显著(*)		显著(*)	高度显著(**)				
查F表	$F_{0.05}(1.11)=4.84$　$F_{0.01}(1.11)=9.65$									

ΣK_j＝各因子对应水平的发酵产量之和，例：$\Sigma K_{A_1}=(-9)+(-2)+3+(-11)=-19$，$\Sigma K_{A_2}=1+22+10+(-1)=32$；

S_j(偏差平方和)$=\dfrac{(\Sigma K_1-\Sigma K_2)^2}{8\times 2}$，例：$S_A=\dfrac{(-19-32)^2}{8\times 2}=162.56$；

f_j(自由度)＝因子水平数$(N)-1$，例：$f_A=2-1=1$；

V_j(均方和)$=S_j/f_j$，例：$V_A=162.56/1=162.56$；

$F_j(F_{检验比值})=\dfrac{S_j/f_j}{S_{总误}/f_{总误}}$，例：$F_j=162.56/2.38=68.3$；

F_j 大于 $F_{0.05}$ 临界值为显著，大于 $F_{0.01}$ 临界值为高度显著。

(1) 方差分析(表 3-11.3)

(2) 交互作用分析(表 3-11.4～表 3-11.6)

表 3-11.4　Ls(2⁷)正交试验中 $A\times B$ 交互作用的效应分析

B 因子 \ 平均产量 \ A 因子	A_1	A_2
B_1	$[(-9)+(-2)]/2=-5.5$	$(1+22)/2=11.5$
B_2	$[3+(-11)]/2=-4$	$[10+(-1)]/2=4.5$

注：比较表中计算结果，以 A_2B_1 为最大(11.5)，所以以 A_2B_1 组合为优。

表 3-11.5　Ls(2⁷)正交试验中 $A\times C$ 交互作用的效应分析

C 因子 \ 平均产量 \ A 因子	A_1	A_2
C_1	$[(-9)+3]/2=-3$	$(1+10)/2=5.5$
C_2	$[(-2)+(-11)]/2=-6.5$	$[22+(-1)]/2=10.51$

注：表中计算结果，以 10.5 为最大，所以以 A_2C_2 组合为优。

表 3-11.6　Ls(2^7)正交试验中 $B\times C$ 交互作用的效应分析

C 因子 \ 平均产量 \ B 因子	B 因子	
	B_1	B_2
C_1	[(−9)+1]/2=−4	(3+10)/2=6.5
C_2	[(−2)+22]/2=10	[(−11)+(−1)]/2=−6

注:表中计算结果表明,$B\times C$ 交互效应以 B_1C_2 组合为最大,所以取 B_1C_2 组合为佳。

(3) 试验结论

综合方差分析和交互作用效应分析结果,选出本实验的最优发酵条件是:$A_2B_1C_2$。

方差分析中 B 和 C 均为不显著因子,但在交互作用效应分析中 $B\times C$ 为高度显著因子。B 和 C 试验水平应根据交互作用结果确定,不可按方差分析结果任意取其试验水平。

(4) $A_2B_1C_2$ 条件下的发酵产量平均值的计算

由于方差分析的计算中各产量数据均减去了 30,因此计算产量平均值时必须还原到原数据,即

$$\mu=\frac{\sum y_i}{8\times 2}+30=30.8$$

$$\mu_{优}=\mu A_2B_1C_2=\mu+显著因子(A_2+A\times B+A\times C+B\times C)水平效应$$

$$=30.8+\left[\frac{32-(-19)}{8\times 2}+\frac{15-(-2)}{8\times 2}+\frac{15-(-2)}{8\times 2}+\frac{33-(-20)}{8\times 2}\right]=39.4$$

(5) 最优条件的产量平均值的变动半径计算

$\overline{S}_{误}$=不显著因子的 $S_j+S_{误}$=(7.56+0.56+7.56)+10.5=26.18

$\widetilde{f}_{误}$=不显著因子的 $f_j+S_{误}$ 的自由度=(1+1+1)+8=11

n_e=实验总次数/(1+显著因子的自由度之和)=8×2/(1+1+1+1+1)=16/5=3.2

查表:$F_{0.05}(1.11)=4.84$

代入:$\delta_{0.05}=\sqrt{Fa(1\cdot\widetilde{f}_{误})\times\frac{\widetilde{S}_{误}}{\widetilde{f}_{误}\times n_e}}=\sqrt{4.84\times\frac{26.18}{11\times 3.2}}=1.90$

根据对试验结果的分析计算,有 95%的把握预测在 $A_2B_1C_2$ 条件下发酵产量是 39.4±1.9(mg/mL)。

(蔡信之)

实验 3-12　台式自控发酵罐的构造与操作

【目的要求】

1. 掌握台式发酵罐的构造、原理及操作程序。
2. 学习在实验室内用台式发酵罐培养微生物细胞的方法。

【基本原理】

为了更接近生产实际,有价值的菌种在工业应用之前应在实验室用小型发酵罐进行微生物扩大培养和目的产物生成量的试验,以掌握该生产菌的发酵调控规律和生产工艺。为大规模工业生产提供实践经验和理论依据。利用实验室台式自控发酵罐培养微生物的研究已成为现代生物技术的重要支柱之一。

目前实验室的自控发酵罐体积在 1～150 L，它们基本上有两部分组成。

1. 发酵系统控制器　主要对发酵中各种参数如温度、pH、溶解氧、搅拌速度、空气流速和泡沫水平等进行设定、显示、记录并对这些参数进行反馈调节控制。

2. 小型发酵罐　它是微生物发酵的主体设备，主要有六个部分组成。

(1) 罐体　通常为一个耐压的圆柱状的玻璃钢或不锈钢筒，高度和直径比一般在(1.5～2)∶1。罐体上附有夹套、管路、附件等。

(2) 搅拌系统　由驱动马达、搅拌轴和涡轮式搅拌器组成，主要加速气-液和液-固混合及质量和热量的传递，特别是对氧的溶解具有重要意义。

(3) 传热保温装置　带走由生物氧化及机械搅拌所产生的热量，使发酵在适宜的温度下进行。通常发酵罐体利用夹套系统保温。它与外界的冷、热水的管路及加热器相连，又与发酵罐温度控制器组成自控保温系统。在发酵中保持罐体培养温度稳定。在实罐灭菌时可升温预热。

(4) 通气供氧系统　主要由空气压缩器、油水分离器、孔径在 0.2 μm 左右的微孔过滤膜和空气分布器及管路组成，提供好氧微生物发酵中所需要的氧。为了减少发酵液的挥发和防止菌种散发到罐外，还在排气口安装冷凝器和微孔过滤片。

(5) 消泡防污系统　由于发酵液中含有大量蛋白质，在强烈的搅拌下将产生大量泡沫，导致发酵液的外溢和增加染菌的机会，须流加消泡剂以除去泡沫。

(6) 参数检测器　包括 pH 电极、溶氧电极、温度传感器、泡沫传感器及菌密度探测器，使微生物在最适环境条件下生长和分泌产物。

本实验用 NHL-II 5 L 全自动发酵罐(图 3-12.1)进行大肠杆菌的液体培养。以熟悉台式自控发酵罐使用的原理与操作流程。

1　2　3　4　5

图 3-12.1　台式自控发酵罐

1. 蒸汽发生器；2. 空气压缩机；3. 发酵罐系统；4. 调控仪；5. 电脑系统

【实验器材】

大肠杆菌(*E. coli*)；种子培养液：葡萄糖 1.0 g，蛋白胨 1.0 g，酵母膏 0.5 g，牛肉膏 0.5 g，氯化钠 0.5 g，加水定容至 100 mL，调 pH 7.2～7.4。

将种子培养液装入 2 只 500 mL 三角瓶中，每瓶 50 mL，0.1 MPa 灭菌 15 min，冷却后接大肠杆菌于种子培养液中，于 37℃培养器中培养 10 h，转速 150 r/min。

发酵培养基：葡萄糖 60 g，蛋白胨 30 g，酵母膏 15 g，牛肉膏 30 g，氯化钠 15 g，氯化铵 15 g，加水定容至 3000 mL，调 pH 7.2～7.4。

斐林氏测糖试剂　斐林氏 A 溶液：$CuSO_4 \cdot 5H_2O$ 35 g，次甲基蓝 0.05 g，溶解后定容至 1000 mL。斐林氏 B 溶液：酒石酸钾钠 117 g，氢氧化钠 126.4 g，亚铁氰化钾 9.4 g，溶解后定容至 1000 mL。

0.1%标准葡萄糖溶液，40%氢氧化钠溶液，BAPB 消泡剂；NHL-Ⅱ 5 L 自控发酵罐，振荡式培养器，分光光度计，无菌取样管，显微镜。

【操作步骤】

1. 发酵种子液制备　将大肠埃希氏菌在新鲜斜面传 1～2 代活化后接入两瓶肉汤培养基中，将三角瓶于 37℃摇床，转速 150 r/min，培养 10 h 左右至对数后期。

2. 发酵培养基配制　按配方分别称取各成分，加水定容至 3000 mL（实罐灭菌要预留蒸汽的溶入量，通常先加 85%的水），调 pH 7.2～7.4。

3. 培养液的装罐

(1) 清洗　清洗发酵罐罐体及其管路系统以防杂质的干扰，确保实验的稳定。

(2) 装料　将配制好的培养液倒入发酵罐中，实罐灭菌要控制加水量，灭菌时注意 3 L容量的标记线。

(3) 密封　盖好装料口盖并旋紧密封，开、关好罐体各管道的阀门以待灭菌。

4. 灭菌蒸汽的制备　5 L 自控发酵罐配置 3 kW 蒸汽发生器 1 台，可产生 0.3 MPa 的压力蒸汽，供加温灭菌用。其制备方法如下。

(1) 加水　向蒸汽发生器贮水腔内加足水量，以供产生足够压力的蒸汽。

(2) 开启　接通电源，启动开关至“ON”位，指示灯闪亮则蒸汽发生器加热。

(3) 升压　当蒸汽压至 0.2 MPa 时即可向发酵罐系统提供压力蒸汽，预热罐体。

(4) 稳压　当发生器内蒸汽压至 0.25 MPa 时则会自动切断电源，维持额定汽压。

5. 发酵罐培养液灭菌　发酵罐的实体灭菌是微生物培养成功与否的关键操作之一。为确保微生物培养不受污染，必须严格按实罐灭菌程序操作。

(1) 灭菌准备　检测发酵罐体的密封性及表压的灵敏度、管路的畅通性、阀门的完好性，关闭发酵罐体及其相连通的管路上所有阀门。贮备加压蒸汽源。

(2) 发酵培养基的预热

① 设置控制器参数　罐体预热时可接通自控系统的电源开关，使发酵罐处于正常工作状态，打开控制面板上搅拌按钮至灯亮的工作状态，调节转速达 300 r/min。

② 供气　开启空气压缩机，正常供气。

③ 启用监控与记录　启动电脑电源，开始监控与记录。

④ 供应蒸汽　开启蒸汽发生器送汽阀门至最大为发酵罐预热和灭菌提供汽源。

⑤ 预热培养液　开启通往夹套系统路径上的全部阀门，使蒸汽进入夹套预热罐内培养液，注意排水系统的通畅，并调节排水量以控制蒸汽的量和预热的速度。

⑥ 实罐灭菌　当罐内发酵液温度达 90～95℃时，可关闭机械搅拌及通往夹套的蒸汽阀门，由供汽口和取样口同时直接向罐内培养液通入高温蒸汽以搅动培养液进行实罐灭

菌,使之快速达 121℃,维持 20 min。

⑦ 取样口与排气口灭菌　当罐内温度超过 100℃时,将取样口和排气口稍微打开,让微量高温蒸汽从口端排出并维持一定时间,使其彻底灭菌。在罐内温度达 121℃后适当调节通入的蒸汽量,保温 20 min。然后关闭取样口和排气口阀门,最后关闭两路入罐蒸汽管道阀门,灭菌结束。

⑧ 降温　灭菌后应迅速降低罐内发酵液温度,以防高温对营养物质的破坏。开启水泵和自来水龙头开关,打开通往罐体夹套的水循环管道上各阀门让冷水迅速降低发酵液温度,在快降至最适温度前开启设定温度的自动调节钮,自动调节罐温。

⑨ 供气　在冷却发酵液时要及时开启空压机管路阀门,向罐内缓慢通入空气以发挥搅拌和冷却作用,并维持罐内正压。切勿供气过猛使压力突然升高而冒液。

⑩ 搅拌　待罐温降至 90～95℃时再开启搅拌系统,使培养液冷却均匀。

6. 接种与发酵

(1) 接种

① 准备　将接种口盖旋松,再将接种时用的火圈环点燃后套在接种口的盖上,准备一大镊子。

② 灭菌　让点燃的火圈套环灼烧接种口 20 s 以彻底灭菌,并保持周围无菌。

③ 接种　迅速用大镊子夹住接种口盖并移至火焰旁的无菌区,在火焰上方的无菌区迅速打开菌种瓶的纱布塞,以无菌操作往接种口内倒入 5%～10%的种子培养物。迅速将无菌盖子盖住接种口并旋紧。移去接种口的火圈环并熄灭。再旋紧接种口盖。

(2) 发酵罐中微生物群体的生长特征

① 延迟期　接种后微生物进入新的环境,有一停滞或缓慢生长阶段,称延迟期。

② 对数期　延迟期后进入正常生长繁殖的阶段称对数期,细胞数量成倍增加。

③ 稳定期　在分批发酵中大肠杆菌的对数期很短,当菌浓度达一定值时,发酵液中增加的活菌就与死亡的相近,发酵即转入稳定期。

④ 衰亡与终止发酵　稳定期过后,由于营养物质的消耗和代谢产物的积累,微生物生长进入衰亡期,发酵即将结束。大肠杆菌培养中当 pH 升至 7.3 时发酵结束。

⑤ 菌株间差异性　微生物纯种发酵中各菌株都有其独特的生理生化过程,把握各菌的培养进程是研究与应用微生物的必经之路。发酵中各参数的变化反映了人工培养系统中某一微生物的内在规律,调控其中的关键参数则能有效地控制其发酵进程以获得最佳的结果。

⑥ 取样与测定　在发酵中每隔 1 h 取样,分光光度计测定 A_{600} 和用斐林氏方法测定发酵液中的葡萄糖浓度。可大致了解并分析发酵进程。

7. 葡萄糖含量的测定

(1) 预备测定　取斐林氏 A、B 液各 5 mL 于 150 mL 三角瓶中,加盖在电炉上加热至沸腾,以 0.1%标准葡萄糖溶液滴定至蓝色消失,记下 0.1%标准葡萄糖溶液消耗数。

(2) 空白滴定　取斐林氏 A、B 溶液各 5 mL 置于 150 mL 的三角瓶中,加入比预备实验少 0.5～1.0 mL 的标准葡萄糖溶液,加热沸腾后继续用标准葡萄糖溶液滴定至终点,记下标准葡萄糖溶液消耗数为 V_1(mL)。

(3) 样品滴定　吸取样品 V(mL)加到已有斐林氏 A、B 溶液各 5 mL 的三角瓶中，根据测定样品含糖量多少加入一定量的蒸馏水达到与空白测定的体积一致，pH 一致，减少测定上的误差，用空白滴定的方法滴至终点，记下消耗标准葡萄糖溶液为 V_2(mL)。

(4) 计算　样品中葡萄糖含量% $=\frac{(V_1-V_2)}{10V}\times N$

式中：V_1——空白滴定耗去标准葡萄糖溶液 mL 数；

V_2——样品滴定耗去标准葡萄糖溶液 mL 数；

V——吸取样品 mL 数；

N——样品稀释倍数。

【实验报告】

1. 实验结果

(1) 将测定的结果记录在表 3-12.1 中。

表 3-12.1　发酵中测定数据记录表

培养时间/h	1	2	3	4	5	6	7	8	9	10	11	12	13	14
葡萄糖浓度/%														
光密度(A_{600})														
pH														

(2) 整理发酵中所测定的各种数据。

(3) 镜检大肠杆菌在不同的发酵阶段的菌体形态特征。

2. 思考题

(1) 灭菌中要特别注意些什么？

(2) 发酵过程中所需的无菌空气是如何获得的？

(3) 发酵过程中搅拌的作用是什么？

(4) 在发酵过程中调节溶氧的方法有哪些？

(5) 为什么在大肠杆菌培养中，pH 上升发酵就结束？

(6) 补料的作用是什么？如何补料？

【注意事项】

1. 各电极在调试、安装过程中要极细心，防止电极头部损坏。

2. 在接种、取样等各个操作时要细心，以防止杂菌的污染。

3. 蒸汽发生器在接通电源加热前，应首先检查发生器内是否有足够的水量。

4. 发酵期间，除接种的短暂时间罐压降至零外，其他时期均应维持罐压在一定的正压(0.045 MPa)状态。

(蔡信之)

实验 3-13　酸奶的制作

【目的要求】

掌握酸奶制作的原理和方法。

【基本原理】

牛奶的 pH 约为 5.8，其中蛋白质主要是酪蛋白。牛乳经巴氏消毒后冷却，加入乳酸菌发酵剂在适当温度下(40～45℃，以 43℃为最佳)培养，将牛奶中的乳糖发酵成乳酸，牛乳逐渐酸化，酪蛋白的钙游离出来与乳酸结合生成乳酸钙。当 pH 达到 5.2～5.3 酪蛋白粒子就失去稳定开始沉淀，pH 降到酪蛋白等电点(4.6～4.7)时完全沉淀，这些蛋白沉淀物可将脂肪球和含有可溶性成分的乳清包起来使制品呈凝胶状；并使部分酪蛋白降解生成脂肪、乙醛、双乙酰、丁二酮、丙酮及挥发性脂肪酸(甲酸、己酸、辛酸等)和醇类等风味物质。

随着乳酸含量的增加发酵菌本身会被抑制，其中乳酸离子对发酵菌的危害比氢离子大。低酸度乳中乳酸含量为 0.85%～0.95%，高酸度乳中乳酸含量为 0.95%～1.20%，低于有些乳酸菌耐性界限(唾液链球菌嗜热亚种能忍受 0.8%，德氏乳杆菌保加利亚亚种能耐受 1.7%)，故不能使乳酸菌全部停止生长，要抑制乳酸菌生长必须使产品冷却。

冷却后冷藏，除可抑制菌体生长，降低酶的活性，延长保存期外，还可促进香味物质产生，改善酸奶硬度。香味物质产生的高峰期一般在制作完成 4 小时后或更长时间，要使酸奶形成良好的风味需 12～24 h 完成。酸奶冰点在－1℃，故要延长保存期，冷藏温度应控制在 0℃或－1℃左右。

在发酵过程中乳糖被降解，减少了乳糖对个别人的毒害；蛋白质被部分降解，易于消化吸收；产生的乳酸有利于钙的吸收；产生一些香味物质，形成独特风味；乳酸菌进入人体后增加肠道益生菌，有利于消化道健康和营养物质的消化吸收。

【实验器材】

德氏乳杆菌保加利亚亚种(*Lactobacillus delbrueckii* subsp. *bulgaricus*)和唾液链球菌嗜热亚种(*Streptococcus salivarius* subsp. *thermophilus*)或乳酸乳球菌乳脂亚种、乳酸链球菌等菌种；鲜牛奶或奶粉、白糖；大烧杯、天平、灭菌锅、超净工作台、酸奶瓶(或塑料杯、保鲜膜、橡皮筋)、恒温培养箱、无菌吸管、铂耳 1 支、无菌量筒、试管、三角瓶、乙醇灯、冰箱。

【操作步骤】

(一) 菌种活化

活化按无菌操作进行，菌种为液体时用无菌吸管取 1～2 mL 接种于装灭菌脱脂乳的试管中，菌种为粉状的用铂耳取少量接种混合，置于恒温箱中 40～45℃培养活化 12～48 h(以凝固为准)。活化次数依菌种活力确定，一般活化 2～3 次。

(二) 调制发酵剂

1. 母发酵剂　用脱脂乳量 1%～2%充分活化的菌种，接种于盛有灭菌脱脂乳的三角瓶中，充分混匀后置于恒温箱中培养。供制取生产发酵剂用。

2. 生产发酵剂　接种 1%～2%的母发酵剂于盛有灭菌脱脂乳的三角瓶中，充分混匀后置于 42～45℃温箱中培养 12 h，至牛乳凝固结实。供生产酸乳制品时使用。

3. 发酵剂质量检查　质量合格的发酵剂凝块硬度适宜，均匀而细滑，有弹性，无龟裂、气泡及乳清分离，酸味、风味与活力等均符合菌种特性要求。达到上述质量的生产发酵剂准予用于生产酸乳制品。

调制好的发酵剂不立即使用时应置于冰箱中保存。

（三）酸奶制作

1. 原料检测　检测鲜牛奶的新鲜度、密度、总干物质等，控制非脂干物质不低于 8.5%，比重计读数在 1.029～1.031；如果不够，应添加脱脂奶粉。同时应检测抗生素等，确保原料满足发酵要求。

2. 混合、灭菌　鲜奶加白糖 7%～10%（或奶粉加水 7～10 倍稀释配成还原奶，W/V，加白糖 6%～10%），混匀，85℃灭菌 20 min 或 90℃灭菌 15 min，加热期间注意搅拌几次。

3. 冷却　将灭菌奶取出用冷水冷却至 40～45℃时接种。

4. 接种　先用洁净的无菌勺将发酵剂表层 2～3 cm 去掉，再用无菌玻棒搅成稀奶油状。用洁净无菌量筒分别量取牛奶量 2%～3%的生产发酵剂，先用等量灭菌奶混匀后倒入冷却奶中，充分混匀。

5. 分装　混匀后尽快分装于无菌的酸奶瓶中，再用纸包好瓶口。或分装于一次性塑料杯，用保鲜膜、橡皮筋封妥杯口。

6. 培养、冷却后熟　置于 43℃恒温箱中培养发酵 2～3 h，达到凝固状态（pH 4.2）。发酵结束后于 4～5℃贮藏 24 h 后熟。

（四）菌种分离

1. 倒平板　将 MRS 琼脂培养基和马铃薯牛奶琼脂培养基（附录二）加热融化，冷却至 45℃左右，分别倒 3 个平板，冷凝备用。

2. 稀释酸奶　对酸奶进行 10∶1 的系列稀释。

3. 平板分离　取适当稀释度（10^{-4}或 10^{-5}）的悬液用浇注平板法或涂布平板法分离单菌落，也可用接种环直接醮取酸奶原液进行平板划线分离。

4. 保温培养　将分离培养皿平板放入厌氧罐中，采用抽气换气法或加焦性没食子酸（20 g）及 1.5% NaOH（20 mL）的方法造成厌氧环境，置 37℃温箱中培养 2～3 d。

5. 菌落选择　酸奶中乳酸菌在马铃薯牛奶琼脂培养基上有三种不同形态的菌落：

（1）扁平型菌落　直径 2～3 mm，边缘不整齐，薄而透明，染色后镜检细胞杆状。

（2）半球状菌落　直径 1～2 mm，隆起呈半球状，高约 0.5 mm，边缘整齐，四周有酪蛋白水解的透明圈。染色后镜检细胞为链球状。

（3）礼帽形菌落　直径 1～2 mm，边缘较整齐，中央隆起，四周较薄，有酪蛋白水解的透明圈。染色后镜检细胞呈链球状。

6. 单菌株发酵试验　将上述 3 种单菌落分别在牛奶中扩大培养后，以 10%接种量接入消毒牛奶作单菌株发酵试验，品尝并评价何种组合比较合理。

【实验报告】

1. 实验结果

（1）从色、香、味、形四方面描述制品质量，找出差距，分析成败原因。

(2) 将用单菌和混合菌发酵制得的酸奶品评结果记录于表 3-13.1 中。

表 3-13.1 酸奶品评结果记录表

菌种类型	pH	凝集程度	口 感	香 味	异 味	产乳酸	评 价
杆菌							
球菌							
杆菌/球菌 (1∶1)							
杆菌/球菌 (2∶3)							

2. 思考题

(1) 牛奶形成凝胶的原因是什么?

(2) 为什么用混合菌发酵而不用单一菌?

【注意事项】

1. 牛奶消毒要掌握适宜的时间和温度,否则,达不到消毒目的或破坏酸奶风味。

2. 如能以蜂蜜代替白糖,口味更好。

3. 无灭菌设备、无菌环境时,如家庭可用奶锅消毒,用市售酸奶作菌种,加大接种量,以 5 袋鲜奶 1 瓶酸奶比例为宜。夏季室温,冬季放置于暖气片上即可。

4. 如产品有乳清析出,为鲜奶水分含量较大之故,家庭自制无所谓,若为商品,要注意选择未加水的优质鲜奶。

5. 本法采用先加入发酵剂后分装的发酵方法,故加发酵剂后应尽快分装完毕。

6. 整个过程以无菌操作规程进行。

(张琪林)

实验 3-14 用埃姆斯实验(Ames test)检测诱变剂和致癌剂

【目的要求】

1. 了解 Ames 法快速检测诱变剂和致癌剂的原理。

2. 掌握 Ames 法快速检测诱变剂和致癌剂的方法。

【基本原理】

癌症是威胁人类生命最严重的疾病。各种化学物质不断合成、使用,迅速、准确地检测致癌物质是食品安全的重要方面。Ames 等人发现 90%以上的诱变剂是致癌物质,创立了一种快速测定法,利用鼠伤寒沙门氏菌组氨酸缺陷型(his^-)菌株的回复突变来检测物质的诱变性及致癌性。这些菌株在不含组氨酸的基本培养基不能生长,但遇到诱变剂可发生回复突变,his^- 变为 his^+,在基本培养基也能生长,形成肉眼可见的菌落。可以在短时间内,根据回复突变发生的频率判断该物质是否具有诱变性或致癌性。并能区别突变的类型(置换或移码突变)。

这组检测菌株含有下列突变:①组氨酸基因缺陷(his^-),根据选择性培养基上出现 his^+ 的回复突变率可测出诱变剂或致癌物的诱变效率。②脂多糖屏障丢失(rfa),该菌株的细胞壁基因有缺陷,使待测物容易进入细胞内。③紫外线切除修复系统缺失($\Delta uvrB$),同时其附近的硝基还原酶和生物素基因缺失(bio^-),使致癌物引起的遗传损伤的修复降低到最小的程度。④抗药性标记 R,表示某些菌株具有抗氨苄青霉素(ampicillin)的质粒,从而提高了检出的灵敏性。

常用的几株鼠伤寒沙门氏菌命名为:TA1535、TA1537、TA1538、TA98、TA100、TA97 及 TA102 等。这是一系列特异的营养缺陷型沙门氏菌株。菌株 TA1535 含有一个碱基置换突变,能检测引起置换突变的诱变剂。TA1537 在重复的 G-C 碱基对序列中有一个移码突变,能检测引起移码的诱变剂。TA100 和 TA98 是上述菌株分别加上一个抗药性转移因子 pKM101 质粒后的菌株(质粒易丢失,应尽量减少传代)。

有的致癌物的诱变性是被哺乳动物肝细胞中的羟化酶系统活化的,细菌没有这种酶系统,加入鼠肝匀浆的酶系统能增加检测的灵敏度。

鼠伤寒沙门氏菌对化学致癌物不是决定性的试验。但是,大量资料表明 Ames 试验阳性和致癌之间有十分明显的相关性。

Ames 试验的优点:方法灵敏,检出率高,经试验有 90%的化学致癌物都可获得阳性结果;比较简便、易行,不需特殊器材,容易推广。缺点是微生物的 DNA 修复系统比哺乳动物简单,基因不如哺乳动物多,不能完全代表哺乳动物的实际情况。目前在致突变试验中占重要位置,为首选的试验方法。

【实验器材】

1. 菌种　鼠伤寒沙门氏菌(*Salmonella typhimurium*)的几个测试菌株,其遗传特性如表 3-14.1 所示。

表 3-14.1　测试菌株的遗传特性

菌　株	组氨酸缺陷	脂多糖屏障丢失	UV 修复缺失	生物素缺陷	抗药因子	检测的突变型
TA1535	his^-	rfa	$\Delta uvrB$	bio^-	—	置换
TA100	his^-	rfa	$\Delta uvrB$	bio^-	R	置换
TA1537	his^-	rfa	$\Delta uvrB$	bio^-	—	移码
TA98	his^-	rfa	$\Delta uvrB$	bio^-	R	移码
野生型 CK	his^+	不缺失	不缺失	bio^+	—	—

2. 培养基

(1) 底层培养基　葡萄糖 20 g,柠檬酸 2 g,$K_2HPO_4 \cdot 3H_2O$ 3.5 g,$MgSO_4 \cdot 7H_2O$ 0.2 g,琼脂(优质)12 g,蒸馏水 1000 mL,pH 7.0,0.07 MPa 灭菌 15 min。用量 1000 mL。

(2) 组氨酸-生物素混合液　称 31 mg L-盐酸组氨酸和 49 mg 生物素溶于 40 mL 蒸馏水,备用。

(3) 上层培养基　0.5 g 氯化钠,0.6 g 优质琼脂,加 90 mL 蒸馏水,加热融化后定容,然后加入 10 mL 组氨酸-生物素混合液，摇匀后分装于小试管 80 支，每支 3 mL，0.07 MPa 灭菌 15 min。用量 250 mL。

(4) “素琼脂” 0.5 g 氯化钠，0.6 g 优质琼脂，加 90 mL 蒸馏水，加热熔化后定容。分装小试管 25 支，每支 3 mL，0.07 MPa 灭菌 15 min。用量 100 mL。

(5) 肉汤培养基 (附录二)用量 500 mL。

(6) 肉汤培养液 在肉汤培养基未加琼脂前，分装 10 支试管，每支 5 mL。

3. 鼠肝匀浆 S-9 上清液 选成年雄性健壮大白鼠 3 只(每只体重在 300 g 左右)，称重，按每公斤体重腹腔注射诱导物五氯联苯玉米油溶液 2.5 mL(五氯联苯用玉米油配制，浓度为 200 mg/mL)提高酶活力。注射后第 5 天杀鼠，杀前大鼠禁食 24 h，取 3 只大白鼠的肝脏合并后称重，用 0.15 mol/L KCl 溶液洗涤 3 次，剪碎，每克肝脏(湿重)加 3 mL 0.15 mol/L KCl 溶液，制成匀浆，离心(9000 r/min 10 min)，取上清液(即 S-9)分装小试管，每管 1～2 mL，液氮速冻，－20℃冷藏备用。所用器皿、刀剪、溶液都需保持无菌，并在 0～4℃下(也可在冰浴中)操作。

4. 鼠肝匀浆 S-9 混合液 制备方法如下：

(1) 0.2 mol/L pH 7.4 磷酸缓冲液的配制 称 $Na_2HPO_4 \cdot 12H_2O$ 7.16 g、KH_2PO_4 2.72 g，加水至 100 mL，灭菌后备用。

(2) 盐溶液 称 $MgCl_2$ 8.1 g，KCl 12.3 g，加水至 100 mL，灭菌后备用。

(3) NADP(辅酶Ⅱ)和 G-6-P(葡萄糖-6-磷酸)使用液 每 100 mL 使用液含 NADP297 mg，G-6-P 152 mg，0.2 mol/L pH 7.4 的磷酸缓冲液 50 mL，盐溶液 2 mL，加水至 100 mL。细菌过滤器过滤除菌，无菌试验后分装每小瓶 10 mL，－20℃贮存备用。

(4) S-9 混合液 取 2 mL S-9 加入 10 mL NADP 和 G-6-P 使用液(将低温贮存 S-9 和使用液室温下融化后现配现用)，混合液置冰浴中，用后多余部分弃去。

5. 试剂 亚硝基胍(NTG)：50 μg/mL、250 μg/mL、500 μg/mL 三种，用甲酰胺 0.05 mL 助溶后用 pH 6 的 0.1 mol/L 磷酸缓冲液配制；氨苄青霉素：8 mg/mL，用 0.02 mol/L 的 NaOH 配制；黄曲霉毒素 B_1：50 μg/mL，5 μg/mL；结晶紫：1 mg/mL；0.85%生理盐水，15 mol/L 氯化钾。

6. 器皿 培养皿，移液管，试管，15 W 紫外灯，水浴锅，滤纸片(φ10 mm 厚滤纸)，镊子，黑纸，注射器，台秤，剪刀，烧杯，匀浆管，高速离心机，血清瓶。

【操作步骤】

1. 检测菌株遗传性状鉴定 检测菌株需先鉴定其主要遗传性状，符合的才能用。

(1) 组氨酸和生物素缺陷型鉴定 将检测菌株 TA1535、TA1537、TA100、TA98、S-CK 等于实验前一天分别挑取一环到 5 mL 肉汤液中，37℃培养过夜，离心洗涤 4 次。制成浓度为$(1～2)\times10^9$mL 的菌悬液。倒 10 皿底层平板，取 10 支“素琼脂”融化后在 48℃水浴中保温。分别吸取各试验菌液 0.1 mL 到各试管中，搓匀后立即倾注到底层平板上，每个菌株 2 皿。用记号笔在各培养皿背面笔划好 3 个区，在 *A* 点上加微量组氨酸固体(约为芝麻粒的 1/2)，*B* 点上加微量组氨酸和生物素，*C* 点作空白对照，37℃培养 2 天观察结果。证明除了对照菌株外，其他都是组氨酸和生物素缺陷型。

(2) 脂多糖屏障丢失(*rfa*)的鉴定 倒肉汤培养基平板 10 皿，取 10 支“素琼脂”试管按“组氨酸和生物素标记的鉴定”的方法制备带菌平板，每菌株 2 皿，在平板中心放一直径为 6 mm 的圆滤纸，加 10 μL 结晶紫溶液(1 mg/mL)，37℃培养过夜，测量抑菌圈直径。若滤纸片周围出现抑菌圈，直径>14 mm，说明 *rfa* 丢失。

(3) 抗药性因子(R)鉴定　倒肉汤培养基平板 4 皿，在平板中心加 0.01 mL 氨苄青霉素，用接种环轻轻涂成一条带，置 37℃待干。用记号笔划好记号，分别挑取一环试验菌株，按与氨苄青霉素带垂直的方向划线，每皿间隔划三个菌株(含一对照)，每个菌株划两皿，37℃培养过夜，观察结果。含 R 因子者在划线部分可生长。

(4) 紫外线修复缺失($\Delta uvrB$)鉴定　倒肉汤培养基平板 4 皿，每皿划三条不同试验菌的菌带，做两个重复。用无菌黑纸遮盖培养皿的 1/2，置 15W 紫外灯下(距离 30 cm)，照射 10 s，在暗室内红灯下操作，照好后用黑纸包好，37℃培养过夜，观察结果。UV 修复缺失的菌株经照射后不能生长，有黑纸遮盖的部分可生长。

2. 待测样品致突变性检测　有点滴法和掺入法，均应设对照组以便比较结果。

(1) 诱变作用的初检(点滴法)　此法简单，不够精确，仅能作定性试验。

① NTG 的诱变作用　倒底层培养基平板 9 皿，融化上层培养基 9 支放入 48℃水浴中保温。将在 37℃培养约 17 h 的 TA1535，TA100，TA98 三个菌株的菌液稀释 20 倍后，各吸 0.2 mL 菌液加入上层培养基试管，混匀后迅速倾入底层平板上，每个菌株做三皿重复。凝固后分别加 50 μg/mL、250 μg/mL、500 μg/mL 的 NTG 各 0.02 mL 到直径 6 mm 无菌厚圆滤纸片上，每片分别是 1 μg、5 μg 和 10 μg，轻轻地均匀地放在上层平板上，每皿 3 片，37℃培养两天后观察结果。凡在滤纸片周围长出一圈菌落者，可认为该样品具有致突变性。菌落数>10 为(+)，>100 为(++)，>500 为(+++)。若仅有<10 个菌落出现，则该样品不具突变性，为(−)。

② 黄曲霉毒素 B_1 的诱变作用　有些诱变剂和致癌剂要经肝匀浆酶系统活化后才能被测出，黄曲霉毒素就是这类物质之一。在测试的前一周事先制备好肝匀浆 S-9 和含有 6-P-G 与 NADP 的 pH 7.4 的盐溶液，分别低温保存，实验前将这两部分化冻后按所需量混合制成 S-9 混合液，本实验取 2 mL S-9 加入 10 mL pH 7.4 的盐溶液，置冰浴中备用。倒底层培养基平板 24 皿，融化上层培养基 24 支，放入 48℃水浴中保温。将在 37℃培养约 17 h 的 TA1535，TA100，TA98 三个菌株的菌液稀释 20 倍后，各吸 0.2 mL 菌液分别加到上层培养基试管，每个菌株 8 支，其中 4 支加 S-9 混合液各 0.2 mL，另 4 支不加，混匀后迅速倾入底层平板上(S-9 混合液加入后要立即倾入平皿，以免酶在 48℃中失活)。待凝固后在皿中心放一厚的圆滤纸片，取 2 皿已加 S-9 混合液和 2 皿不加者分别加 0.02 mL 黄曲霉毒素 B_1(每毫升含有 50 μg 黄曲霉毒素 B_1)。37℃培养 2 d 后观察结果(方法同上)。

(2) 突变频率测定(掺入法)　只有严格测定诱发回复突变频率后才能得到阳性或阴性的肯定结论。

① NTG 诱发回复突变率　倒底层培养基平板 12 皿，融化上层培养基 12 支，48℃水浴保温。分别吸取稀释 20 倍的菌液各 0.2 mL 和 NTG(50 μg/mL)0.1 mL 放入各管上层培养基中，混匀后立即倒到底层平板上，每个菌株 2 皿，每皿含 NTG 5 μg。另外分别吸取 0.2 mL 菌液加入各管上层培养基中，混匀后立即倒到底层平板上作对照，每个菌株 2

皿，37℃培养 2 d 后观察结果，计算自发回复突变率和诱发回复突变率。凡诱发回复突变率超过自发回复突变率 2 倍以上者属阳性，低于 2 倍者属阴性。为了计算突变率，必须同时测定各菌液的活菌数目。为此需将上述三菌株的 20 倍稀释液再稀释至 10^{-6}，各取 0.1 mL与肉汤培养基混均，各菌株 4 皿，37℃培养 2 d 后计数。

② 黄曲霉毒素 B_1 诱发回复突变频率　倒底层培养基平板 24 皿，融化上层培养基 24 支，48℃水浴保温。分别吸取稀释 20 倍的菌液各 0.2 mL 到上层培养基试管，每个菌株 8 支，其中 4 支加 S-9 混合液各 0.2 mL，另 4 支不加。分别取 2 支加 S-9 混合液和 2 支不加者，各加 5 μg/mL 黄曲霉毒素 B_1 0.2 mL(即每皿含有 1 μg 黄曲霉毒素 B_1)，混匀后立即倒到底层平板上。其余 4 支不加黄曲霉毒素 B_1 者也摇匀倾到底层平板上。待凝固后置 37℃培养 2 d 后计数回复突变菌落。同时作活菌计数。

在观察结果时，不论是掺入法还是点滴法，一定要在琼脂表面长出的回复突变菌落下面衬有一层菌苔时，方能确认为 his^+ 回复突变菌落。这是由于下面的菌苔是 his^- 菌株利用了上层培养基内微量组氨酸和生物素生长的菌，经数次分裂后其中一部分 his^- 菌可自发回复突变为 his^+，并继续繁殖形成 his^+ 的菌落。

3. 对照设计及结果评估　每次试验均需设自发回复突变、阳性及阴性三项对照。

(1) 自发回复突变对照　做法与掺入法基本相同，只是在上层琼脂试管内仅加 0.1 mL菌液、0.5 mL S-9 混合液，不加待测样品液。37℃培养 2 d 观察在下层培养基上长出的菌落表示为该菌自发回复突变体。记录并计算每组平皿菌落平均数(R_c)。

$$突变率(M_R)=\frac{每皿诱变菌落均数(R_t)}{每皿自发回复突变菌落均数(R_c)}$$

只有突变率>2 时才能认为样品属埃姆斯试验阳性。试验样品浓度达 500 μg/皿仍未出现阳性结果，便可报告该待测样品属埃姆斯试验阴性。

对于阳性结果的样品，其试验结果尚要经统计分析，若计算剂量与回变菌落之间有可重复的相关系数，经相关显著性检验，最后才能确认为阳性。

(2) 阴性对照　为了说明样品本身确为埃姆斯试验阳性而与配制样品液所用溶剂无关，所以阴性对照物是用配制样品时的溶剂，如水、二甲基亚砜、乙醇等。

(3) 阳性对照　在检测样品的同时，可选一种已知有突变性的化学药品代替样品作平行试验，将其结果与样品的结果比较，可以看出试验的敏感性和可靠性。本试验以亚硝基胍和黄曲霉毒素 B_1 为例说明试验的方法。亚硝基胍是常用的诱变剂，常引起碱基对的置换；黄曲霉毒素 B_1 的诱变性能需经肝细胞微粒体酶系的激活。这两种诱变剂毒性都很强，使用时应特别小心。试验步骤总结见图 3-14.1。

【实验报告】

1. 实验结果　作好检测记录，按记录计算检测结果并作报告。

(1) 记下测试菌株的鉴定结果　组氨酸和生物素标记的鉴定；脂多糖屏障丢失的鉴定；抗药性的鉴定；紫外线切除修复缺失的鉴定。

(2) 将 NTG 和黄曲霉毒素 B_1 诱变作用初检结果分别记入表 3-14.2、表 3-14.3 中。

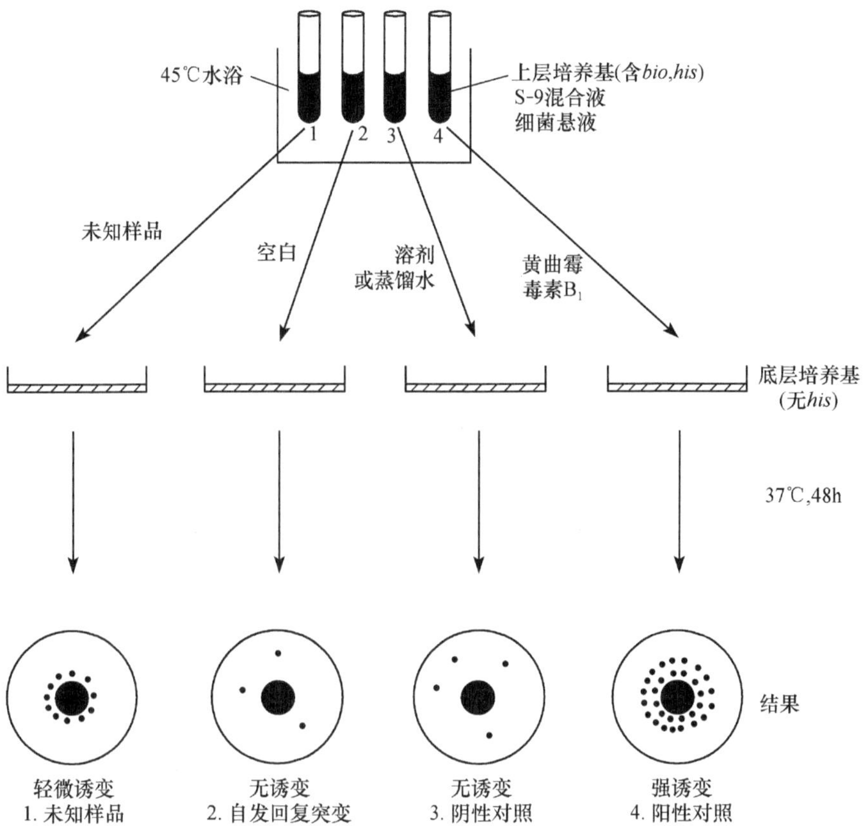

图 3-14.1 埃姆斯试验检测诱变剂和致癌剂过程示意图

表 3-14.2 NTG 诱发回复突变的初检结果

菌 株	NTG 含量/(μg/皿)					
	1 μg		5 μg		10 μg	
	①	②	①	②	①	②
TA1535						
TA100						
TA98						

表 3-14.3 黄曲霉毒素 B_1 诱发回复突变的初测结果

菌 株	黄曲霉毒素 B_1/(1μg/皿)				对 照			
	加 S-9		不加 S-9		加 S-9		不加 S-9	
	①	②	①	②	①	②	①	②
TA1535								
TA100								
TA98								

(3) 将 NTG 和黄曲霉毒素 B_1 诱发回复突变频率测定结果记在表 3-14.4、表 3-14.5 中。

表 3-14.4　NTG 诱发回复突变频率

菌　株	活菌计数			自发回复突变率/%			诱发回复突变率/%		
	①	②	平均	①	②	平均	①	②	平均
TA1535									
TA100									
TA98									

表 3-14.5　黄曲霉毒素 B_1 诱发回复突变频率

菌　株	诱发回复突变率/%(加黄曲霉毒素 B_1)						自发回复突变率/%(不加黄曲霉素 B_1)					
	加 S-9			不加 S-9			加 S-9			不加 S-9		
	①	②	平均	①	②	平均	①	②	平均	①	②	平均
TA1535												
TA100												
TA98												

(4) 将样品检测结果填入表 3-14.6 中，按下式计算样品的突变率。

$$\text{所测样品突变率}=\frac{\text{样品每皿诱变菌落均数}}{\text{每皿自发回复突变菌落数}}\times 100\%$$

表 3-14.6　样品的检测结果

试验内容		培养皿上长出的菌落数		
		1	2	平均
样品测定				
对照	自发回复突变			
	阳性物			
	阴性物			

2. 思考题

(1) 埃姆斯试验的理论根据是什么?

(2) 加 S-9 混合液有什么作用?

(3) 测试菌株的遗传性状与鉴定结果是否一致? 试说明理由。

【注意事项】

1. 鼠伤寒沙门氏菌是条件致病菌，所有用过的器皿应放入石炭酸中或进行煮沸灭菌，培养基也应经煮沸后倒弃。

2. 肝匀浆的提取应重视无菌操作，并应做无菌测定。如无低温条件，提取过程应尽可能用冰浴保持低温。S-9 混合液要在使用时随时配制。

3. 倒底层培养基时，待融化好的培养基冷却到 45～50℃时倒皿，尽可能减少平板表面的水膜，防止上层“滑坡”，能预先在 37℃过夜则更好。

4. NTG 和黄曲霉毒素 B_1 都是强烈致癌物，操作时要胆大心细，切勿用嘴吸取，用过的器皿要放入 0.5 mol/L 硫代硫酸钠中解毒后方可清洗。

(陈　龙)

实验 3-15　五日生化需氧量(BOD_5)的测定

【目的要求】

1. 熟悉生活污水或工业废水的五日生化需氧量测定的原理。

2. 掌握 BOD_5 测定的操作步骤及其计算方法。

【基本原理】

生活污水和工业废水中都含有各种有机污染物,进入天然水域后需存在于其中的微生物(或人为接种的分解菌)经生长繁殖与代谢转化后将其缓慢分解。微生物在生长中要消耗水中大量的溶解氧,导致鱼类等生物因缺氧而死亡,使水质恶化。因此,测定水体中生化需氧量就能间接地判定水体受有机质污染的程度与水体的质量。

测定较清洁的水中溶解氧可采用碘量法或膜电极法等,对污染严重的水则无能为力。BOD_5(五日生化耗氧量)是指水中的好氧菌在特定培养条件下,5 天内所消耗的该系统中溶解氧的量。通常用 1 L 待测水样在 20℃封闭条件下培养 5 天,微生物在分解水中有机物时所消耗的溶解氧量。通过分别测定水样在培养前后的溶解氧,两者之差即为 BOD_5 值,以氧耗(mg/L)表示。

大多数污水样品因含较多的有机物,测定前要用含饱和溶解氧的水(称“稀释水”)稀释,以降低其有机物的浓度并保证有充足的溶解氧,以利微生物生长繁殖分解有机物。稀释程度应使微生物在培养中所消耗的溶氧量大于 2 mg/L,剩余溶解氧在 1 mg/L 以上。

为保证微生物正常代谢之需要,稀释水中除含饱和溶解氧外,还应加入一定量的无机营养盐和缓冲溶液。含菌量偏少的废水应接种能分解针对性有机物的微生物。如果水样显碱性或酸性,可用碳酸氢钠中和。测定以氯消毒的污水要用硫代硫酸钠(约 0.05 mol/L)脱除其中的余氯,再调节 pH,并用稀释水稀释后接种培养。冬季常因水体中有藻类等生长,水样中会含过饱和的溶解氧,应在 20℃室温下剧烈振荡去除过饱和溶解氧,再用 20℃饱和“稀释水”稀释,接种,然后进行培养测定。

【实验器材】

培养箱,大玻璃瓶(3000 mL),量筒(1000 mL),培养瓶(250 mL),胖肚移液管(100、40、25、10、5 mL),刻度移液管(10、5、2 mL);硫酸锰溶液,碱性碘化钾溶液,浓硫酸,1%淀粉指示液,稀硫酸,硫代硫酸钠溶液。

氯化钙溶液:称取 27.5 g 化学纯无水氯化钙溶于蒸馏水中,稀释到 1000 mL。

三氯化铁溶液:称取 0.25 g 化学纯三氯化铁溶于蒸馏水中,稀释到 1000 mL。

硫酸镁溶液:称取 22.5 g 化学纯硫酸镁溶于蒸馏水中,稀释到 1000 mL。

磷酸盐缓冲溶液:称取 8.5 g 化学纯磷酸二氢钾、21.75 g 化学纯磷酸氢二钾、33.4 g 化学纯磷酸氢二钠和 1.7 g 化学纯氯化铵,溶于 500 mL 蒸馏水中,稀释到 1000 mL,此缓冲溶液的 pH 为 7.2。

【操作步骤】

1. 稀释水的配制　使蒸馏水的溶解氧成为 20℃时的饱和溶解氧,在这含饱和溶解氧蒸馏水中，每 1000 mL 加入上述 4 种溶液（氯化钙溶液、三氯化铁溶液、硫酸镁溶液、磷酸盐溶液）各 1 mL。

2. 测定 COD 值　测定污水 COD_{Mn} 值或 COD_{Cr} 值。

3. BOD_5 培养液配制　依据测得的 COD 值计算出 BOD_5 培养液稀释的倍数，一般同时做 3～4 种稀释倍数。先用虹吸将 1/3 的稀释水引入 1000 mL 量筒中，再用移液管吸取所需水样加入量筒中，最后用稀释水稀释到所需体积，小心混匀。

4. 虹吸法分装　将此配好的水样用虹吸法引入 2 个培养瓶中，至完全充满，盖好盖子，水封。此为第一种稀释倍数的培养液（整个操作过程应避免产生气泡）。

5. 其他稀释度　其余几种稀释倍数的培养液亦可按上述操作方法稀释与分装。

6. 空白对照培养　用培养瓶分装两瓶稀释水作空白对照培养。

7. 培养前测定　检查瓶子的编号，每档稀释倍数中取一瓶及一瓶空白液，分别测定其当天的溶解氧，即未培养前各培养瓶内的溶氧值。

8. BOD_5 培养　将各培养瓶用水密封，然后送入 20℃培养箱中静止培养 5 d。

9. 5 d 培养后测定　从开始培养起，5 个整昼夜后取出测定各培养瓶内溶解氧。

【实验报告】

1. 实验结果　计算 BOD_5 值的方法有几种，现以水质法的计算为例简介如下：

$$BOD_5(O_2, mL/L)=\frac{[(D_1-D_2)-(B_1-B_2)]f_1}{f_2}$$

式中：D_1——水样培养液在培养前的溶解氧(mg/L)；

D_2——水样培养液在培养后的溶解氧(mg/L)；

B_1——稀释水在培养前的溶解氧(mg/L)；

B_2——稀释水在培养后的溶解氧(mg/L)；

f_1——稀释水在水样培养液中所占的比例；

f_2——水样在水样培养液中所占的比例。

2. 思考题

(1) 微生物在 BOD_5 值测定中的主要作用是什么?

(2) 在 BOD_5 值测定中应注意哪些方面? 为什么?

(3) 适宜于 BOD_5 测定的样品培养液中的含氧量应控制在什么范围? 如何对测试样品进行预测与稀释?

【注意事项】

1. 严格控制生化培养的温度和时间。及时测定溶解氧，一般规定要在取水样后立即测定溶解氧，取样与测定的时间间隔不要太长，以不超过 4 h 为宜。

2. 培养瓶中要充满水样，不能留有空气气泡，残留空气泡中的氧也会影响分析结果，常使测定值偏高。

（蔡信之）

实验 3-16　微生物传感器法测定 BOD 值

【目的要求】

1. 了解用微生物传感器测定 BOD 值的工作原理。

2. 学会使用微生物传感器测定 BOD 值的操作流程与方法。

【基本原理】

微生物传感器测定仪(BOD 仪)的结构包括微生物传感器、放大器和记录仪三部分。主体构件传感器是由固定化微生物活细胞(对广泛底物具有外源呼吸的假单胞杆菌 A4 菌株)的功能膜和氧电极组成。其工作原理是:当待测水样中存在可生物氧化的有机物时,原处于内源状态的微生物即进行外源呼吸,由于耗氧使生物膜周围的氧分压下降,改变氧电极输出电流的强度。电流强度随 BOD 浓度的增加而降低,在一定范围内呈线性关系,因此通过传感器输出的电流值可以测定待检样品的 BOD 浓度。因其操作简便,重现性好,灵敏快速,对废水监测和处理有指导作用。

【实验器材】

微生物传感器 MS-1 BOD 测定仪;微量进样器 10、50、100、500 μL 各 1 支。

BOD 标准溶液　配制 10 倍浓度 GGA 溶液,每 100 mL 标准溶液内含 150 mg 葡萄糖和 150 mg 谷氨酸,其 BOD_5 =(2000±37 mg/L),可在 4℃存放 1 周。

磷酸盐缓冲液　0.1 mol/L 磷酸缓冲液,每 1000 mL 缓冲液内含 $Na_2HPO_4 \cdot 12H_2O$ 35.82 g 和 $NaH_2PO_4 \cdot 2H_2O$ 16.605 g,pH7.2。将其贮存和分装于液体定量分装瓶。

【操作步骤】

1. 仪器调整

(1) 通电预热　按仪器使用说明操作。接通电源后,预热 20 min 保持恒速搅拌,水浴温度控制在(29±0.5)℃。

(2) 校正零点　将测氧仪校正到机械零点。

(3) 微调满度　转动测氧仪灵敏度旋钮,并结合调节灵敏度微调,使传感器输入信号达到满度[即仪器指针指到 200 mmHg(1 mmHg=133.322 Pa)或 21%处]。

(4) 稳定进样　观察 2 min,待指针无漂移或记录仪绘制的基线呈平直时,即可用微量进样器加样进行测定。

2. 标准曲线的绘制

(1) 加标准溶液　用微量进样器向盛有 5 mL 磷酸盐缓冲溶液的测量杯中分别加入 2.5、25、50 和 75 μL GGA 标准溶液,其 BOD 终浓度分别为 1、10、20 和 30 mg/L。

(2) 记录读数　记下从加样至指针重新稳定所下降的读数(mmHg)和经过的时间(min),稳定的判断以指针在 2 min 内不再摆动或记录仪绘出的线重新平直为准。

(3) 绘制标准曲线　在坐标纸上绘制标准曲线,纵坐标为读数下降值,横坐标为 BOD_M(即用微生物传感器测得 GGA 溶液的 BOD 值)。

3. 废水样品的测定

(1) 样品预保温　将样品盛于小玻璃杯内 28℃预保温 5 min。

(2) 进样或稀释进样　用微量进样器取 100 μL 废水样品加入测量杯。若废水浓度过高(BOD>200 mg/L),需先适当稀释后测定;若废水浓度太低(BOD<10 mg/L),可增大加样量,但不宜超过 500 μL(即不超过测量液总体积的 10%)。

(3) 测量与记录　仪器指针重新稳定后记下读数。从标准曲线中查出相应 BOD_C 值。

【实验报告】

1. 实验结果　按下式计算样品的 BOD_M 值。

$$BOD_M(mg/L)=BOD_C/加样体积(缓冲液体积+样品体积)$$

2. 思考题

(1) 微生物传感器(BOD 仪)测定污水有机物含量的原理是什么?

(2) 要维持微生物传感器的正常生理状态需如何护理?为什么?

(3) 微生物传感器测定中要注意些什么?

【注意事项】

1. 微生物传感器属于生物制品,使用时应严格控制实验条件,不宜在高温、高盐、强酸、强碱等极端环境条件下使用。

2. 在无正式测定期间,每日亦需用含有机质的水溶液使生物膜"活化"一次(常为 10 min),使工作菌株生物膜能保持正常的生理活性状态。

3. 如同其他电极一样,微生物传感器在临用前需经过标定。标定可用 GGA 溶液(BOD=100 mg/L)进行,废水测定数据应按当天标定值计算。

(蔡信之)

实验 3-17　极端嗜盐菌甘油二醚类衍生物的测定

【目的要求】

1. 掌握极端嗜盐菌甘油二醚类衍生物的提取方法。

2. 用薄层层析法测定极端嗜盐菌的甘油二醚类衍生物,快速鉴别极端嗜盐菌。

【基本原理】

极端嗜盐菌对 NaCl 有特殊的适应能力,其细胞膜中含有甘油二醚类衍生物。

真细菌中也有少数种类具有耐盐特点,如盐单胞菌属(*Halomonas*)等,它们的细胞膜中均不含甘油二醚类衍生物,却含有非羟基化的脂肪酸甲酯(其他不耐盐的真细菌也有这种特点)。根据这一特点,用薄层层析法测定极端嗜盐菌菌体提取液中的甘油二醚类衍生物,可提高分离和鉴别极端嗜盐菌(古细菌)的效率。

【实验器材】

盐杆菌(*Halobacterium* sp.),盐生盐杆菌(*Halobacterium halobium* R1),盐单胞菌(*Halomonas* sp.),节杆菌(*Arthrobacter* sp.);CM 培养基、肉汤蛋白胨培养基(附录二);甲醇,甲苯,浓 H_2SO_4,己烷,无水乙醇,石油醚(沸点 60~80℃),乙醚,丙酮,磷钼酸,硅胶

G;玻璃板,带磨口玻璃塞的刻度试管,三角瓶,培养皿,烧杯,微量进样器,电吹风,小喷雾器,层析缸,恒温水浴槽,烘箱等。

【操作步骤】

1. 极端嗜盐菌及耐盐细菌的培养和菌体收集　取 3 mL 盐杆菌悬液,接种于有 60 mLCM 培养基的三角瓶中(每种菌接 4～5 瓶),置于 37℃旋转式摇床上,光照条件下振荡培养 5～6 d(180 r/min)。再将上述培养液离心 10 min(4000 r/min),弃去上清液,将菌体放入小培养皿(直径 6 cm)中,于 50℃烘箱中烘干菌体(也可用冷冻干燥法干燥),最后将菌体置于研钵中磨碎,备用。盐单胞菌用含 8% NaCl 的 CM 培养液,节杆菌接种肉汤培养基,30℃振荡培养 2 d,不必光照。其余步骤同上。

2. 极端嗜盐菌甘油二醚类衍生物的提取

(1) 菌体水解　先将各实验菌干菌体 100 mg 分别置于一含有磨口玻璃塞的刻度试管(10 mL)中,再在此试管中加入 3 mL 甲醇、3 mL 甲苯及 0.1 mL 的浓 H_2SO_4,充分混匀,置于 50℃恒温水浴槽中,水解 15～18 h,期间适当振摇数次。

(2) 甘油二醚类衍生物的提取　在上述每支菌体水解完毕的试管中,加入 1.5 mL 己烷,剧烈摇荡 2～3 min,静置 15～20 min 至水解液明显分层(甘油二醚类衍生物或脂肪酸甲酯在上层液中)。

3. 极端嗜盐菌甘油二醚类衍生物的薄层层析

(1) 层析板的制备　称取 1.7 g 硅胶 G,置于小烧杯中,加 4.3 mL 水,充分调匀成糊状,迅速铺展于一干净的玻璃板(10 cm×10 cm)上,保持水平,待干后于 110℃烘箱内活化 1 h,然后将此板置于干燥器内备用(需制备数块板备用)。

(2) 点样　用微量进样器吸取各试验菌的提取液 20～40 μL,分别逐次滴加在层析板的点样位置上(起始点离层析板下缘约 1.5 cm)。每次滴加后可用电吹风吹干。

(3) 层析和显色

① 含有一种甘油二醚类衍生物样品液分析

a. 层析　将点样完的层析板放入溶剂系统为石油醚：乙醚＝85：15(V/V)的层析缸中(层析板略倾斜,溶剂液面应在点样位置的下方),待溶剂前沿接近层析板上端边缘时取出层析板,自然风干。

b. 显色　将 10%的磷钼酸溶液(用无水乙醇配制)加到一小喷雾器中,然后将此液均匀地喷洒在上述层析板上,再将此层析板置于 150℃烘箱中,保持 15 min。可见极端嗜盐菌(古生菌)的样品提取液在 R_F 值约为 0.2 处有一黑色斑点,即为甘油二醚类衍生物;而盐单胞菌和节杆菌(包括其他一些真细菌)的样品提取液在 R_F 值大于 0.6 处有一黑色斑点,此为非羟基化脂肪酸甲酯。

② 含有两种甘油二醚类衍生物样品液分析

a. 层析　将点样完毕的层析板置于一含有石油醚：丙酮＝95：5(V/V)的层析缸中,待溶剂展开至接近层析板上端边缘时取出,自然风干。再用甲苯：丙酮＝97：3(V/V)的溶剂系统,以同一方向再次展开,并自然风干。

b. 显色　方法同上。显色结果:同一样品液经层析可呈现 2 个间隔距离很小的黑色斑点,表明该样品液具有两种甘油二醚类衍生物。

【实验报告】

1. 实验结果

(1) 观察各试验菌种提取液的薄层层析结果，计算各试验菌种样品的 R_F 值，并绘制各试验菌种样品液的薄板层析结果图。

(2) 根据试验菌提取液的薄层层析结果，鉴别试验菌中的极端嗜盐菌（古生菌）。

2. 思考题 设计本实验的主要依据是什么？

【注意事项】

1. 甘油二醚类衍生物薄层层析，一般先用上述方法①进行，当层析板上的斑点呈现伸长时，表明该样品中可能有两种甘油二醚类衍生物，再用上述方法②分析。

2. 甘油二醚类衍生物除了采用薄层层析法检测外，也可用红外光谱法鉴别。甘油二醚类衍生物具有以下特点：

(1) 在下述波长及附近有强吸光带：①2960、2940、2880 和 1460 cm^{-1}（长链基团吸收带）；②3400 cm^{-1}，宽的（羟基吸收带）；③1120 cm^{-1}［醚键（C—O—C）吸收带］。

(2) 在 1730～1750 cm^{-1} 范围内无酯的吸收带。

(3) 在 1365～1380 cm^{-1} 范围内具有双重峰（异丙基团吸收带）。

3. 某些非嗜盐的真细菌可能含有羟基化的脂肪酸甲酯（其 R_F 值约 0.2），可用异羟肟酸盐/$FeCl_3$ 酯喷雾剂加以鉴别。

（蔡信之）

实验 3-18 细菌 DNA 中(G+C)mol%值的测定

【目的要求】

1. 掌握用氯仿苯酚混合液提取细菌 DNA 的方法。

2. 用紫外分光光度计测定细菌 DNA 的热变性温度 T_m，计算其 DNA(G+C)mol%。

【基本原理】

细菌 DNA 的碱基对排列顺序、数量或比例不受菌龄及突变因数之外的生长条件等外界因数的影响。不同细菌 DNA 中(G+C)mol%值的变化较大。在细菌的分类鉴定中，它已作为常规的鉴定指标之一。

细菌 DNA(G+C)mol%的分析方法较多，除化学方法测定外，还有 DNA 的热变性温度(T_m)、浮力密度梯度离心及高压液相色谱等物理方法。本实验采用紫外分光光度计测定细菌 DNA 的热变性温度(T_m)及计算其(G+C)mol%的方法。此法是目前用得较多、且简便、快速和重复性好的一种方法。将 DNA 溶于一定的溶液中，经加热变性使其解链成单链，导致它们对紫外线吸光度逐步增加，如继续升温便达到一定值。这种吸光度增大的性质称为增色性。T_m 值就是其增色效应一半时的温度。由于 DNA 的 GC 碱基对之间有 3 个氢键，AT 碱基之间只有 2 个氢键，因此具有 3 个氢键的 GC 碱基对结合得较牢固，在热变性中打开 GC 碱基对之间 3 个氢键所需的温度也较高，所以 DNA 中(G+

C)mol%越高，其 T_m 值也越高。其关系如下：$T_m=69.3+0.41\times(G+C)mol\%$

【实验器材】

盐杆菌(*Halobacterium* sp.)，枯草芽孢杆菌(*Bacillus subtilis* A. S. 1. 88)；CM 培养基、肉汤蛋白胨琼脂培养基(附录二)；SE 溶液(附录一)，SDS(十二烷基磺酸钠)或 SLS(十二烷基硫酸钠)，溶菌酶，2.5 mol/L Tris 溶液，水饱和酚，氯仿-异戊醇(体积比 24∶1)，95%乙醇，1SSC(NaCl-柠檬酸钠溶液)：0.15 mol/L NaCl-0.015 mol/L 柠檬酸钠，pH7.0±0.2。浓缩 10 倍称 10SSC，稀释 10 倍称 0.1SSC。RNA 酶：先将 RNA 酶溶于 0.15 mol/L NaCl(pH5.0)中，2.0 mg/mL，再将其在沸水中处理 10 min，以灭活样品中可能污染的 DNA 酶。生理盐水。

752C 型紫外可见分光光度计(比色槽装有电加热器)，精密型拨盘设定恒温器，比色杯(带磨口玻璃塞的石英比色杯，一半导体 PN 结温度传感器可通过比色杯上小孔直接插到杯内样品上部，不影响光路即可；在样品加热中，随时可读出样品的温度，此杯在使用前先用乙醇浸泡，再用蒸馏水清洗，烘干或用待测溶液冲洗后使用)，高速冷冻离心机，恒温水浴槽，克氏瓶，离心管，移液管，试管，滴管，玻棒，量筒，接种环，具磨口玻璃塞的三角瓶。

【操作步骤】

1. DNA 的制备

(1) 细菌培养及菌体收集

① 取盐杆菌悬液 3 mL，接种于一装有 60 mLCM 培养液的三角瓶中(每个菌种接种 5～6 瓶)，将三角瓶置于 37℃旋转式摇床上振荡培养 5～6 d(180 r/min)，提供光照条件。再将上述培养液离心 10 min(4000 r/min)，弃去上清夜，最后收集湿菌体 2～3 g，并悬浮于有 40～50 mL 的 SE 溶液的离心管中。

② 取枯草杆菌悬液 2 mL，接种于一克氏瓶中的肉汤琼脂培养平板(接 3 瓶)，于 30℃培养 15 h。用生理盐水洗下菌体，离心 10 min(4000 r/min)，再用 50 mL SE 溶液洗涤 1～2次，最后收集湿菌体 2～3 g，同样悬浮于有 40～50mL SE 溶液的离心管中。

(2) 细菌 DNA 提取　提取细菌 DNA 的方法较多，本实验采用目前较常用、简便、脱蛋白质效果好及所提取的 DNA 纯度较高的氯仿-苯酚混合提取法。具体步骤如下：

① 在悬有 2～3g 湿菌体的 40～50 mLSE 溶液中，加溶菌酶 10 mg，置于 37℃水浴中保温 30～60 min，期间用玻棒搅拌数次。加 0.5～0.75 gSDS(或 SLS)，60℃水浴保温 10 min，期间用玻棒搅拌数次，若黏度太高，可适当补加 SE 溶液。

注：盐杆菌等 G^- 菌的 DNA 提取中，可略去加溶酶菌处理这一步骤。

② 菌体溶解后冷至室温，转移到一磨口三角瓶中，加等体积的水饱和酚和 1/2 体积氯仿-异戊醇(24∶1)振摇 5 min，离心(9000 r/min，4℃)10 min，取水层。

③ 加等体积氯仿-异戊醇，振摇 5 min，离心(9000 r/min，4℃)10 min。重复操作 1 次。取水层。

④ 加 Rnase(50～100 μg/mL)，置于 37℃水浴中保温 30～60 min。

⑤ 加等体积氯仿-异戊醇，振摇 5 min，离心(9000 r/min，4℃)10 min。重复操作 1～2 次。取水层。

⑥ 加 2 倍体积预冷的 95%乙醇，用玻棒卷出 DNA。在 DNA 中加适量 1SSC 或 0.1SSC。低温保存备用。

(3) 细菌 DNA 纯度分析　将各试验菌的 DNA 样品作适当稀释后，用 752 紫外可见分光光度计分别测试 A_{230}、A_{260} 和 A_{280} 波长时的吸光度。若比值符合 $A_{230}:A_{260}:A_{280}=1:0.450:0.515$ 的比例关系，则可作为测试 T_m 值的样品。

2. DNA 的 T_m 值测定及(G+C)mol%计算

(1) 细菌 DNA 的 T_m 值测定　用 1 SSC 或 0.1SSC 溶液适当稀释各试验菌的 DNA 样品，使溶液的吸光度(A_{260})为 0.2～0.4，充分混匀，除去絮凝物备用。

将一样品液加到带塞的石英比色杯内，慢慢加热。从 25℃开始记录 A_{260} 处的吸光度，迅速升温到 50℃左右，如杯内有气泡，轻轻敲其壁除去。继续加热至热变性前 3～5℃，停止加热 5 min。待杯内温度不再上升后再慢慢加热，一度一度地升温(每升高 1℃约 1 min)直至不再呈现增色性，表明 DNA 变性已完全。记录每个温度下溶液的吸光度。

(2) 细菌 DNA T_m 值的计算　由于样品液升温后体积膨胀，因此必须将各温度下的溶液吸光度校正为 25℃的数值，用校正值除以 25℃的吸光度，得出各温度下的相对吸光度。表 3-18.1 和表 3-18.2 是枯草杆菌 A.S.1.88 和东石盐杆菌 DNA 的热变性测定值。

表 3-18.1　枯草芽孢杆菌 A.S.1.88 DNA 的热变性测定值

温度/℃	吸光度	校正膨胀体积后吸光度	相对吸光度
25	0.287	0.2870	1.0000
81	0.287	0.2946	1.0265
82	0.290	0.2979	1.0380
83	0.294	0.3022	1.0530
84	0.300	0.3086	1.0752
85	0.313	0.3222	1.1226
86	0.331	0.3409	1.1878
87	0.348	0.3587	1.2498
88	0.368	0.3796	1.3226
89	0.379	0.3912	1.3631
90	0.386	0.3987	1.3892
91	0.389	0.4021	1.4010
92	0.392	0.4054	1.4125
93	0.394	0.4078	1.4209
94	0.394	0.4081	1.4220

表 3-18.2　东石盐杆菌 DNA 的热变性测定值

温度/℃	吸光度	校正膨胀体积后吸光度	相对吸光度
25	0.270	0.2700	1.0000
86	0.270	0.2781	1.0300
90	0.285	0.2944	1.0904
95	0.331	0.3431	1.2707
98	0.373	0.3875	1.4352
99	0.375	0.3899	1.4441
100	0.375	0.3902	1.4452

表 3-18.3　25℃水对不同温度水的相对膨胀体积

温度/℃ T	相对体积 V_T/V_{25}	温度/℃ T	相对体积 V_T/V_{25}	温度/℃ T	相对体积 V_T/V_{25}
25	1.0000	74	1.0221	90	1.0329
50	1.0091	75	1.0228	91	1.0336
60	1.0141	76	1.0234	92	1.0343
61	1.0146	77	1.0240	93	1.0351
62	1.0152	78	1.0247	94	1.0358
63	1.0157	79	1.0253	95	1.0365
64	1.0162	80	1.0260	96	1.0373
65	1.0168	81	1.0266	97	1.0380
66	1.0174	82	1.0273	98	1.0388
67	1.0180	83	1.0280	99	1.0396
68	1.0185	84	1.0287	100	1.0404
69	1.0191	85	1.0293	101	1.0411
70	1.0197	86	1.0300	102	1.0419
71	1.0203	87	1.0308	103	1.0426
72	1.0209	88	1.0314	104	1.0433
73	1.0215	89	1.0321	105	1.0441

以温度为横坐标，相对吸光度为纵坐标，绘成热变性曲线，其线性部分的中点相对应的温度即为 T_m 值。图 3-18.1 为枯草杆菌和东石盐杆菌 DNA 的热变性曲线。

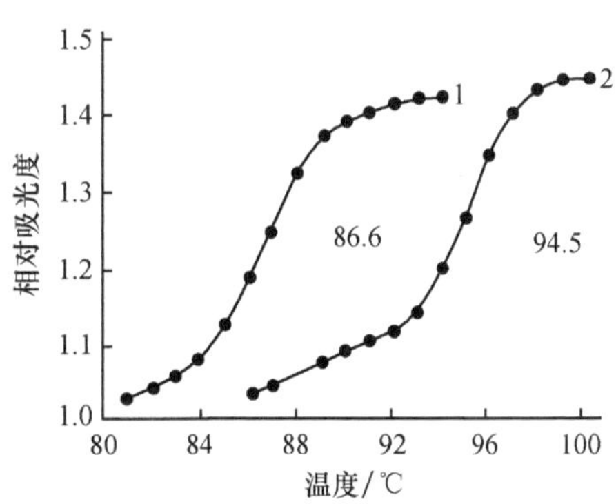

图 3-18.1　DNA 的热变性曲线

1. 枯草芽孢杆菌 A.S.1.188；2. 东石盐杆菌

(3) 细菌 DNA 的(G+C)mol%计算　在一定离子强度的盐类溶液中某种 DNA 的 T_m 值是一恒定值，并与(G+C)mol%成比例，因此可根据经验公式：

1SSC 条件下(G+C)mol%

$$=(T_m-69.3)\times 2.44 \quad (1)$$

0.1SSC 条件下(G+C)mol%

$$=(T_m-53.9)\times 2.44 \quad (2)$$

计算出 DNA 的(G+C)mol%。由于不同实验室使用的化学试剂、缓冲溶液、仪器等不同常会引起一定的实验误差。因此，各实验室应建立自己的 T_m 测定标准和参比菌株。常用的参比 DNA 是大肠埃希氏菌 K_{12} 菌株，其(G+C)mol%为 51.2%。在测定未知菌 T_m 值时，要同时测定参比菌株的 T_m 值，以便校正实验误差。本实验采用枯草芽孢杆菌 A.S.1.88 菌株为参比株[文献值：T_m 值为 86.6℃，(G+C)mol%为 42.2%]。若测定的枯草芽孢杆菌 A.S.1.88T_m 值在 86.2～87.0℃时，(即标准值的±0.4℃)，可用公式(1)、(2)。在其他数值情况下，则可使用经验公式(3)、(4)：

$$1\ \text{SSC 条件下(G+C)mol\%}=42.2+2.44(T_{m_2}-T_{m_1}) \quad (3)$$

$$0.1\text{SSC 条件下(G+C)mol\%}=42.2+2.08(T_{m_2}-T_{m_1}) \quad (4)$$

其中 T_{m_2} 和 T_{m_1} 分别为枯草杆菌 A. S. 1. 88 和未知菌的 T_m 值。如东石盐杆菌 DNA 的 T_{m_2} 值是 94.5，枯草杆菌 A. S. 1. 88 菌株 DNA 的 T_{m_1} 值是 86.6℃，所以用公式(1)计算该菌的(G+C)mol%，该菌 DNA 中(G+C)mol%＝(94.5－69.3)×2.44＝61.5(%)。

【实验报告】

1. 实验结果

(1) 按表 3-18.1 的记录方式认真记录和计算试验菌 DNA 的热变性测定值；按图 3-18.1表示方式绘制 DNA 的热变性曲线图，精确求得试验菌株的 T_m 值。

(2) 应用上述经验公式，准确地计算试验菌 DNA 的(G+C)mol%。

2. 思考题

(1) DNA 热变性温度(T_m)法测定(G+C)mol%的基本原理是什么？有何优点？

(2) 做好本实验应注意哪些要点？

【注意事项】

1. 提取的 DNA 最好当天使用，如提取中暂时中断，最好在去蛋白质时将未离心的混悬液置冰箱中。

2. 菌体量增多时所用试剂量也应增加。

3. 用带塞比色杯测定，当最终温度达 98℃时，杯内液体损失约 1.5%，由于多数损失出现在 T_m 值得到之后，所以在计算(G+C)mol%时可忽略不计。

4. G+C 含量的测定适合于 30%～75%的范围，过高或过低都会产生误差。对于(G+C)mol%值较高的 DNA(如该值为 75%时，其 T_m 值为 100℃)，必须把样品升温到 104℃才能完成 T_m 值的测定。但是，在这样的情况下比色杯塞子往往会发生位移，可用能使 T_m 值降低的溶液，如可将 DNA 溶于 0.1SSC 溶液中进行测定。同样(G+C)mol%也可按上述公式(2)、(4)计算(后者测定的 T_m 值可比前者降低约 16℃)。

5. 由于分析方法的误差，DNA 中(G+C)mol%值小于 2%的差别无意义。同一种的菌株间(G+C)mol%差值不大于 4%～5%，同一属内不同种间的(G+C)mol%值很少大于 10%～15%。差别达 20%～30%，可认为是不同属，甚至不同科的细菌。

6. 酚具有腐蚀性，可腐蚀皮肤，经皮肤吸收后对人体有毒，操作时须戴乳胶手套，以免损伤皮肤。

(蔡信之)

实验 3-19　食用菌菌种的分离与选育

【目的要求】

1. 掌握食用菌菌种的分离与选育的常用方法及其原理。

2. 获得一株性状比较优良的高产食用菌菌种。

【基本原理】

食用菌的孢子和组织块都能在适宜的培养基上萌发成菌丝体而获得纯菌种。因此，常用孢子分离法和组织分离法等方法分离食用菌菌种。

利用物理或化学等因素可使食用菌的 DNA 分子产生变异，可从突变体中筛选到性状提高的优良菌种。

【实验器材】

香菇、蘑菇、平菇、金针菇、木耳、银耳等常见食用菌；马铃薯葡萄糖培养基等培养基（见附录），栽培原料；75%乙醇，无菌水，亚硝酸，磷酸缓冲液；显微镜，紫外灯，磁力搅拌器，试管，三角瓶，培养皿，烧杯，移液管，菌种瓶，栽培袋，接种工具，灭菌锅，恒温培养箱，烘箱等。

【操作步骤】（简要提示）

1. 培养基配制
2. 食用菌菌体采集
3. 采用孢子分离法或组织分离法分离食用菌菌种
4. 出菇试验
5. 对孢子悬液诱变处理
6. 筛选、鉴定

【实验报告】

1. 实验结果

（1）研究论文，主要报告所用材料和方法、结果与讨论。

（2）获得食用菌的优良菌种。

2. 思考题　设计本实验的主要依据是什么？

【注意事项】

1. 采集样品要选用本地栽培时间长、产量高、品质好、抗性强的主要品种，并注意选用出菇早、菇形好、发育壮、无病虫，八、九分成熟的菇体。

2. 分离注意严格无菌操作。

3. 诱变处理的合理剂量要通过多次预备试验才能确定。一般采用杀菌率为 70%～75%的剂量。

4. 优良菌株的筛选一定通过显微镜检查、出菇试验、栽培试验、抗逆性试验、生化特性测定等，比较其产量、品质、抗性等性状。要求菌种纯度高、无异常、发育壮、生长快、菇形好、产量高、品质优、抗性强。

（蔡信之）

实验 3-20　嗜盐细菌的分离与鉴定

【目的要求】

1. 掌握嗜盐细菌分离与鉴定的方法及其原理。

2. 获得有价值的嗜盐细菌菌株。

【基本原理】

嗜盐细菌对氯化钠有特殊的适应能力，利用含较高氯化钠的牛肉膏蛋白胨等培养基可较方便地分离到嗜盐细菌。

真细菌中也有少数种类具有耐盐特点，如盐单胞菌属（*Halomonas*）等，它们的细胞膜中均不含甘油二醚类衍生物，却含有非羟基化的脂肪酸甲酯。根据这一特点，用薄层层析法测定极端嗜盐菌菌体提取液中的甘油二醚类衍生物，可提高分离和鉴别嗜盐细菌的效率。

根据形态结构、生理生化及培养、生态、遗传等方面的特征鉴定到种。

【实验器材】

培养基 Payne、富集培养基 Gibbons、修饰的肉汤蛋白胨培养基、牛奶—盐—琼脂培养基等；试管，三角瓶，培养皿，烧杯，吸管，恒温水浴槽，烘箱、培养箱、分光光度计、显微镜、测微尺等。

【操作步骤】（简要提示）

1. 培养基配制

2. 样品采集

3. 富集培养

4. 分离纯化

5. 形态观察

6. 特性测定

【实验报告】

1. 实验结果

（1）研究论文，主要报告所用材料和方法、结果与讨论。

（2）获得纯的嗜盐细菌菌株。

2. 思考题　设计本实验的主要依据是什么？

【注意事项】

1. 采集样品要选用盐田、盐库、盐湖等处的材料。

2. 注意严格无菌操作。

3. 纯化处理要经过多次才能完成。一般要检验形态结构、革兰氏染色、生理生化特性及培养特征等一致。

4. 菌种鉴定一定要根据形态结构、生理生化及培养、生态、遗传等多方面的特征鉴定到种。

（蔡信之）

主要参考文献

白毓谦，方番康等，1987. 微生物学实验技术. 济南：山东大学出版社

蔡信之，1996. 微生物学. 上海：上海科学技术出版社

蔡信之，黄君红，2002. 微生物学. 2版. 北京：高等教育出版社

杜连祥，路福平，2005. 微生物学实验技术. 北京：中国轻工业出版社

范秀容，李广武，沈萍，1989. 微生物学实验. 2版. 北京：高等教育出版社

黄秀梨，2008. 微生物学实验指导. 2版. 北京：高等教育出版社

钱存柔，黄仪秀，2006. 微生物学实验教程. 2版. 北京：北京大学出版社

沈萍，陈向东，2007. 微生物学实验. 4版. 北京：高等教育出版社

沈萍，范秀容，李广武，1999. 微生物学实验. 3版. 北京：高等教育出版社

宋大新，范长胜等，1993. 微生物学实验技术手册. 上海：复旦大学出版社

唐丽杰，2005. 微生物学实验. 哈尔滨：哈尔滨工业大学出版社

杨文博，2004. 微生物学实验. 北京：化学工业出版社

赵斌，何绍江，2002. 微生物学实验. 北京：科学出版社

周德庆，1986. 微生物学实验手册. 上海：上海科学技术出版社

周德庆，2006. 微生物学实验教程. 2版. 北京：高等教育出版社

Alexander S K, *et al*, 2004. Laboratory Exercises in Organismal and Molecular Microbiology. New York: McGraw-Hill Companies Inc

Atlas R M, *et al*, 1995. Laboratory Manual—Experimental Microbiology. Missouri: Mosby-year Book Inc

Benson H J, 1998. Microbiological Applications Laboratory Manual in General Microbiology. 7th ed. New York: McGraw-Hill Companies Inc

Madigan M T, *et al*, 2006. Brock's Biology of Microorganisms. 11th ed. New Jersey: Prentice Hall

Norrell S A, *et al*, 2003. Microbiology Laboratory Manual. 2nd ed. New Jersey: Pearson Education Inc

附　　录

附录一　染色液的配制

一、吕氏(Loeffler)碱性美蓝液

A 液:美蓝(methylene blue)	0.6 g	95%乙醇	30 mL
B 液:KOH	0.01 g	蒸馏水	100 mL

分别配制 A 液和 B 液,配好后混合即可。

二、齐氏(Ziehl)石炭酸复红液

A 液:碱性复红(basic fuchsin)	0.3 g	95%乙醇	10 mL
B 液:石炭酸	5.0 g	蒸馏水	95 mL

将碱性复红在研钵中研磨后逐渐加入 95%乙醇,继续研磨使其溶解,配成 A 液。

将石炭酸溶解于水中配成 B 液。

混合 A 液和 B 液即成。通常将此混合液稀释 5～10 倍使用,稀释液易变质失效,一次不宜多配。

三、革兰氏(Gram)染色液

1. 草酸铵结晶紫液

A 液:结晶紫(crystal violet)	2 g	95%乙醇	20 mL
B 液:草酸铵(ammonium oxalate)	0.8 g	蒸馏水	80 mL

混合 A、B 二液,静置 48 h 后使用。

2. 卢氏(Lugol)碘液

碘片	1.0 g	碘化钾	2.0 g
蒸馏水	300 mL		

先将碘化钾溶解在少量水中,再将碘片溶解在碘化钾溶液中,待碘全溶后加足水即成。

3. 95%乙醇溶液

4. 番红复染液

番红(safranine O)	2.5 g	95%乙醇	100 mL

取上述配好的番红乙醇溶液 10 mL 与 80 mL 蒸馏水混匀即成。

四、芽孢染色液

1. 孔雀绿液

孔雀绿(malachite green)	5 g	蒸馏水	100 mL

2. 番红水溶液

番红	0.5 g	蒸馏水	100 mL

五、荚膜染色液

1. 黑色素水溶液(或碳素绘图墨水)

黑色素(nigrosin)	5 g	蒸馏水	100 mL
福尔马林(40%甲醛)	0.5 mL		

将黑色素在蒸馏水中煮沸 5 min,然后加入福尔马林作防腐剂。

2. 1%甲基紫水溶液

3. 番红染色液(与革兰氏染色液中的番红染色液相同)

六、鞭毛染色液

A液:单宁酸	5 g	$FeCl_3$	1.5 g
蒸馏水	100 mL	福尔马林(15%)	2 mL
NaOH(1%)	1.0 mL		

4℃冰箱内保存使用多周,保存期延长会产生沉淀,过滤后仍可使用,只是色泽稍淡点。

B液:$AgNO_3$	2 g	蒸馏水	100mL

将硝酸银溶解,取出 10 mL 备用,向其余的 90 mL 硝酸银溶液滴加浓氨水,使之成为很浓的悬浮液,再继续滴加氨水,直到新形成的沉淀又重新刚刚溶解为止。再将备用的 10 mL 硝酸银慢慢滴入,则出现薄雾,但轻轻摇动后,薄雾状沉淀又消失,再滴加硝酸银溶液至摇动后仍呈现轻微而稳定的薄雾状沉淀为止。此染色剂在 4℃冰箱并避光隔、绝空气保存可用多周,如雾重则银盐沉淀出,不宜使用。

七、乳酸石炭酸棉蓝染色液

石炭酸	10 g	乳酸(比重 1.21)	10 mL
甘油	20 mL	蒸馏水	10 mL
棉蓝(cotton blue)	0.02 g		

将石炭酸加在蒸馏水中加热溶解,然后加入乳酸和甘油,最后加入棉蓝,使其溶解即成。

八、富尔根氏核染色液

1. 席夫氏(Schiff)试剂

将 1 g 碱性复红加入 200 mL 煮沸的蒸馏水中,振荡 5 min,冷至 50℃左右过滤,再加入 1 mol/LHCl 20 mL,摇匀。等冷至 25℃时,加偏重亚硫酸钠($Na_2S_2O_5$)3 g,摇匀后装在棕色瓶中,用黑纸包好,放在暗处过夜,此时试剂应为淡黄色(如为粉红色,则不能用),再加中性活性炭过滤,滤液振荡 1 min 后,再过滤,将此滤液置于冷暗处备用(注意:过滤需在避光条件下进行)。

在整个操作过程中所用的一切器皿都需十分清洁、干燥,以消除还原性物质。

2. Schandium 固定液

A 液:饱和升汞水溶液 50 mL 加 95%乙醇 25 mL 混合即得。

取 A 液 9 mL 加冰醋酸 1 mL,混匀后加热至 60℃。

3. 亚硫酸水溶液:10%偏重亚硫酸钠水溶液 5 mL、1 mol/L HCl 5 mL 加蒸馏水 100 mL 混合即得。

九、美蓝(Levowits weber)染液

在盛有 52 mL 95%乙醇和 44 mL 四氯乙烷的三角瓶中,慢慢加入 0.6 g 氯化美蓝,旋摇三角瓶,使其溶解。在 5~10℃下 12~24 h,再加 4 mL 冰醋酸。用优质滤纸过滤。贮存于清洁的密闭容器中。

十、液泡染色液

0.1%中性红溶液(用自来水配制)。

(蔡信之)

附录二 培养基的配制

一、牛肉膏蛋白胨培养基(培养细菌用)

牛肉膏	3 g	蛋白胨	10 g

NaCl	5 g	琼脂	15～20 g
水	1000 mL	pH	7.0～7.2

121℃灭菌 20 min。

二、淀粉琼脂培养基(高氏 1 号培养基,培养放线菌用)

可溶性淀粉	20 g	KNO_3	1 g
NaCl	0.5 g	$K_2HPO_4 \cdot 3H_2O$	0.5 g
$MgSO_4 \cdot 7H_2O$	0.5 g	$FeSO_4$	0.01 g
琼脂	15～20 g	水	1000 mL
pH	7.2～7.4		

配制时,先用少量冷水将淀粉调成糊状,倒入沸水中,用火加热,边搅拌边加入其他成分,溶化后补足水至 1000 mL,调 pH。121℃灭菌 20 min。

三、查氏(Czapek)培养基(培养霉菌用)

$NaNO_3$	2.0g	K_2HPO_4	1 g
KCl	0.5 g	$MgSO_4 \cdot 7H_2O$	0.5 g
$FeSO_4$	0.01 g	蔗糖	30 g
琼脂	15～20 g	水	1000 mL
pH	自然		

121℃灭菌 20 min。

四、马丁氏(Martin)琼脂培养基(分离真菌用)

葡萄糖	10 g	蛋白胨	5 g
KH_2PO_4	1 g	$MgSO_4 \cdot 7H_2O$	0.5 g
1/3000 孟加拉红(rose Bengal,玫瑰红水溶液)			100 mL
琼脂	15～20 g	蒸馏水	800 mL
pH	自然		

112.6℃灭菌 30 min。

临用前加入 0.03%链霉素稀释液 100 mL,使每毫升培养基中含链霉素 30 μg。

五、马铃薯葡萄糖培养基(简称 PDA 培养基,培养真菌用)

马铃薯	200 g	蔗糖(或葡萄糖)	20 g
琼脂	15～20 g	水	1000 mL
pH	自然		

马铃薯去皮,切成小块煮沸半小时,用纱布过滤,再加糖及琼脂,溶化后补足水至1000 mL。

121℃灭菌 20 min。

六、豆芽汁蔗糖(或葡萄糖)培养基

黄豆芽	100 g	蔗糖(或葡萄糖)	50 g
水	1000 mL	pH	自然

称新鲜黄豆芽 100 g 放入烧杯中,加水 1000 mL,煮沸半小时,用纱布过滤。补足水至 1000 mL,再加入蔗糖(或葡萄糖)50 g,煮沸溶化。121℃灭菌 20 min。

七、麦芽汁琼脂培养基

1. 取大麦和或小麦若干,用水洗净,浸泡 6～12 h ,置 15℃阴暗处发芽,复盖纱布,每天早、中、晚各淋水一次，麦根伸长至麦粒的两倍时停止发芽，摊开晒干或烘干，贮存备用。

2. 将干麦芽磨碎，1 份麦芽加 4 份水，在 65℃水浴中糖化 3～4 h，糖化程度可用碘液滴定之。

3. 将糖化液用 4～6 层纱布过滤，滤液如混浊不清，可用鸡蛋白澄清：将一个鸡蛋白加水约 20 mL，调匀至生泡沫为止，然后倒在糖化液中搅拌煮沸后再过滤。

4. 将滤液稀释到 5～6 波美度，pH 约 6.4，加入 2%琼脂即成。

121℃灭菌 20 min。

八、无氮培养基(自生固氮菌、钾细菌)

甘露醇(或葡萄糖)	10 g	KH_2PO_4	0.2 g
$MgSO_4 \cdot 7H_2O$	0.2 g	NaCl	0.2 g
$CaSO_4 2H_2O$	0.2 g	$CaCO_3$	5 g
蒸溜水	1000 mL	pH	7.0～7.2

113℃灭菌 30 min。

九、半固体肉膏蛋白胨培养基

肉膏蛋白胨液体培养基	100 mL	琼脂	0.35～0.4 g
pH	7.6		

121℃灭菌 20 min。

十、合成培养基

$(NH_4)_3PO_4$	1 g	KCl	0.2 g
$MgSO_4 \cdot 7H_2O$	0.2 g	豆芽汁	10 mL
琼脂	20 g	蒸馏水	1000 mL
pH	7.0		

加 12 mL 0.04%的溴甲酚紫(pH 5.2～6.8，颜色由黄变紫，作指示剂)。121℃灭菌 20 min。

十一、油脂培养基

蛋白胨	10 g	牛肉膏	5 g
NaCl	5 g	菜油或花生油	10 g
1.6%中性红水溶液	1 mL	琼脂	15～20 g
蒸溜水	1000 mL	pH	7.2

121℃灭菌 20 min。

注：不能使用变质油；油、琼脂、水先加热；pH 调好后再加入中性红；分装时需不断搅拌，使油脂均匀地分布于培养基中。

十二、淀粉培养基

蛋白胨	10 g	NaCl	5 g
牛肉膏	5 g	可溶性淀粉	2 g
蒸溜水	1000 mL	琼脂	15～20 g

121℃灭菌 20 min。

十三、蛋白胨水培养基

蛋白胨	10 g	NaCl	5 g
水	1000 mL	pH	7.6

121℃灭菌 20 min。

十四、糖发酵培养基

蛋白胨水培养基	1000 mL	1.6%溴甲酚紫乙醇溶液	1～2 mL
pH	7.6		

另配 20%糖溶液(葡萄糖、乳糖、蔗糖等)各 10 mL。

制法:

1. 将上述含指示剂的蛋白胨水培养基(pH7.6)分别装于试管中,在每管内放一倒置的小玻管。

2. 将已分装好的蛋白胨水和 20%糖液分别灭菌。前者 121℃,20 min,后者 113℃,30 min。

3. 灭菌后每管以无菌操作分别加入 20%无菌糖液 0.5 mL(按每 10 mL 培养基中加 20%糖液 0.5 mL,则成 1%的浓度)。

配制用的试管必须洗干净,避免结果混乱。倒置的小玻管内必须充满培养液。

十五、明胶培养基

牛肉膏蛋白胨液	100 mL	明胶	12～18 g
pH	7.2～7.4		

在水浴锅中将上述成分溶化,不断搅拌。溶化后调 pH7.2～7.4。112.6℃灭菌 30 min。

十六、H_2S 试验用培养基

蛋白胨	20 g	NaCl	5 g
柠檬酸铁铵	0.5 g	$Na_2S_2O_3 \cdot 5H_2O$	0.5 g
琼脂	8～12 g	蒸馏水	1000 mL
pH	7.2		

先将蛋白胨、琼脂溶化,冷至 60℃加入其他成分。分装试管。112.6℃灭菌 30 min,备用。

十七、葡萄糖蛋白胨水培养基

蛋白胨	5 g	葡萄糖	5 g
K_2HPO_4	2 g	蒸馏水	1000 mL

将上述各成分溶于 1000 mL 水中,调 pH 7.0～7.2,过滤。分装试管,每管 10 mL,113℃ 灭菌 30 min。

十八、柠檬酸盐培养基

$NH_4H_2PO_4$	1 g	K_2HPO_4	1 g
NaCl	5 g	$MgSO_4$	0.2 g
柠檬酸钠	2 g	琼脂	15～20 g
蒸馏水	1000 mL	1% 溴麝香草酚蓝乙醇液	10 mL

将上述各成分加热溶解后,调 pH 至 6.8,然后加入指示剂,摇匀,用脱脂棉过滤。制成后为黄绿色,分装试管。121℃灭菌 20 min 后制成斜面。

十九、醋酸铅培养基

pH7.4 的牛肉膏蛋白胨琼脂	100 mL	硫代硫酸钠	0.25 g
10% 醋酸铅水溶液	1 mL		

将牛肉膏蛋白胨琼脂培养基 100 mL 加热融化,待冷至 60℃时加入硫代硫酸钠 0.25 g,调 pH 至 7.2,分装于三角瓶中,115℃灭菌 15 min,取出后冷至 55～60℃,加入 10% 醋酸铅水溶液(无菌)1 mL,混匀后倒入灭菌试管或平皿中。

二十、玉米粉蔗糖培养基

玉米粉	60 g	KH_2PO_4	3 g
维生素 B_1	100 mg	蔗糖	10 g
$MgSO_4 \cdot 7H_2O$	1.5 g	水	1000 mL

121℃灭菌 30 min，维生素 B_1 单独灭菌 15 min 后另加。

二十一、酵母膏麦芽汁培养基

麦芽粉	3 g	酵母膏	0.1 g
水	1000 mL		

121℃灭菌 20 min。

二十二、玉米粉综合培养基

玉米粉	5 g	KH_2PO_4	0.3 g
酵母浸膏	0.3 g	葡萄糖	1 g
$MgSO_4 \cdot 7H_2O$	0.15 g	水	1000 mL

121℃灭菌 30 min。

二十三、复红亚硫酸钠培养基(远藤氏培养基)

蛋白胨	10 g	乳糖	10 g
K_2HPO_4	3.5 g	琼脂	20～30 g
蒸馏水	1000 mL	无水亚硫酸钠	5 g左右
5%碱性复红乙醇溶液	20 mL		

先将琼脂加入 900 mL 蒸馏水中，加热溶解，再加入磷酸氢二钾及蛋白胨，使之溶解，补足蒸馏水至 1000 mL，调 pH 至 7.2～7.4。加入乳糖混匀、溶解，115℃灭菌 20 min。称取亚硫酸钠置于一只无菌空试管中，加入无菌水少许使之溶解，再在水浴中煮沸 10 min，立即滴加于 20 mL 5%碱性复红乙醇溶液中，直至深红色褪成淡粉红色为止。将此亚硫酸钠与碱性复红的混合溶液全部加至上述已灭菌并保持液态的培养基中，充分混匀，倒平板，放于冰箱中备用。贮存时间不宜超过两周。

二十四、石蕊牛奶培养基

牛奶粉	100 g	石蕊	0.075 g
水	1000 mL	pH	6.8

121℃灭菌 15 min。

二十五、LB(Luria-Bertani)培养基

蛋白胨	10 g	酵母膏	5 g
NaCl	10 g	蒸馏水	1000 mL
pH	7.0		

121℃灭菌 20 min。

二十六、完全培养基(TYG 培养基)

胰蛋白胨	10 g	酵母浸膏	5 g
K_2HPO_4	3 g	葡萄糖	1 g
琼脂	15～20 g	蒸馏水	1000 mL
pH	7.0		

121.3℃灭菌 20 min。

二十七、完全培养基(CM 培养基)

蛋白胨	10.0 g	葡萄糖	10 g
酵母粉	5 g	牛肉膏	5 g
氯化钠	5 g	蒸馏水	1000 mL
pH	7.2		

121℃灭菌 20 min。

二十八、基本培养基(MM 培养基)

$(NH_4)_2SO_4$	1 g	K_2HPO_4	10.5 g
KH_2PO_4	4.5 g	柠檬酸钠	0.5 g
蒸馏水	1000 mL		

121℃灭菌 20 min。需要时灭菌后加入：

20%糖液	10 mL	1%维生素 B_1 液	0.5 mL
20% $MgSO_4 \cdot 7H_2O$	1 mL	50 mg/mL 链霉素	4 mL
10 mg/mL 氨基酸	4 mL	pH	自然～7.0

二十九、伊红美蓝培养基(EMB 培养基)

蛋白胨水琼脂培养基	100 mL	20%乳糖溶液	2 mL
2%伊红水溶液	2 mL	0.5%美蓝水溶液	1 mL

将已灭菌的蛋白胨水琼脂培养基(pH7.6)加热融化，冷却至 60℃左右时，再把已灭菌的乳糖溶液、伊红水溶液及美蓝水溶液按上述量以无菌操作加入。摇匀后立即倒平板。乳糖在高温灭菌时易被破坏，必须严格控制灭菌温度，115℃灭菌 20 min。

三十、乳糖蛋白胨培养液(“水的细菌学检查”用)

蛋白胨	10 g	牛肉膏	3 g
乳糖	5 g	NaCl	5 g
1.6%溴甲酚紫乙醇溶液	1 mL	蒸馏水	1000 mL

将牛肉膏、蛋白胨、乳糖及 NaCl 加热溶解于 1000 mL 蒸馏水中，调 pH 至 7.2～7.4。加入 1.6%溴甲酚紫乙醇溶液 1mL，充分混匀，分装于有小倒管的试管中。115℃灭菌 20 min。

三十一、庖肉培养基

1. 取已去肌膜、脂肪的牛肉 500 g，切成小方块，置于 1000 mL 蒸溜水中，以弱火煮 1 h，用纱布过滤，挤干肉汁，将肉汁保留备用。将肉渣用绞肉机绞碎或用刀切成细粒。

2. 将保留的肉汁加蒸馏水，使总体积达 2 000 mL，再加入蛋白胨 20 g，葡萄糖 2 g，氯化钠 5 g，及绞碎的肉渣，置于烧瓶中，摇匀，加热使蛋白胨溶化。

3. 取上层溶液测量 pH，并调整使其达 8.0，在烧瓶外壁用记号笔标明瓶内液体高度，121℃灭菌 15 min后补足水分，重新调 pH 8.0，再煮沸 10～20 min，补足水量后调 pH 至 7.4。

4. 将溶液和肉渣摇匀后分装于试管中，肉渣占培养基 1/4 左右。经 121℃灭菌 15 min 后备用。如当天不用，应以无菌操作加入无菌石蜡凡士林，以隔绝氧气。

三十二、硝酸盐还原试验培养基

蛋白胨	10 g	NaCl	5 g
KNO_3	2 g	蒸馏水	1000 mL
pH	7.4		

121℃灭菌 20 min。

三十三、硝化细菌培养基

KH_2PO_4	0.7 g	$CaCl_2 \cdot 2H_2O$	0.5 g
KNO_2	2 g	$MgSO_4 \cdot 7H_2O$	0.5 g
蒸馏水	1000 mL	pH(可用 5% Na_2CO_3 调节)8.0	

121℃灭菌 20 min。

三十四、耐酚细菌培养基

1. 斜面固体培养基:每支牛肉膏蛋白胨固体培养基加浓度为 6 g/L 的苯酚溶液 0.4 mL。

2. 液体培养基:在 500 mL 三角瓶中装 166.6 mL 牛肉膏蛋白胨培养液,用前加 6 g/L 苯酚溶液 5 mL。

三十五、乳酸菌培养基

蛋白胨	10 g	牛肉膏	10 g
葡萄糖	20 g	酵母膏	5 g
K_2HPO_4	2 g	醋酸钠	5 g
柠檬酸二铵	2 g	$MgSO_4 \cdot 7H_2O$	0.58 g
$MnSO_4 \cdot 4H_2O$	0.25 g	吐温 80	1.0 mL
蒸溜水	1000 mL	pH	6.2～6.6

121℃灭菌 20 min。

三十六、三倍浓缩的肉膏蛋白胨液体培养基

将肉膏蛋白胨培养基中成分各按三倍量配制,蒸溜水仍为 1000 mL。

（蔡信之）

附录三　常用试剂及溶液的配制

一、指示剂

(一) 甲基红指示剂(M.R. 试剂)

甲基红(Methyl red)	0.04 g	95%乙醇	60 mL
蒸馏水	40 mL		

先将甲基红溶于 95%乙醇中,然后加入蒸溜水即可。变色范围 pH 4.2～6.3,颜色由红变黄。

(二) 中性红试剂

中性红	0.04 g	95%乙醇	28 mL
蒸馏水	72 mL		

中性红变色范围 pH6.8～8.0,颜色由红变黄,常用浓度为 0.04%。

(三) 溴甲酚紫指示剂

溴甲酚紫	0.04 g	0.01mol/L NaOH	7.4 mL
蒸镏水	92.6 mL		

溴甲酚紫变色范围 pH5.2～6.8,颜色由黄变紫,常用浓度为 0.04%。

(四) 溴麝香草酚蓝指示剂

0.01 mol/L NaOH	6.4 mL	溴麝香草酚蓝	0.04 g

蒸馏水	93.6 mL		

溴麝香草酚蓝变色范围 pH 6.0～7.6，颜色由黄变蓝，常用浓度为0.04%。

（五）溴酚蓝指示剂

溴酚蓝	0.04 g	0.01 mol/L NaOH	7.4 mL
蒸馏水	92.6 mL		

溴甲酚紫变色范围 pH 3.0～4.6，颜色由黄变蓝，常用浓度为0.04%。

（六）溴甲酚绿指示剂

溴甲酚绿	0.04 g	0.01 mol/L NaOH	7.4 mL
蒸馏水	92.6 mL		

溴甲酚绿变色范围 pH3.8～5.4，颜色由黄变绿，常用浓度为0.04%。

（七）甲基橙指示剂

甲基橙	0.04 g	0.1 mol/L NaOH	1.2 mL
蒸馏水	98.8 mL		

甲基橙变色范围 pH3.1～4.4，颜色由红变橙黄，常用浓度为0.04%。

（八）酚酞指示剂

酚酞	0.1 g	60%乙醇	100 mL

酚酞变色范围 pH8.2～10.0，颜色由无色变红色，常用浓度为0.1%。

二、实验用试剂

（一）V. P. 试剂（乙酰甲基甲醇试剂）

A 液：5%α-萘酚无水乙醇溶液

α-萘酚	5.0 g	无水乙醇	100 mL

B 液：40%KOH 溶液

KOH	40.0 g	蒸馏水	100 mL

（二）吲哚试剂

对二甲基氨基苯甲醛	2.0 g	95%乙醇	190 mL
浓盐酸	40 mL		

（三）格里斯氏试剂（亚硝酸盐试剂）

A 液：对氨基苯磺酸	0.5 g	稀乙酸（10%左右）	150 mL
B 液：α-萘胺	0.1 g	蒸馏水	20 mL
稀醋酸（10%）	150 mL		

A 液、B 液配制后分别保存于棕色瓶中。

（四）二苯胺试剂（硝酸盐试剂）

先将二苯胺 0.5 g 溶于 100 mL 浓硫酸中，再将此液倒入 20 mL 蒸溜水中，保存在棕色瓶中。

在培养液中滴加格里斯氏试剂 A、B 液后，溶液如变为粉红色、玫瑰红色、橙色或棕色等表示有亚硝酸盐存在，硝酸盐还原反应为阳性。如无红色出现则可加 1～2 滴二苯胺试剂，如溶液呈蓝色则表示培养液中仍有硝酸盐存在，证明该菌无硝酸盐还原作用；如溶液不呈蓝色，则表示形成的亚硝酸盐已进一步还原成其他物质，故硝酸盐还原仍为阳性。

（五）萘氏（Nessler）试剂（氨试剂）

A 液：

碘化钾	10.0 g	蒸溜水	100 mL
碘化汞	20.0 g		

B液：

氢氧化钾	20.0 g	蒸馏水	100 mL

将10.0 g碘化钾溶于50 mL蒸溜水中，在此液中加碘化汞颗粒，待溶解后，再加入KOH、补足蒸馏水，然后再将澄清的液体倒入棕色瓶中贮存。

三、实验用溶液

(一) 3%盐酸乙醇溶液

浓盐酸	3 mL	95%乙醇	97 mL

(二) 1%NaOH乙醇溶液(碱性乙醇溶液)

称取氢氧化钠10 g，先用少许水溶解后，再用95%乙醇稀释至1000 mL。

(三) 1% 离子琼脂

琼脂粉	1 g	巴比妥缓冲液	50 mL
蒸馏水	50 mL	1%硫柳汞	1滴

称取琼脂粉1 g先加到50 mL蒸馏水中，于沸水浴中加热溶解，然后加入50 mL巴比妥缓冲液，再加入1滴1%硫柳汞溶液防腐，分装试管，放于冰箱中备用。

(四) 2%伊红溶液

称取2.0 g伊红Y，加蒸馏水100 mL，121℃灭菌20 min。使用时将2 mL 2%伊红溶液以无菌操作加入100 mL无菌肉膏蛋白胨培养基中，摇匀即可。

(五) 0.5%美蓝溶液

称取0.5 g美蓝，加蒸馏水100 mL，121℃灭菌20 min。使用时将1 mL 0.5%美蓝溶液以无菌操作加入100 mL无菌肉膏蛋白胨培养基中，摇匀即可。

(六) 0.1%孟加拉红溶液

称取0.1 g孟加拉红，加蒸馏水100 mL。使用时将0.33 mL 0.1%孟加拉红溶液加入100 mL马丁培养基中，摇匀灭菌。

(七) 2%去氧胆酸钠溶液

称取2.0 g去氧胆酸钠，加蒸馏水100 mL，121℃灭菌20 min。使用时将2 mL 2%去氧胆酸钠溶液以无菌操作加入100 mL无菌马丁培养基中，摇匀即可。

(八) 亚硝基胍溶液(50 μg/mL、250 μg/mL和500 μg/mL)

称取50 μg、250 μg和500 μg亚硝基胍分别放在三支无菌离心管中，各加入0.05 mL甲酰胺助溶，再各加入0.2 mol/L pH 6.0磷酸缓冲液1 mL，摇匀使亚硝基胍完全溶解。用黑纸包好，30℃水浴保温备用(临用前现配)。

采用亚硝基胍诱变处理时终浓度为100 μg/mL，诱变处理时向此亚硝基胍母液中加入4 mL对数期培养物即可。亚硝基胍为超诱变剂和“三致物质”，称量药品时需戴手套、口罩，称量纸用后焚烧，用安装橡皮头的移液管取样，沾染亚硝基胍的移液管、离心管、三角瓶等玻璃器皿用后需浸泡于0.5 mol/L硫代硫酸钠溶液中，置通风处过夜，然后用水充分洗净。

(九) 黄曲霉毒素B_1溶液(5 μg/mL和50 μg/mL)

称取50 μg和500 μg黄曲霉毒素B_1分别用少量0.2 mol/L NaOH溶液溶解，再分别用蒸馏水定容至10.0 mL。黄曲霉毒素B_1可诱发肝癌，操作时需严格按配制亚硝基胍溶液的要求进行。

(十) 5%碳酸氢钠溶液

称取碳酸氢钠5 g，溶于100 mL蒸馏水中。

(十一) Mg-K盐溶液

称取氯化镁8.1 g、氯化钾12.3 g，加蒸馏水溶解，定容至100 mL，121℃灭菌20 min。

（十二）NADP（辅酶Ⅱ）和G-6-P（葡萄糖-6-磷酸钠盐）使用液

称取辅酶Ⅱ 297 mg和葡萄糖-6-磷酸钠盐152 mg，加入0.2 mol/L pH7.4磷酸缓冲液50 mL，Mg-K盐溶液2 mL，加无菌蒸馏水定容至100 mL，用滤膜滤菌器过滤除菌，检查无菌后分装于小瓶，每瓶10.0 mL，－20℃冰箱贮存。

（十三）0.5mol/L硫代硫酸钠溶液

称取124 g硫代硫酸钠溶于去离子水中，定容至1000 mL，贮于棕色瓶中备用。

（十四）0.2 mol/L磷酸缓冲液

0.2 mol/L磷酸氢二钠：称取35.61 g $Na_2HPO_4 \cdot 2H_2O$溶解于蒸馏水中，定容至1000 mL。

0.2 mol/L磷酸二氢钠：称取27.6 g $NaH_2PO_4 \cdot H_2O$溶解于蒸馏水中，定容至1000 mL。

0.2 mol/L磷酸缓冲液

pH	0.2 mol/L Na_2HPO_4/mL	0.2 mol/L NaH_2PO_4/mL
5.8	8.0	92.0
6.0	12.3	87.7
7.4	81.0	19.0

（十五）0.85%生理盐水

称取氯化钠0.85 g，加蒸馏水溶解，定容至100 mL，121℃灭菌20 min。

（十六）无菌液体石蜡

取医用液体石蜡油装入三角瓶中，装量不超过三角瓶容积的1/4，塞上棉塞，外包扎牛皮纸，121℃灭菌30 min，连续灭两次，再置于105～110℃干燥箱中烘烤2 h或在40℃温箱中放置2周，除去其中的水分，经无菌检查后备用。

（十七）无菌甘油

取甘油装入三角瓶中，装量不超过三角瓶容积的1/4，塞上棉塞，外包扎牛皮纸，121℃灭菌30 min，再在40℃温箱中放置2周，除去其中的水分，经无菌检查后备用。

（十八）质粒制备、转化和染色体DNA提取的溶液配制

1. 溶液Ⅰ

葡萄糖	50 mmol/L	Tris-HCl(pH8.0)	25 mmol/L
EDTA	10 mmol/L		

取葡萄糖（$C_6H_{12}O_6 \cdot H_2O$）1.982 g，双蒸去离子水160 mL，0.5 mol EDTA 4 mL，1 mol Tris-Cl(pH 8.0)5 mL，用双蒸去离子水定容至200 mL，121℃灭菌15 min，4℃贮存。

2. 溶液Ⅱ（新鲜配制）

NaOH	0.2 mol/L	SDS	1%

取10 mol/L NaOH 2 mL，双蒸去离子水80 mL，10% SDS 10 mL，用双蒸去离子水定容至100 mL。

3. 溶液Ⅲ（100 mL，pH4.8）

5 mol/L KAc	60 mL	冰醋酸	11.5 mL
dd H_2O	28.5 mL		

配制好的溶液Ⅲ含3 mol/L钾盐，50 mol/L醋酸。

4. 溶液Ⅳ

酚：氯仿：异戊醇＝25：24：1

5. TE缓冲液

Tris-HCl(pH8.0)	10 mmol/L	EDTA(pH8.0)	1 mmol/L

121℃灭菌15 min，4℃贮存。

6. TAE 电泳缓冲液(50 倍浓贮存液 100 mL)

Tris 碱	242 g	冰醋酸	57.1 mL
0.5 mol/LEDTA(pH8.0)	100 mL		

使用时用双蒸馏水稀释 50 倍。

7. 凝胶加样缓冲液 100 mL

溴酚蓝	0.25 g	蔗糖	40 g

8. 1 mg/mL 溴化乙锭(ethidium bromide,简称 EB)

溴化乙锭	100 mg	双蒸馏水	100 mL

溴化乙锭是强诱变剂,配制时要带手套,由教师配制好,贮于棕色试剂瓶中,避光,4℃贮存。

9. 5 mol/LNaCl

在 800 mL 水中溶解 292.2 g NaCl,加水定溶到 1 L,分装后高压蒸汽灭菌。

10. CTAB/NaCl

溶解 4.1 g NaCl 于 80 mL 水中,缓慢加 CTAB(hexadecy trime-thy ammonium bromide),边加热边搅拌,如果需要,可加热到 65℃使其溶解,调最终体积到 100 mL。

11. 蛋白酶 K(20 mg/mL)

将蛋白酶 K 溶于无菌双蒸溜水或 5 mmol/L EDTA,0.5% SDS 缓冲液中。

12. 1 mol/L $CaCl_2$

在 200 mL 双蒸馏水中溶解 54 g $CaCl_2 \cdot 6H_2O$,用 0.22 μm 滤膜过滤除菌,分装成 10 mL 小份,贮存于－20℃。

制备感受态细胞时,取出一小份解冻,并用双蒸馏水稀释到 100 mL,用 0.45 μm 滤膜过滤除菌,然后骤冷至 0℃。

(十九) 巴比妥缓冲液(pH8.5,离子强度 0.075 mol/L)

巴比妥酸	2.76 g	巴比妥钠	15.45 g
蒸馏水	1000 mL		

(二十) Hank's 液

1. 贮存液(药品须用分析纯,按配方顺序加入,用适量双蒸水溶解,待前种药品溶解后再加后一种,补足水量。)

A 液:① NaCl 80 g,KCl 4 g,$MgSO_4 \cdot 7H_2O$ 1 g,$MgCl_2 \cdot 6H_2O$ 1 g,用双蒸馏水定容至 450 mL;② $CaCl_2$ 1.4 g,用双蒸馏水定容至 50mL。将①和②液混合,加氯仿 1.0 mL 即成 A 液。

B 液:$Na_2HPO_4 \cdot 12H_2O$ 1.52 g,KH_2PO_4 0.6 g,酚红 0.2 g(酚红应先在研钵中磨细,然后按配方顺序一一溶解),葡萄糖 10 g,用双蒸馏水定容至 500 mL,最后加氯仿 1 mL。

2. 应用液:取上述贮存液的 A 和 B 液各 25 mL,加双蒸馏水定容至 450 mL,112℃灭菌 20 min。置 4℃保存。使用前用无菌 3%$NaHCO_3$ 调至所需 pH。

(蔡信之)

附录四　常用消毒剂的配制

一、5%石炭酸溶液

石炭酸(苯酚)	5.0 g	水	100 mL

二、0.1%升汞水(剧毒)

升汞($HgCl_2$)	1 g	盐酸	2.5 mL

水	997.5 mL		

三、10%漂白粉溶液

漂白粉	10 g	水	100 mL

四、5%甲醛溶液

甲醛原液(40%)	100 mL	水	700 mL

五、3%过氧化氢

30%过氧化氢原液	100 mL	水	900 mL

六、75%乙醇

95%乙醇	75 mL	水	25 mL

七、2%来苏尔(煤酚皂液)

50%来苏尔	40 mL	水	960 mL

八、0.25%新洁尔灭

5%新洁尔灭	5 mL	水	95 mL

九、0.1%高锰酸钾溶液

高锰酸钾	1 g	水	1000 mL

十、3%碘酊

碘	3 g	碘化钾	1.5 g
95%乙醇	100 mL		

(蔡信之)

附录五 洗涤液的配制及玻璃器皿的洗涤

一、洗涤液的配制

1. 铬酸洗涤液的配制 洗涤液分浓溶液与稀溶液两种。

浓配方:

重铬酸钾(钠)(工业用)	50.0 g	自来水	150.0 mL
浓硫酸(工业用)	800.0 mL		

稀配方:

重铬酸钾(钠)(工业用)	50.0 g	自来水	850.0 mL
浓硫酸(工业用)	100.0 mL		

配法:都是将重铬酸钾(钠)溶解在自来水中(可加热),待冷却后再慢慢地加入浓硫酸,边加边搅拌,配好后存放于有盖的棕色容器内备用,注意防止氧化变质和吸湿稀释。此液具有极强的氧化、去污作用,且可多次使用,每次用后倒入原瓶中贮存,直至洗涤液变成墨绿色,才失去效用。

此液仅限于洗涤玻璃和陶瓷器具,金属及塑料器皿不能用此洗涤液洗涤。玻璃器皿不宜在洗液中浸泡太久,否则会使玻璃变质。用洗涤液进行洗涤时,投入的器具要尽量干燥,避免使洗液稀释。欲加快作用速度,可将洗涤液加热至40～50℃进行洗涤。

器皿上带有大量有机质时，不可直接用洗涤液洗涤，应尽量先行清除后再用洗涤液洗涤，否则洗涤液会很快失效。

洗涤液有强腐蚀性，如溅于桌椅上，应立即用水冲洗或用湿布擦去。皮肤或衣服上沾有洗涤液，应立即用水冲洗，然后再用碳酸钠溶液或氨水洗。

2. 5%草酸溶液　它可洗去高锰酸钾的痕迹。

3. 尿素洗涤液　它是蛋白质的良好溶剂，适用于洗涤盛蛋白质制剂及血样的容器。

4. 乙醇与浓硝酸混合液　它最适合于洗净滴定管，在滴定管中加入 3 mL 乙醇，再沿管壁慢慢加入 4 mL 浓硝酸，盖住管口。利用产生的氧化氮洗净滴定管。

5. 有机溶液　丙酮、乙醇、乙醚等可洗脱油脂、脂溶性染料等污痕。二甲苯可洗去油漆污垢。

二、玻璃器皿的洗涤

1. 初用玻璃器皿的洗涤　新玻璃器皿含有游离碱，先在 2%盐酸溶液浸泡数小时后再用清水洗净；也可先用肥皂水或去污粉洗涤，再用自来水洗净。最后用蒸馏水冲洗 2～3 次。晾干或烘干备用。

2. 常用玻璃器皿的洗涤　试管、烧杯、三角瓶、培养皿、量筒等一般玻璃器皿可先用自来水洗至无污物，再用毛刷蘸取去污粉（掺有洗衣粉）刷洗，细心洗净内外壁，用自来水冲洗干净后再用蒸馏水冲洗 2～3 次。晾干或烘干后备用。

移液管、滴定管、容量瓶等量器使用后要立即浸泡于凉水中，勿使之干涸。工作完毕后用流水冲洗，晾干后浸泡于铬酸洗液或 2%盐酸溶液中 2～3 h，取出再用自来水充分冲净，最后用蒸馏水冲洗 2～3 次。晾干或烘干后备用。

3. 带油污玻璃器皿的洗涤　带油污的玻璃器皿在洗刷前应尽量除去油腻，再用 10% NaOH 浸泡 0.5 h 去掉油污，最后用肥皂水和热水刷洗。带有凡士林的玻璃器皿在洗刷前要用经乙醇或丙酮浸泡过的棉花擦去油污，也可将油污清洗剂喷于油污上，2～3 min 后用干布擦净，再依前法洗净。

4. 带菌玻璃器皿的洗涤　带有活菌的载波片、盖玻片可先浸于 5%的石炭酸或 2%来苏尔溶液中 1 h，再用竹夹子（不用手）取出载波片、盖玻片，依上法冲洗干净，用软布擦干后放于培养皿中备用；吸过菌液的移液管、滴管等用后立即投入盛有 5%的石炭酸或 2%来苏尔溶液的高筒玻璃标本缸（缸底垫有玻璃棉以防损坏管尖）中过夜，再经 121℃灭菌 15 min，取出后用钢针取出管中上端的棉花，再依前法清洗干净，烘干备用；培养过微生物的培养皿、试管、三角瓶等应先经 121℃灭菌 15 min，趁热倒出其中的培养物，用热水洗涤，最后用自来水冲洗。少数实验如营养缺陷型菌株筛选、微生物遗传学实验等对玻璃器皿清洁度要求较高，先按常用玻璃器皿洗涤方法进行初洗、晾干，再将其浸于铬酸洗液中 24～36 h，取出沥去多余洗液后用自来水充分冲洗，最后先后用去离子水、双蒸馏水冲洗 2～3 次。晾干或烘干、包扎、灭菌后备用。

5. 除菌滤器的化学洗涤　经细菌过滤后的滤器，应立即加入洗涤液抽滤一次，洗涤液的用量，可按滤器的容量来决定。在洗涤液末滤尽前，取下滤器将其浸泡在铬酸洗涤液中 48 h，滤片的两面均需完全接触溶液，然后取出用蒸溜水抽滤洗净，烘干即可。

（蔡信之）

附录六　酚的重蒸馏与饱和

一、酚的蒸馏

1. 在通风橱内安装、固定好蒸馏装置。

2. 在 65℃水浴中将固体酚溶解，若加 10%的水（2 kg 酚加 200 mL 水）可加速酚溶解。

3. 用漏斗将已溶化的 2 kg 酚倒入蒸馏瓶中，加入 50 颗沸石。

4. 将石棉布缠绕蒸馏瓶上颈的上端，开始加热，通过变压器调节加热效力。

5. 在 120℃时冷凝管中流出的较混浊的液体弃之。

6. 到 160℃时流出清澈的液体酚，开始收集之，维持加热，保持温度不超过 180℃。

7. 当蒸馏瓶中剩下约 100 mL 酚时停止加热，逐渐冷却。要小心，蒸馏残留物易爆炸。

8. 停止蒸馏后拆除装置，将残留物倒掉，用热水洗刷瓶底的残渣，然后用乙醇洗净。蒸馏的酚以 200 mL 一瓶分装，－20℃保存，可在几年内保证酚无氧化。

二、酚的饱和

1. 从低温冰箱中取出重蒸酚后，室温放置一段时间，移至 68℃水浴中溶化。切勿直接放入 68℃水浴中，以免玻璃瓶炸裂。

2. 加 8-羟基喹啉至终浓度为 0.1%(m/V)，溶解混匀，此时溶液呈淡黄色，小心倒入分液漏斗。

3. 加入等体积的 1 mol/L Tris-HCl(pH 8.0)缓冲液，立即加盖，剧烈振荡，并加入固体 Tris 摇匀调 pH(一般 100 mL 加 1～2 g 固体 Tris)，静置分层后测下层酚相的 pH(7.6～7.8)，收集下层黄色的酚液，分装于棕色试剂瓶中。

4. 加入 10%的缓冲液(0.1 mol/L Tris-HCl，pH 8.0)覆盖在酚液的表面，置 4℃可保存 1 个月以上。

（蔡信之）

附录七　实验室意外事故的处理

1. 火险　立即关闭电源、煤气，搬走易燃物品，再用沙土、湿布等掩盖灭火，必要时用灭火器。如系乙醇、乙醚或汽油等着火，勿以水泼浇。衣服着火可就地或靠墙滚转。

2. 破伤　先除尽外物，再用无菌水洗净，后涂以碘酒或红药水。

3. 火伤　用 5%鞣酸、2%苦味酸(苦味酸氨苯甲酸丁酯油膏)或 2%紫药水涂抹伤口。

4. 灼伤

(1) 强酸、溴、氯、磷或其他酸性化学药品所致的灼伤，先以大量清水洗涤，再用 5%重碳酸钠或 5%氢氧化铵(钠)溶液洗涤以中和之。

(2) 强碱、氢氧化钠(钾)、金属钠(钾)或其他碱性化学药品所致的灼伤，先以大量清水洗涤，再用 5%硼酸溶液或醋酸溶液洗涤以中和之。

(3) 石炭酸灼伤以浓乙醇洗涤。

(4) 眼灼伤先以大量清水冲洗，再根据化学品的性质分别处理。着碱以 5%硼酸溶液洗涤，着酸用 5%重碳酸钠洗涤。然后再滴入橄榄油或液体石蜡 1～2 滴以湿润之。

5. 食入酸碱或腐蚀性物质

(1) 食入酸立即以大量清水漱口，并服镁乳或牛奶等，勿服催吐药。

(2) 食入碱立即以大量清水漱口，并服 5%醋酸、食醋、柠檬汁，或服油类或脂肪以皂化之。

(3) 食入石炭酸或来苏尔以 30%～40%乙醇漱口，并喝大量白酒，再服催吐药使其吐出。

6. 口中吸入菌液应立即吐出，并用自来水漱口多次，再据该菌致病程度作进一步处理：

(1) 非致病性菌液，用 0.1%高锰酸钾溶液漱口。

(2) 吸入葡萄球菌、链脓链球菌、肺炎球菌等一般致病菌，以消毒液 0.02%米他芬、3%过氧化氢或 0.1%高锰酸钾溶液漱口。

(3) 吸入白喉杆菌以(2)方法处理后，再注射 1000 单位的白喉抗毒素以预防。吸入伤寒、霍乱、痢疾、布氏等肠道致病菌，经(2)方法处理后，可注射抗生素以预防发病。

7. 菌液污染

(1) 如有菌液污染桌面或其他地方，可用3%来苏尔液或5%石炭酸覆盖0.5 h后擦去。如系芽孢杆菌，应适当延长消毒时间。

(2) 菌液如污染手部皮肤，先用70%乙醇棉球拭净，再用肥皂水洗净。如污染了致病菌，应将手浸于2%～30%来苏尔或0.1%新洁尔灭溶液中，10～20 min后洗净。

(3) 菌液污染衣服，特别是可传染的材料，应立即脱下浸于5%石炭酸等消毒液中消毒过夜或高压蒸汽消毒后再清洗。

8. 皮肤烫伤，可用5%鞣酸或2%苦味酸或2%结晶紫液涂抹伤口。

（蔡信之）

附录八　细菌鉴定及检索

微生物菌种鉴定(Identification of Bacteria)是微生物分类学(classification of microorgnism)的一部分。菌种鉴定就是将要鉴定的菌株的主要特征与合适的鉴定手册中所列的各种菌的特征对照，在较短的时间内确定该菌株的名称。各类微生物的特性不一，各有不同的鉴定系统，但方法基本相同。现以细菌鉴定为例介绍细菌鉴定的基本程序和常用的鉴定手册。

鉴定步骤可按下列程序进行：①根据鉴定对象选用合适的分类系统和检索表；②所用菌株必须纯洁；③仔细阅读检索表的内容，选择试验方法；④正确操作，详细记录试验结果，逐条与检索表对照。可查清所鉴定菌株的属名，要鉴定出种名则需进一步从菌种分类鉴定专著中找出。

目前国际上应用较多的细菌分类鉴定系统是《伯杰氏系统细菌学手册》(*Bergey's Manual of Systematic Bacteriology*)(第2版)。该书根据近年来细菌分类的新进展修订的，增加了不少核酸杂交、16S rRNA寡核苷酸序列等系统发育的资料。总体上细菌系统发育资料仍较零碎，相当部分的类群未能进行科目等级的分类，也未能全面按照界、门、纲、目、科、属、种进行按排，而是从实用需要出发，主要根据表型特征和部分系统发育资料将原核微生物分为古生菌域和细菌域。古生菌域分2门8纲，细菌域分23门31纲。

国内常用的细菌鉴定系统以中国科学院微生物研究所细菌分类组东秀珠、蔡妙英等编著的《常见细菌系统鉴定手册》(科学出版社，2001年版)和王大耜编著的《细菌分类基础》(科学出版社，1977年版)二书最常用。

王大耜编著的《细菌分类基础》在细菌鉴定中介绍了三个检索表，第一个是常见细菌初步检索表。未知菌株分别接种在无氮培养基、无机氮培养基、肉汁蛋白胨培养基、葡萄糖酵母膏培养基和血琼脂培养基等不同培养基上，经培养观察菌体形态、鉴别染色及若干生理生化反应的试验结果，可以将菌株划归到大的类群，一般可检索到科，科以下再按各科检索表查到属。另外两个检索表是分别检索革兰氏染色阴性和革兰氏染色阳性细菌的，可以检索到属。现将这三个表分别列下。

(一) 常见细菌初步检索表

在好氧条件下一般培养基上常见细菌的初步检索表

1. 细胞始终为球状菌 ………………………………………… 2

幼龄细胞非球状，而是杆状或螺旋状 ………………………… 6

2. 在无氮培养基上生长良好，能固定大气氮 ……………… 固氮菌科(Azotobacteraceae)

需要无机氮或有机氮才能生长 ………………………………… 3

3. 革兰氏染色阴性,有体液时才生长良好 …………………………… 奈瑟氏球菌科(Neisseriaceae)

革兰氏染色阳性到革兰氏染色不稳定;在肉汁胨培养基或酵母膏葡萄糖培养基上生长 ………… 4

4. 细胞成链、成对、少数为四联状,产乳酸,接触酶阴性……………………乳酸细菌科(Lactobacillaceae)的链球菌族(Streptococceae)

细胞不明显成链,不产乳酸 …………………………………………………………………………… 5

5. 细胞大小不均一,形状不甚圆,有的有棱角,排列不规则。有类似出芽繁殖者…………芽生球菌属(*Mycococcus*)

细胞大小比较均一,排列成单个、成对、四联、八叠或不规则的堆团 …… 微球菌科(Micrococaceae)

6. 球状细胞萌发成杆状,革兰氏染色阴性或不定;老培养物则又转为类球菌状,多呈革兰氏染色不定或阳性。杆状菌呈多形态,形状不规则 ……………………………… 节细菌属(*Arthrobacter*)

幼培养物与老培养物无上述特征 ……………………………………………………………………… 7

7. 细胞杆状 ……………………………………………………………………………………………… 8

细胞螺旋状或弧状 ………………………………………………………………… 螺菌科(Spirillaceae)

8. 幼培养物革兰氏染色阳性 …………………………………………………………………………… 9

幼培养物革兰氏染色阴性 ……………………………………………………………………………… 13

9. 在适当条件下产生芽孢 ……………………………………………………… 芽孢杆菌科(Bacillaceae)

永不产生内生芽孢 ……………………………………………………………………………………… 10

10. 弱或不发酵葡萄糖产酸,可以在无糖培养基上良好生长 ………………………………………… 11

强烈发酵葡萄糖产酸,只在有生长素并含碳水化合物的培养基上生长 …………………………… 12

11. 细胞楔状或棒状,常有异染粒,胞壁染色呈多细胞状………… 棒状杆菌科(Corynebacteriaceae)

细胞不呈棒状,非多形态,胞壁染色呈单细胞状 ……………………… 短杆菌科(Brevibacteriaceae)

12. 从葡萄糖产乳酸,接触酶阴性,不发酵乳酸…………乳酸细菌科(Lactobacillaceae)的乳酸杆菌族(Lactobacilleae)

从葡萄糖产丙酸或丁酸,产气,大多数发酵乳酸,大多数接触酶阳性…………丙酸杆菌科(Propionibacteriaceae)

13. 极生鞭毛,可有水溶性的绿、黄绿或黄色素,或可有荧光,呈黄绿或蓝绿色…………假单胞菌科(Pseudomonadaceae)

周毛菌或不运动。如有色素则为非水溶性的紫、红、橙、锈红或棕色 ……………………………… 14

14. 在无氮培养基上生长,并固定大气氮 ……………………………… 固氮菌科(Azotobacteraceae)

需要无机氮或有机氮才能生长 ………………………………………………………………………… 15

15. 专性厌氧菌 …………………………………………………………………… 拟杆菌科(Bacteroidaceae)

好氧或兼性厌氧 ………………………………………………………………………………………… 16

16. 在普通营养洋菜上生长差,许多需要体液才能生长,细胞小,通常宽度小于 0.5 μm…… 布鲁氏菌科(Brucellaceae)

易于在营养洋菜上生长,细胞通常大于 0.5 μm …………………………………………………… 17

17. 在豆科植物上生根瘤,细胞呈多形态,菌苔黏或使植物根异常增殖 … 根瘤菌科(Rhizobiaceae)

在豆科植物上不长根瘤,菌落通常不黏 ……………………………………………………………… 18

18. 菌苔产色素 …………………………………………………………………………………………… 19

菌苔无色素 ……………………………………………………………………………………………… 21

19 菌苔紫色 ………………………… 根瘤菌科(Rhizobiaceae)的色杆菌属(*Chromobacterium*)

菌苔呈其他颜色 ………………………………………………………………………………………… 20

20. 菌苔呈各种程度的红色到橙红色 … 肠杆菌科(Enterobacteriaceae)的沙雷铁氏菌属(*Serratia*)

菌苔淡黄或橘黄色 ……………… 无色细菌科(Achromobacteriaceae)的黄杆菌属(*Flavobacterium*)

21. 嫌气时强烈发酵葡萄糖,常产气,石蕊牛奶凝固,还原硝酸盐,运动或不运动,运动的菌鞭毛多 ……………………………………………………………………… 肠杆菌科(Enterobacteriaceae)

不强烈发酵葡萄糖,不产气,石蕊牛奶不变或碱或微酸,但从不凝固,硝酸盐还原不一定,运动或不运动,运动的菌鞭毛稀少,1 到 7,8 根 ………………………… 无色细菌科(Achromobacteraceae)

(二) 常见革兰氏阴性细菌检索表

1. 肉汁胨斜面(或其他培养基)上产非水溶性色素 ……………………………………………… 2

肉汁胨斜面(或其他培养基)上不产非水溶性色素 ……………………………………………… 8

2. 菌苔紫色 …………………………………………………………… 色杆菌属(*Chromobacterium*)

菌苔非紫色 ……………………………………………………………………………………… 3

3. 菌苔红色 ……………………………………………………………………………………… 4

菌苔黄或橙色 …………………………………………………………………………………… 5

4. 发酵葡萄糖,周毛 ……………………………………………………… 沙雷氏菌属(*Serratia*)

不发酵葡萄糖,极毛 ………………………………………………… 假单胞菌属(*Pseudomonas*)

5. 菌苔扩张成一薄层,细胞滑行 ……………………………………… 噬纤维菌属(*Cytophaga*)

菌苔不扩张 ……………………………………………………………………………………… 9

6. 发酵葡萄糖,氧化酶阴性,植物致病菌 ……………………………… 欧文氏菌属(*Erwinia*)

氧化葡萄糖或不从葡萄糖产生可察觉的酸 ……………………………………………………… 7

7. 氧化葡萄糖,极毛,所产生的色素具有黄单胞菌色素独特的吸收峰(在石油醚中为 418、437 和 463 nm),植物致病菌 ……………………………………………… 黄单胞菌属(*Xanthomonas*)

氧化葡萄糖或不从葡萄糖产生可察觉的酸,所产生的色素不具有黄单胞杆菌色素独特的吸收峰,非植物致病菌 ………………………………………………… 黄杆菌属(*Flavobacterium*)

8. 不发酵葡萄糖 ………………………………………………………………………………… 9

发酵葡萄糖 ……………………………………………………………………………………… 18

9. 悬滴培养不运动,革兰氏染色阴性或不正,球状和近球状细胞混杂…………不动细菌属(*Acinetobacter*)悬滴培养运动 …………………………………………………………………………… 10

10. 细胞形成分枝或菌胶团 ……………………………………………………………………… 11

细胞不形成分枝或菌胶团 ……………………………………………………………………… 12

11. 幼细胞形成分枝,以芳族化合物为唯一碳源 ………………………… 枝动菌属(*Mycoplana*)

细胞形成菌胶团,菌苔成皮革状 ……………………………………………… 动胶菌属(*Zoogloea*)

12. 不氧化葡萄糖 ………………………………………………………………………………… 13

氧化葡萄糖 ……………………………………………………………………………………… 15

13. 极生鞭毛 ………………………………………………………………… 假单胞菌属(*Pseudomonas*)

周生鞭毛(包括不运动者) ……………………………………………………………………… 14

14. 氧化乙醇为乙酸,而且进一步氧化为 CO_2 和 H_2O ………………… 醋酸细菌属(*Acetobacter*)

不氧化乙醇为乙酸 …………………………………………………………… 产碱杆菌属(*Alcaligenes*)

15. pH4.5 以下生长,氧化乙醇为乙酸,不能进一步氧化乙酸为 CO_2 和 H_2O。极生鞭毛………… 醋酸单胞菌属(*Acetomonas*)

pH4.5 以下不生长,不氧化或微氧化乙醇为乙酸…………………………………………………… 16

16. 极生鞭毛 ………………………………………………………………… 假单胞菌属(*Pseudomonas*)

周生鞭毛 ………………………………………………………………………………………… 17

17. 以无机氮为氮源,多数产 3-酮基乳糖 ………………………………… 土壤杆菌属(*Agrobacterium*)

不以无机氮为氮源，不产 3-酮基乳糖 …………………………… 无色细菌属（*Achromobacter*）

18. 能以大气氮为氮源 …………………………………………………………………………… 19

不能以大气氮为氮源 …………………………………………………………………………… 21

19. 在豆科植物根上形成根瘤并共生固氮 …………………………… 根瘤菌属（*Rhizobium*）

不在豆科植物根上形成根瘤，自生固氮 ……………………………………………………… 20

20. 杆状菌，极生鞭毛 ……………………………………………… 固氮单胞菌属（*Azotomonas*）

杆状菌或近球状菌，周生鞭毛，鞭毛稀少 ………………………………… 固氮菌属（*Azotobacter*）

21. 氧化酶阳性 …………………………………………………………………………………… 22

氧化酶阴性 ……………………………………………………………………………………… 25

22. 对 0/129 敏感 ………………………………………………………………………………… 23

对 0/129 不敏感 ………………………………………………………………………………… 24

23. 发酵葡萄糖产酸不产气，弧状或杆状细胞，老培养物中有球体或胞囊状细胞，可能有生物发光 ………………………………………………………………………………… 弧菌属（*Vibrio*）

发酵葡萄糖产酸产气，老培养物中无球体或胞囊状细胞，有生物发光，有的种氧化酶阴性……发光杆菌属（*Photobacterium*）

24. 发酵葡萄糖产酸产气，不发酵肌醇（液化明胶，水解淀粉）…………… 气单胞菌属（*Aeromonas*）

发酵葡萄糖产酸不产气，发酵肌醇产酸（不液化明胶，不水解淀粉）…… 邻单胞菌属（*Plesiomonas*）

25. 植物病原菌 …………………………………………………………………………………… 26

非植物病原菌 …………………………………………………………………………………… 27

26. 产果胶酶，引起软腐病……………………………………………… 果胶杆菌属（*Pectobacterium*）

不产生果胶酶，引起坏死、蔫萎、瘿肿 …………………………………… 欧文氏菌属（*Erwinia*）

27. 苯丙氨酸脱氨酶阳性（色氨酸脱氨酶阳性，能运动，甲基红阳性，不利用丙二酸盐，不发酵乳糖和卫矛醇）………………………………………………………………………………… 28

苯丙氨酸脱氨酶阴性（色氨酸脱氨酶阴性）…………………………………………………… 33

28. 产 H_2S，液化明胶 ………………………………………………………………………… 29

不产 H_2S，不液化明胶………………………………………………………………………… 30

29. 产生引哚 ………………………………………………………… 普通变形菌（*Proteus vulgaris*）

不产引哚 ………………………………………………………… 奇异变形菌（*Proteus mirabilis*）

30. 不利用柠檬酸盐 ………………………………………………… 摩氏变形菌（*Proteus morganii*）

利用柠檬酸盐 …………………………………………………………………………………… 31

31. 脲酶阳性……………………………………………………………… 雷氏变形菌（*Proteus rettgeri*）

脲酶阴性 ………………………………………………………………………………………… 32

32. 不发酵肌醇 …………………………………………… 产碱普罗威登斯菌（*Providencia alcalifaciens*）

发酵肌醇产酸 ………………………………………………… 斯氏普罗威登斯菌（*Providencia stuarii*）

33. 不利用柠檬酸盐（37℃ V.P 阴性，甲基红阳性；不发酵阿东糖醇；不产脲酶，不液化明胶，不利用丙二酸盐，培养基中有 KCN 时不生长）………………………………………………………… 34

利用柠檬酸盐，但可能迟缓 …………………………………………………………………… 37

34. 运动 …………………………………………………………………………………………… 35

不运动………………………………………………………………………… 志贺氏菌属（*Shigella*）

35. 发酵乳糖、海藻糖产酸；不产 H_2S ……………………………………… 埃希氏菌属（*Escherichia*）

不发酵乳糖、海藻糖；产 H_2S …………………………………………………………………… 36

36. 发酵山梨醇和甘露醇产酸………………………………………………… 沙门氏菌属（*Salmonella*）

不发酵山梨醇和甘露醇 ……………………………………………… 爱德华氏菌属(*Edwardsiella*)
37. 甲基红阳性 ………………………………………………………………………… 38
甲基红阴性 ……………………………………………………………………………… 43
38. 有 KCN 时生长 ………………………………………………………………………… 39
有 KCN 时不生长……………………………………………………………………… 42
39. 不发酵阿拉伯糖 …………………………………………………… 沙雷氏菌属(*Serratia*)
发酵阿拉伯糖 …………………………………………………………………………… 40
40. 发酵肌醇……………………………………………… 液化肠细菌(*Enterobacter liquefaciens*)
不发酵肌醇 ……………………………………………………………………………… 41
41. 不发酵山梨醇,22℃ V. P. 阳性 ……………………… 哈夫尼肠细菌(*Enterobacter hafniae*)
发酵山梨醇,22℃ V. P. 阴性 ………………………………………… 柠檬细菌属(*Citrobacter*)
42. 利用丙二酸盐 ………………………………………………………… 亚利桑那菌属(*Arizona*)
不利用丙二酸盐 ……………………………………………………… 沙门氏菌属(*Salmonella*)
43. 鸟氨酸脱羧酶阴性,不运动 ………………………………………… 克雷伯氏菌属(*Klebsiella*)
鸟氨酸脱羧酶阳性,运动 ………………………………………………………………… 44
44. 不发酵山梨醇 ………………………………………… 哈夫尼肠细菌(*Enterobacter hafniae*)
发酵山梨醇 ……………………………………………………………………………… 45
45. 发酵鼠李糖 ……………………………………………………………………………… 46
不发酵鼠李糖 …………………………………………………………………………… 47
46. 赖氨酸脱羧酶阴性,精氨酸双水解酶阳性 ………………… 阴沟肠细菌(*Enterobacter cloacae*)
赖氨酸脱羧酶阳性,精氨酸双水解酶阴性 ……………… 产气肠细菌(*Enterobacter aerogenes*)
47. 发酵棉子糖和阿拉伯糖……………………………… 液化肠细菌(*Enterobacter liquefaciens*)
不发酵棉子糖和阿拉伯糖………………………………………………… 沙雷氏菌属(*Serratia*)

(三)常见革兰氏阳性细菌检索表

1. 细胞长丝状,有分枝,形成暂时的或永久的菌丝体 ………………………………… 放线菌亚纲
细胞球状、杆状、螺旋状,也可呈长丝状,但没有真正的分枝,不形成菌丝体 ……………………… 2
2. 抗酸染色阳性…………………………………………………… 分枝杆菌属(*Mycobacterium*)
抗酸染色阴性 …………………………………………………………………………… 3
3. 产生内生芽孢 …………………………………………………………………………… 4
从不产生内生芽孢………………………………………………………………………… 5
4. 接触酶阳性,好氧或兼性厌氧 ………………………………………… 芽孢杆菌属(*Bacillus*)
接触酶阴性,厌氧或厌氧性耐氧…………………………………………… 芽孢梭菌属(*Clostridium*)
5. 接触酶阳性 ……………………………………………………………………………… 6
接触酶阴性,在无糖和乙族维生素的培养基上不生长 ………………………………………… 16
6. 细胞总是球状 …………………………………………………………………………… 7
细胞并非总是球状………………………………………………………………………… 9
7. 细胞排列成八个球菌的立方体…………………………………………… 八叠球菌属(*Sarcina*)
细胞不排列成八个球菌的立方体………………………………………………………… 8
8. 氧化葡萄糖产酸 …………………………………………………… 微球菌属(*Micrococcus*)
发酵葡萄糖产酸 …………………………………………………… 葡萄球菌属(*Staphylococcus*)
9. 细胞有时形成丝状,有分枝,在老培养物中细胞则断裂成短杆状或球杆状…………诺卡氏菌属(*Nocardia*)

细胞可成丝状，但无分枝。也可断碎成小杆菌 …………………………… 库尔思氏菌属(*Kurthia*)

细胞不成丝状 ……………………………………………………………………………………………… 10

10. 发酵乳酸盐并产 CO_2 和丙酸或丁酸 ………………………… 丙酸杆菌属(*Propionibacterium*)

…………………………………………………… 丁酸杆菌属(*Butyribacterium*)

不发酵乳酸盐，也不产 CO_2 和丙酸或丁酸 …………………………………………………………… 11

11. 在肉汁胨洋菜或土壤浸液洋菜上生长良好 ……………………………………………………… 12

在上述培养基上不生长或生长极差 ………………………………………… 动物致病性棒状杆菌

12. 幼龄细胞为杆状，革兰氏染色阴性或不定；老培养物的细胞则缩短成球菌，革兰氏染色转为不定或阳性……………………………………………………………………… 节细菌属(*Arthrobacter*)

细胞在培养过程中，没有上述的明显变化…………………………………………………………… 13

13. 在 0.5%胨水培养基中分解滤纸条 …………………………… 纤维单胞杆菌属(*Cellulomonas*)

在 0.5%胨水培养基中不分解滤纸条 ……………………………………………………………… 14

14. 在牛奶中，可于 72℃存活 15 min(或 63℃存活 30 min)…………… 微杆菌属(*Microbacterium*)

不耐上述温度 ………………………………………………………………………………………… 15

15. 细胞为较整齐的杆状，细胞内无分隔…………………………………… 短杆菌属(*Brevibacterium*)

细胞多形态，细胞内有分隔 ………………………………………… 棒状杆菌属(*Corynebacterium*)

16. 细胞杆状，发酵葡萄糖产乳酸，不发酵乳酸 ………………………… 乳酸杆菌属(*Lactobacillus*)

细胞球状或卵球状 …………………………………………………………………………………… 17

17. 发酵葡萄糖产乳酸(左旋)并产气。在蔗糖培养基中产生葡聚糖粘质荚膜…………明串珠菌属(*Leuconostoc*)

发酵葡萄糖产乳酸(非左旋)但不产气 ……………………………………………………………… 18

18. 在两个平面分裂，因而形成四联球菌状。产消旋乳酸 ………………… 足球菌属(*Pediococcus*)

在一个平面分裂，因而形成链球菌状。产右旋乳酸 ……………………… 链球菌属(*Streptococcus*)

上面的检索表都是按双歧分枝原则编写而成。实际应用时如果按表逐条做费时、费事。可将待测细菌先接种到无氮培养基、酵母膏葡萄糖培养基和肉汁蛋白胨培养基等数种有代表性的斜面培养。若该菌不能在无氮培养基上生长，说明它不是固氮菌；如细菌只能在酵母膏葡萄糖培养基上生长，很可能是需要多种维生素、能发酵糖产酸的乳酸菌或醋酸菌；如该菌在肉汁蛋白胨培养基上生长良好，就可能是其他大部常见细菌。下一步就对在斜面生长 18～24 h 的培养物在显微镜下检查细菌形态、排列方式、革兰氏染色等方面的特征。根据初步观察到的结果，再对照检索表中的位置，有目的地增加若干必要的生理生化反应，将所得结果与检索表对照，一般可鉴定到相应的属。

(蔡信之)